Ausgewählte Aufgaben und Probleme aus der Experimentalphysik

Eine Einführung in die exakte Behandlung physikalischer Fragestellungen

Zugleich dritte, vermehrte Auflage der
Ergänzungen zur Experimentalphysik

Von

Dr. H. Greinacher

vorm. o. Professor der Physik an der Universität Bern

Mit 117 Textabbildungen

Wien

Springer-Verlag

1953

ISBN-13 978-3-211-80301-1   e-ISBN-13: 978-3-7091-7817-1
DOI: 10.1007/978-3-7091-7817-1

Meinem ehemaligen Lehrer

Herrn Geheimrat

Professor Dr. Max Planck

in Verehrung und Dankbarkeit

gewidmet

Vorwort zur ersten Auflage.

Dieses Buch bildet eine Herausgabe der Vorlesungen, die ich in Ergänzung zu meinen Vorlesungen über Experimentalphysik an der Universität Bern halte. In diesen „Ergänzungen zur Experimentalphysik" wurden jeweils ausgewählte Aufgaben, Fragen und Probleme behandelt, wie sie sich gerade im Anschluß an die Hauptvorlesung ergaben. Es war dabei keineswegs die Absicht, den an und für sich schon reichlichen Wissensstoff noch wesentlich zu vermehren. Vielmehr sollte die ja immer unzulängliche kursorische Vermittlung des Stoffes dadurch wirksamer gemacht werden, daß ich die Studierenden zu selbständiger Bearbeitung von physikalischen Fragen anleitete. Die rein rezeptive Arbeit der Hörer sollte so durch eine produktive Mitarbeit lebendig gestaltet werden. Bald bot sich hier als Thema ein Gegenstand, der in der Hauptvorlesung nur kurz berührt werden konnte und der sich nun ausführlich und exakt behandeln ließ, bald wurden die neu erworbenen Kenntnisse zur Lösung einer instruktiven Aufgabe verwendet. Dann wieder kamen Zusammenhänge zur Sprache, die in Physikbüchern vielfach nicht deutlich genug hervortraten. Gelegentlich aber wurden auch neuartige Themen und interessant scheinende Probleme zur Behandlung gestellt.

Die Absicht ging dahin, die Durchdringung des Stoffes auch einem größeren Kreise zu ermöglichen. Man mußte sich daher einerseits auf elementare mathematische Hilfsmittel beschränken und andererseits versuchen, die Entwicklungen und Beweise so einfach und durchsichtig als möglich zu gestalten. Auf diese Weise konnte es gelingen, sogar Dinge, deren Behandlung in der Experimentalphysik gewöhnlich als zu schwierig befunden wird, dem Verständnis nahezubringen. Nicht unwichtig schien es mir, gelegentlich einen Beweis nicht nur durchzuführen, sondern auch etwas über das Warum des begangenen Weges sowie über weitere Möglichkeiten der Behandlung zu sagen. Auch wurde kurz auf Fragen eingegangen, die einem kritisch begabten Anfänger bei der Bearbeitung auftauchen mögen. Das Ziel war, den Studierenden allmählich in die geistige Werkstatt des praktischen Physikers einzuführen und ihn mit dem dort vorhandenen Rüstzeug vertraut zu machen.

In gleicher Weise möchte nun auch dieses Buch versuchen, Kenntnisse und Fähigkeiten zu vermitteln. Immerhin könnte auch eine noch so geeignete Darstellung dieses Ziel nie voll erreichen, wenn nicht der Lernende mitarbeiten und sich an neuen Aufgaben selbst versuchen würde. So möge er sich denn jeweils nach dem Studium eines Paragraphen nochmals zur selbständigen Durchführung der Aufgabe hinsetzen. Je nach der erlangten Übung wird ihm die Führung eines einfacheren Beweises gelegentlich schon nach Lesen der Einleitung gelingen. Eine erhöhte Selbständigkeit und Freude am Selbsterarbeiteten sollen ferner die Aufgaben bezwecken, die vielfach am Schlusse der Abschnitte gestellt werden. Diese sind so gewählt, daß sie in engem Anschluß an den behandelten Gegenstand unmittelbar gelöst werden können, so daß mir eine Bearbeitung im Text nicht erforderlich schien. Es war mir immer eine besondere Freude zu sehen, wie auch nicht Naturwissenschaften Studierende allmählich zur Lösung solcher Aufgaben befähigt wurden und wie sich allgemein ein lebendiges Interesse an der physikalischen Ideenwelt und sozusagen am physikalischen Denksport einstellte. Dabei habe ich selbst auch manche Anregung erfahren.

Was den Charakter des Buches anbelangt, so soll es nicht eine mit physikalischen Beispielen versehene Einführung in die Mathematik des Naturwissenschafters darstellen, vielmehr ein Physikbuch, bei dem die Mathematik nur das nötige Beiwerk zur exakten Behandlung liefert. Als Sammlung von Themen und Aufgaben und in seiner didaktischen Art, sowie entsprechend der Behandlung von neuartigen Fragen dürfte es auch für den Fachkollegen nicht ohne Interesse sein. Der Hauptsache nach aber möchte dieses Buch allen Studierenden, die Physik als Haupt- oder Nebenfach studieren, Wissen, Können und Anregung vermitteln und manchem bei der Lektüre seines Experimentalphysikbuches ein zusätzlicher Ratgeber und Wegbereiter sein. Darüber hinaus aber mag es vielleicht dem angehenden Physiker auch den Übergang zum Studium der theoretischen Physik erleichtern helfen. So möchte ich denn wünschen, daß diese „Ergänzungen zur Experimentalphysik" nicht nur im eigenen Hörsaal, sondern nun auch in einem größeren Kreise fruchtbringend wirken mögen.

Bern, Mai 1942.

H. Greinacher.

Vorwort zur dritten Auflage.

Seit dem erstmaligen Erscheinen der „Ergänzungen zur Experimentalphysik" ist nunmehr ein Jahrzehnt verflossen. In dieser Zeit hatte der Verfasser Gelegenheit, in seinen Ergänzungsvorlesungen weiterhin neue Aufgaben und Probleme, wie sie sich im Anschluß an die Hauptvorlesung über Experimentalphysik ergaben, zu behandeln. Da er inzwischen von der Lehrtätigkeit zurückgetreten ist, sieht er den Zeitpunkt für gekommen, um die neu behandelten Themen zu sichten und zu sammeln und mit dieser Auswahl die ursprüngliche Buchausgabe zu bereichern. Dies geschieht nun so, daß die neuen Kapitel einfach als „Neue Folge" der unveränderten zweiten Auflage angegliedert und zusammen mit dieser als dritte Auflage herausgegeben werden.

Die zweite Auflage unterscheidet sich nicht wesentlich von der ersten, da sie schon bald nach deren Erscheinen für den Druck bereitzustellen war, dann allerdings infolge der damaligen Kriegsverhältnisse erst 1948 herauskommen konnte. Sie enthält lediglich zwei neue Kapitel. In der vorliegenden dritten Auflage kommen hingegen noch 22 neue Kapitel aus allen Gebieten der Physik hinzu, wobei durchwegs Themen gewählt wurden, die entweder grundlegend wichtig sind oder sonst allgemeineres Interesse beanspruchen dürfen.

Die unveränderte Übernahme der zweiten Auflage in die dritte bringt es mit sich, daß die verwendeten Buchstabensymbole vielfach nicht übereinstimmen. Da heute eine Vereinheitlichung und Normalisierung der Buchstabenbezeichnung physikalischer Größen angestrebt wird, mußte diesem Umstande im neu verfaßten Text Rechnung getragen werden. Gelegentlich kommt in der verschiedenen Behandlungsweise der Themen auch zum Ausdruck, daß sich auf dem Gebiete der Elektrizität und des Magnetismus eine veränderte Konzeption und eine Abkehr vom klassischen absoluten Maßsystem bemerkbar macht. Doch dürfte auch heute noch das Vertrautsein mit den verschiedenen Aspekten für den Physik Studierenden nützlich sein.

Den neuen Kapiteln sind wiederum Aufgaben beigefügt, um den Studierenden zur Mitarbeit anzuregen und ihn im Streben nach Erlangung einer gewissen Selbständigkeit in der Bearbeitung physikalischer Aufgaben und Probleme zu unterstützen. Der Vollständigkeit halber ist am Schluß noch eine Zusammenstellung der Veröffentlichungen des Verfassers gegeben, soweit sie in unmittelbarem Zusammenhang mit den einzelnen Paragraphen stehen.

Über Charakter und Zielsetzung des Buches hat sich der Verfasser schon im Vorwort zur ersten Auflage geäußert. Es bleibt ihm nur noch zu wünschen, daß die dritte Auflage dank ihres erweiterten Inhalts in der Lage ist, in vermehrtem Maße zur Erreichung des gesteckten Zieles beizutragen.

Bern, April 1953.

H. Greinacher.

Inhaltsverzeichnis.

* Neue Folge.

I. Mechanik.

II. Akustik und Wellenlehre.

Seite

III. Wärmelehre.

IV. Optik (Strahlungslehre).

V. Elektrizität und Magnetismus.

A. Magnetostatik.

B. Elektromagnetismus.

C. Elektrostatik.

D. Elektrodynamik.

E. Elektrotechnik.

VI. Radiologie und Atomphysik.

I. Mechanik.

§ 1. Die Brückenwaage.

Die Konstruktion der Brückenwaage (in Abb. 1 schematisch dargestellt) hat folgende drei Bedingungen zu erfüllen. Es soll

I. das Gewicht P einen gegebenen Bruchteil der Last Q ausmachen,

II. die Verteilung der Last auf der Brücke keine Rolle spielen,

III. die Brücke beim Einspielen sich parallel zu sich selbst verschieben.

Zur Berechnung des Gleichgewichts der Waage kann man auf die wirkenden Kraftmomente eingehen, oder aber, man wendet das Prinzip der virtuellen Arbeiten an. Das erste Verfahren ist das anschaulichere, das zweite aber, zumal es einem das Eingehen auf Details erspart, das bequemere. Hiernach hat man nur die Arbeiten zu berechnen, welche die wirkenden Kräfte bei einer kleinen, mit dem Mechanismus der Anordnung verträglichen Verschiebung (einer virtuellen Verschiebung) leisten und die algebraische Summe aller Arbeitsbeträge dann gleich Null zu setzen.

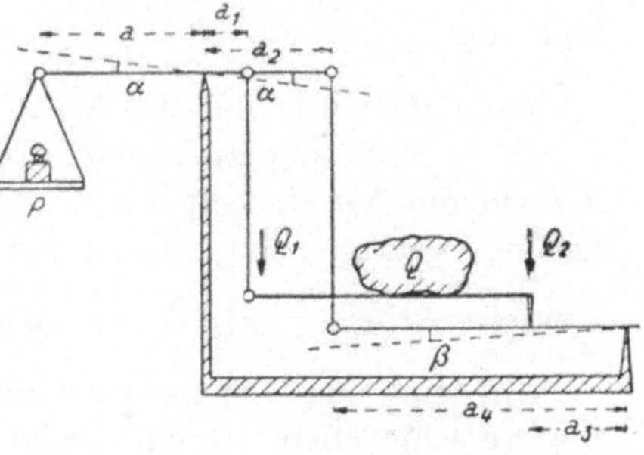

Abb. 1.

Hierbei ist zu beachten, daß die Waage schon vor dem Auflegen von P und Q im Gleichgewicht ist. Die dann bereits vorhandenen Kräfte (Hebel, Waagschale, Brücke usw.) ergeben also für sich schon die virtuelle Arbeit 0. Legt man jetzt P und Q auf, so hat man nun bloß noch die virtuellen Arbeiten dieser beiden Gewichtskräfte zu berechnen und dann zusammen gleich

Null zu setzen. Denkt man sich etwa P gehoben und Q gesenkt, so ist die an P gegen die Schwere geleistete Arbeit gleich der von Q hergegebenen.

Q verteilt sich dabei auf die beiden, je nach der Lage auf der Brücke variablen Anteile Q_1 und Q_2, wobei aber

$$Q = Q_1 + Q_2.$$

Ferner ist, da die Neigungswinkel α und β sehr klein sein sollen,

die Hebung von $\qquad\qquad P:\ a\,\alpha,$

die Senkung von $\qquad\qquad Q_1:\ a_1\,\alpha$

und von $\qquad\qquad\qquad Q_2:\ a_3\,\beta.$

Wir haben nun nur die Arbeitsbeträge dieser drei wirkenden Kräfte in Rechnung zu setzen. Kräfte, wie etwa die Spannung in der starren Verbindung der Hebelenden von a_2 und a_4 geben keinen Beitrag. So erhalten wir denn

virtuelle Arbeit $\qquad P\,a\,\alpha = Q_1\,a_1\,\alpha + Q_2\,a_3\,\beta.$ $\qquad\qquad$ (1)

Um jetzt das Gleichgewicht der Kräfte zu finden, haben wir die verschiedenen Verschiebungen durch eine einzige auszudrücken und die Arbeitsgleichung dann durch diese zu kürzen. Die Beziehung zwischen α und β folgt aus der konstruktiven Eigenschaft der Waage, daß die Hebelenden von a_2 und a_4 stets dieselbe Senkung erfahren. Danach ist

$$a_2\,\alpha = a_4\,\beta, \qquad\qquad (2)$$

so daß aus (1) wird

$$P\,a\,\alpha = Q_1\,a_1\,\alpha + Q_2\,a_3\,\frac{a_2}{a_4}\,\alpha.$$

Nach Kürzung mit dem von o verschiedenen α kommt

$$P\,a = Q_1\,a_1 + Q_2\,a_3\,\frac{a_2}{a_4}. \qquad\qquad (3)$$

Gemäß dieser Formel müßten zur Berechnung von P das Q_1 und Q_2 einzeln bekannt sein. Das dringendste Erfordernis für die Brauchbarkeit der Waage ist aber Bedingung II, d. h., daß für das Gleichgewicht nur die Summe $Q_1 + Q_2$ maßgebend sein darf. Dies führt zur Forderung, daß in (3) die Faktoren von Q_1 und Q_2 gleich sein müssen:

$$a_1 = a_2 \frac{a_3}{a_4},$$

oder daß

$$\frac{a_1}{a_2} = \frac{a_3}{a_4}. \tag{4}$$

In diesem Falle wird dann

$$P\,a = Q\,a_1, \tag{5}$$

d. h. es gilt dieselbe Beziehung wie bei der einfachen Schnellwaage, und kann das Verhältnis a_1/a gemäß Forderung I nach Belieben gewählt werden.

Um nun auch Bedingung III zu erfüllen, muß sein

$$a_1\,\alpha = a_3\,\beta.$$

Im Hinblick auf (2) ergibt dies

$$\frac{a_1}{a_2} = \frac{a_3}{a_4},$$

glücklicherweise also dieselbe Hebelbedingung wie oben (4), so daß sich das Gewünschte von selbst ergibt.

Natürlich könnte man nach Erhalt von (3) auch so vorgehen, daß man erst Bedingung III erfüllte. Dabei ergäbe sich dann das Resultat, daß die Faktoren von Q_1 und Q_2 überraschenderweise gleich groß ausfallen. Man würde sozusagen durch Berücksichtigung des in III ausgedrückten, mehr ästhetischen Momentes mit der gleichzeitigen Erfüllung der für die Brauchbarkeit maßgebenden Bedingung II belohnt werden.

§ 2. Schwingungsdauer einer Flüssigkeit im U-Rohr.

Welche Pendelformel ist auf die Anordnung der Abb. 2 anzuwenden? Wir haben kein mathematisches Pendel vor uns, da keine bestimmte Pendellänge, und auch kein physisches, da keine Rotation und damit kein Trägheitsmoment vorhanden ist. Hier schwingt vielmehr eine einheitliche Masse m unter der Wirkung der Schwere auf und ab, wobei die treibende Kraft proportional mit der Entfernung der Masse aus der Ruhelage anwächst. Wir haben somit die Formel für ein elastisches

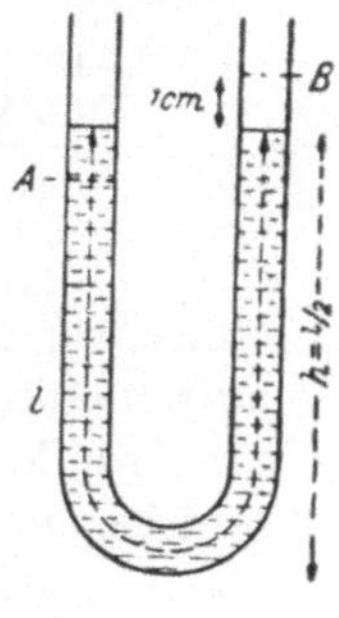

Abb. 2.

Pendel, auf das eine Direktionskraft D wirkt, anzuwenden:

$$t = 2\pi \sqrt{m/D}. \tag{1}$$

Die bewegte Masse ist $m = l\,q\,\varrho$, wo q den Querschnitt, ϱ die Dichte bedeutet. D ist die Kraft, welche die Flüssigkeit zurücktreibt, wenn diese um 1 cm aus der Ruhelage verschoben wird. Da der Niveauunterschied $A\,B$ in diesem Falle 2 cm beträgt, so entspricht D dem Gewicht einer Flüssigkeitssäule von 2 cm. Also ist

$$D = 2\,q\,\varrho\,g.$$

Daher erhalten wir

$$t = 2\pi \sqrt{\frac{l\,q\,\varrho}{2\,q\,\varrho\,g}} = 2\pi \sqrt{\frac{l}{2\,g}}. \tag{2}$$

Die Schwingungsdauer ist also gleich derjenigen eines mathematischen Pendels von der Höhe einer Flüssigkeitssäule $h = l/2$. Die Natur der Flüssigkeit spielt dabei keine Rolle, da ja ϱ aus (2) herausfällt.

§ 3.   Änderung der Schwerebeschleunigung infolge der Drehung der Erde.

Ein unter dem Breitengrad φ (Abb. 3) befindlicher Gegenstand erfährt, kugelförmige Gestalt und kugelsymmetrische

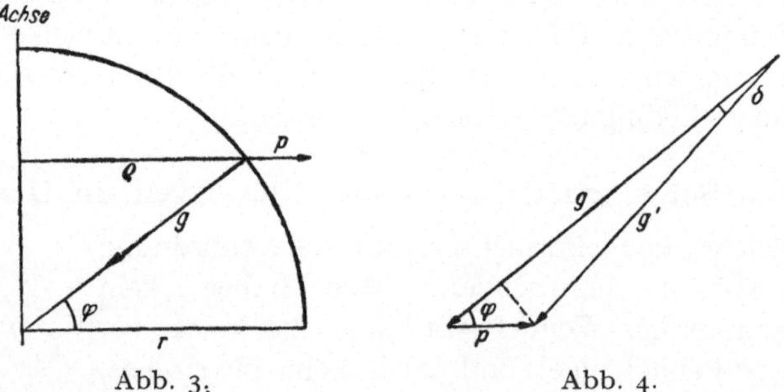

Abb. 3.   Abb. 4.

Massenverteilung der Erde vorausgesetzt, eine nach dem Erdmittelpunkt gerichtete Beschleunigung g. Infolge der Rotation der Erde kommt aber noch eine $\perp$ zur Drehungsachse gerichtete, zentrifugale Beschleunigung p hinzu, deren Größe vom Abstand ϱ von der Achse und der Winkelgeschwindigkeit ω der Erdrotation abhängt.

Aufgabe: Man berechne Richtung und Größe der wahren Beschleunigung g aus der gemessenen g'.

g und p setzen sich vektoriell zu g' zusammen (Abb. 4). Wir berechnen zunächst die Richtung von g bzw. den Winkel zwischen g und g' und sodann die absolute Größe von g.

I. Richtungsabweichung δ.

Nach dem Sinussatz haben wir

$$\frac{\sin \delta}{\sin \varphi} = \frac{p}{g'}. \tag{1}$$

Dabei ist

$$p = \omega^2 \varrho = \omega^2 r \cos \varphi,$$

wo r den Erdradius bedeutet.

Danach erhält man

$$\sin \delta = \omega^2 r \cos \varphi \cdot \frac{\sin \varphi}{g'},$$

oder schließlich

$$\sin \delta = \frac{\omega^2 r}{2 g'} \sin 2 \varphi. \tag{2}$$

δ besitzt hiernach Extremwerte für $\varphi = 0$ und $90°$, d. h. für Äquator und Pol, ferner für die mittlere Breite $\varphi = 45°$. Für Pol und Äquator findet man unmittelbar $\delta = 0$, während man für das Maximum $\varphi = 45°$ erst nach Einsetzen der Zahlenwerte für $\omega^2 r$ und g' seinen Wert angeben kann. ω folgt aus der Umdrehungszeit der Erde, also eigentlich aus der Länge des Sterntages. Wir können aber bis auf einen Fehler von weniger als $3^0/_{00}$ den etwas größeren Wert des mittleren Sonnentages von $86400''$ benützen und rechnen $\omega = 2\pi/86400$. Unter Benützung eines mittleren Erdradius von $6,36 \cdot 10^8$ cm ergibt dies für

$$\omega^2 r = 3,36.$$

Nimmt man noch $g' = 981$ hinzu, so erhalten wir

$$\sin \delta = 0,00171 \cdot \sin 2 \varphi. \tag{2a}$$

Danach beträgt das Maximum der Abweichung $\delta_m = 6'$.

II. Größe von g (wenn g' und φ bekannt).

Man wird ansetzen entweder den Kosinussatz

$$g'^2 = g^2 + p^2 - 2 g p \cos \varphi, \tag{3}$$

und hat eine quadratische Gleichung zu lösen, oder den Sinussatz in der Form

$$\frac{\sin \delta}{\sin (\varphi + \delta)} = \frac{p}{g}, \tag{4}$$

und wird den Wert von $\sin \delta$ aus (1) hierin einsetzen. In beiden Fällen ist die Berechnung etwas umständlich. Man wird allerdings in deren Verlauf einige Vernachlässigungen vornehmen können im Hinblick auf die Kleinheit von δ. Dieser letztere Umstand kann aber schon von Anfang an berücksichtigt werden. Sehr häufig kann man eine rein schematische Durchführung der Rechnung vermeiden und diese vereinfachen, wenn man sich erst die Größenverhältnisse etwas ansieht.

So schneidet man hier sozusagen den gordischen Knoten entzwei, wenn man g durch eine Senkrechte aus der stumpfen Ecke des Dreiecks (Abb. 4) in zwei Stücke teilt. Der erste Teil ist $p \cos \varphi$, der zweite aber mit größter Annäherung g'. Also hat man unmittelbar das gesuchte Resultat

$$g = g' + p \cos \varphi,$$

d. h.

$$g = g' + \omega^2 r \cos^2 \varphi. \tag{5}$$

§ 4. Wie weit ist der Mond von der Erde entfernt?

Zur Berechnung benötigen wir ein Abstandsgesetz. Nach Newton haben wir

$$K = f \frac{M m}{R^2}. \tag{1}$$

Hier bedeuten M und m die Massen der Erde und des Mondes, die man sich in ihrem Mittelpunkt konzentriert denken darf, und R den Abstand dieser Punkte (Abb. 5). Da die Anziehungskraft gleich dem zentrifugalen Trägheitswiderstand sein muß, so ist auch

$$K = m \omega^2 R. \tag{2}$$

Durch Gleichsetzen von (1) und (2) folgt

$$f \frac{M}{R^2} = \omega^2 R. \tag{3}$$

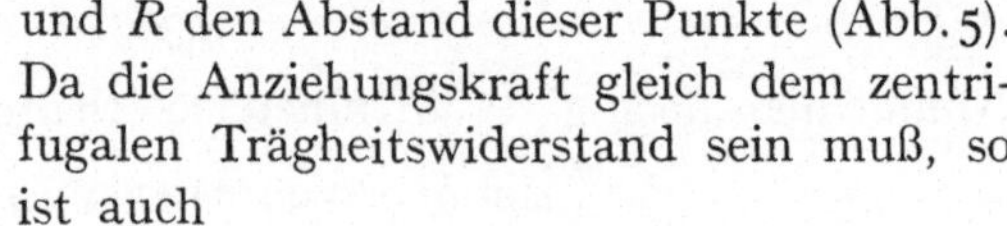

Abb. 5.

f ist zwar experimentell bekannt, aber

M kennen wir nicht. Weiter kommt man erst, wenn man sich des Zusammenhangs zwischen Massenattraktion und Gewicht erinnert und auf Grund desselben eine zweite Beziehung ableitet. Wir wollen hierzu zwei Wege angeben.

Der erste Weg geht von der Erkenntnis aus, daß die Attraktionskraft K nichts anderes als das Gewicht des Mondes im Abstand R darstellt. Danach ist $K = mg'$, wo g' die Beschleunigung der Schwere in Mondabstand bedeutet. Diese können wir aber aus derjenigen auf unserer Erde ausrechnen. Es gilt nach dem quadratischen Abstandsgesetz

$$g' : g = r^2 : R^2, \tag{4}$$

woraus folgt

$$K = m\, g\, \frac{r^2}{R^2}. \tag{5}$$

Durch Gleichsetzen von (5) und (1) erhält man dann

$$f\, M = g\, r^2. \tag{6}$$

Der zweite, zweifellos elegantere Weg verlangt die Betätigung der Phantasie. Anstatt die wirkliche Attraktion und Schwere des Mondes gleich zu setzen, kann man sich den Mond erst mit punktförmig konzentrierter Masse auf die Erde versetzt denken.

Dann wäre sein Gewicht $m\, g$ und die Attraktion $f\, \dfrac{M\, m}{r^2}$. Also hätte man

$$f\, \frac{M\, m}{r^2} = m\, g.$$

Dies ist aber nichts anderes als die Beziehung (6).

Die fragliche Größe M bzw. $f\, M$ läßt sich nun leicht aus (6) und (3) eliminieren. Durch Division von (3) : (6) erhält man

$$\frac{1}{R^2} = \frac{\omega^2\, R}{g\, r^2}. \tag{7}$$

Hieraus kann man R entweder absolut oder aber in Erdradien ausrechnen. In letzterem Falle lautet das Resultat

$$\frac{R}{r} = \sqrt[3]{\frac{g}{\omega^2\, r}}. \tag{8}$$

Es kommt also auf das Verhältnis der Erdbeschleunigung g zur zentrifugalen Beschleunigung des Mondes, wenn er im Abstand r in seinem gewohnten Tempo rotierte, an.

Man findet für $R : r$ etwa 60, d. h. der Mondmittelpunkt ist von der Erde 59 Erdradien entfernt.

§ 5. Wie groß ist das Gewicht einer laufenden Sanduhr?

Wir legen einmal die Uhr auf die Waage und stellen sie ein zweites Mal darauf. Im zweiten Fall fließt ein Strom von Sand herunter und befindet sich während dieser Zeit nicht mehr auf der Waage. Ist in diesem Fall das Gewicht der Uhr kleiner?

Hier ist zu bedenken, daß zwar jedes Sandkörnchen in dem Moment, wo es sich loslöst, sein Gewicht abhebt, daß es aber beim Auffallen unten sowohl sein Gewicht als den durch den Fall erlangten Impuls an die Waage abgibt. Die Uhr zeigt also die in Abb. 6 (obere Kurve!) eingezeichnete Gewichtsschwankung an, und es frägt sich, ob das Gewicht im Mittel ebensoviel unter als über dem Normalgewicht gelegen hat bzw. ob

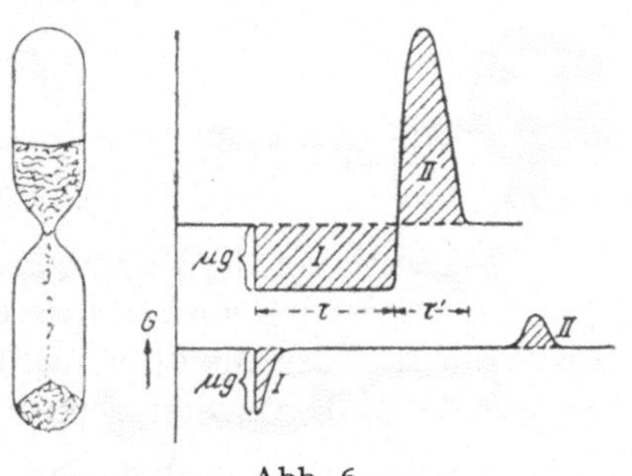

Abb. 6.

die beiden Flächen I und II gleich groß ausfallen müssen. In diesem Fall wäre dann beim Herabfallen eines Sandkorns das Uhrgewicht im Mittel konstant geblieben. Bedenkt man nun, daß stets viele Sandkörner herabfallen, wobei die Kurven (Abb. 6) ganz beliebig gegeneinander verschoben sein werden (das Herabfallen geschieht ja unregelmäßig und nicht etwa portionsweise in periodischen Zeitabständen), so sieht man ein, daß sich die Gewichtsmankos und Überschüsse in allen möglichen Lagen überdecken, und wenn die Flächen I und II in Abb. 6 gleich groß sind, so wird eine Waage tatsächlich auch trotz der vielen Schwankungen keine Gewichtsänderung anzeigen, solange die Uhr läuft. Nur beim Beginn und Ende des Sandstromes entstehen zwei Schwankungen, zuerst eine momentane Abnahme und dann eine Zunahme des Normalgewichts. Nun wird man aus dem Satz von der Konstanz des Impulses schon schließen können, daß beide Flächen I und II gleich groß sein werden und daß der in Form von Gewicht beim

Fallen verlorene Impuls sich beim Auffallen wieder vorfinden muß. Allein es ist doch lehrreich, sich die Verhältnisse auch einmal im einzelnen zurechtzulegen.

Es ist der während der Fallzeit verlorene Impuls, wenn μ die Masse des Sandkorns: $\mu\, g\, \tau$, d. h. Gewichtskraft $\times$ Fallzeit. Während der Bremsung beim Auffallen des Korns wird seine Geschwindigkeit v abgegeben, und es ist der Impuls $\mu\, v$.[1] Der Überschuß an Impuls während der Zeit $\tau + \tau'$ ist also

$$\Delta I = \mu\,(v - g\,\tau), \tag{1}$$

und die mittlere Gewichtsschwankung wäre

$$\Delta G = \frac{\mu\,(v - g\,\tau)}{\tau + \tau'}. \tag{2}$$

Da aber nach dem Fallgesetz $v = g\,\tau$, so folgt $\Delta G = 0$.

Man kann statt eines einzelnen Sandkorns auch den ganzen Sandstrom zum Gegenstand der Betrachtung machen. Man wird dann den Gewichtsverlust durch den Teil des Sandes, der sich im Fallraum befindet, vergleichen mit dem Impuls, den dieser Teil des Sandes beim Auffallen abgibt. Wir gehen also von irgendeinem Zeitpunkt aus und lassen den in diesem Moment im Fallraum befindlichen Sand herabfallen. Hierzu braucht es eine Zeit τ. Der Impuls, der in dieser Zeit abgegeben wird, beträgt $m\,v$, und die während der Fallzeit ausgeübte Kraft ist $\dfrac{m\,v}{\tau}$. Nun befindet sich aber infolge des kontinuierlichen Vorganges **dauernd** eine Masse m im Fallen, das Gewicht ist also konstant um $m\,g$ vermindert, zugleich wird ebenfalls **dauernd** eine Kraft

---

[1] Es ist üblich, die Bezeichnung Impuls sowohl für den Kraftantrieb, d. h. das Zeitintegral der Kraft $\int K\,dt$, als auch für die Bewegungsgröße $m\,v$ zu gebrauchen. Dies führt in den Fällen, wo der Antrieb aus der Ruhelage heraus erfolgt, zu keinen Mißverständnissen, da dann nach dem Impulssatz $\int K\,dt = m\,v$. Da aber allgemein $\int K\,dt = m\,v_2 - m\,v_1$, d. h. der Kraftantrieb gleich der Differenz zweier Bewegungsgrößen ist, können $\int K\,dt$ und $m\,v$ nicht miteinander identifiziert werden. Korrekterweise wäre also die Bezeichnung Impuls nur für die eine dieser Größen zulässig. Oder aber, wenn man sie wie üblich für beide gebrauchen will, so wäre sie dahin zu präzisieren, daß man etwa $K\,dt$ als **Kraftimpuls** und $m\,v$ als **Bewegungsimpuls** bezeichnete. In unmißverständlichen Fällen wird man dann auch die kürzere Bezeichnung Impuls verwenden dürfen.

$\dfrac{m\,v}{\tau}$ ausgeübt. Die Differenz oder die Gewichtsänderung berechnet sich also zu

$$\varDelta G = \frac{m\,v}{\tau} - m\,g, \tag{3}$$

was aber, da $v = g\,\tau$ ist, wiederum $= 0$ ergibt.

Bei diesen Ableitungen ist, wie naheliegend, die Voraussetzung gemacht, daß das Herabfallen ohne Bewegungshindernis, also im Vakuum, erfolge. Man wird nun den allgemeinen Fall, daß die Uhr Luft oder irgendein reibendes Mittel enthält, ins Auge fassen müssen. Ohne Zweifel wird hier, weil übersichtlicher, die Betrachtung am einzelnen Korn und nicht am Sandstrom den Vorzug verdienen. Der Unterschied des allgemeinen Falles gegenüber dem behandelten speziellen besteht darin, daß jetzt die Bewegung des Sandkorns nicht nur beim Auffallen, sondern auch schon unterwegs gebremst wird. Dies geschieht durch eine von unten nach oben gerichtete Kraft, die wir mit K bezeichnen wollen. K wird durch die Reibung des Mittels (Gas oder Flüssigkeit) hervorgebracht. Nach actio $=$ reactio entsteht hierdurch eine gleich große, nach unten gerichtete, also auf die Waage drückende Kraft. Wir haben nun nur nachzusehen, wie groß der durch K ausgeübte Kraftantrieb ist in der Zeit, die zwischen dem Loslösen des Korns (Beginn des Herabfallens) bis zum Zeitpunkt, wo es unten seinen Impuls abgegeben hat, liegt. Das Korn wird beschleunigt mit einer Kraft gleich der Differenz zwischen Gewichts- und Reibungskraft, also mit $\mu\,g - K$. Da aber Kraft $=$ Masse $\times$ Beschleunigung, so haben wir

$$\mu\,g - K = \mu\,\frac{d\,v}{d\,t}, \tag{4}$$

oder (nach Erweiterung mit dt) in Impulsform

$$K\,dt = \mu\,g\,dt - \mu\,dv. \tag{5}$$

Nennen wir die ganze Zeit, während der das Körnchen sich bewegt, τ, so wäre der Gesamtimpuls, den die Bremskraft auf die Waage überträgt

$$\int\limits^{\tau} K\,dt = \mu\,g\,\tau - \mu\,v\big]_{\mathrm{Anfang}}^{\mathrm{Ende}} \tag{6}$$

Nun ist aber v sowohl am Anfang als am Ende 0, das zweite Glied

fällt somit weg, und man erhält für die mittlere Kraftwirkung
auf die Waage

$$\frac{\int\limits^{\tau} K\, dt}{\tau} = \mu\, g. \tag{7}$$

Wenn sich das Korn also loslöst, um zu fallen, verliert zwar die
Waage das Gewicht $\mu\, g$, die Bremskraft fügt aber im Mittel ein
gleich großes hinzu, und die mittlere Gewichtsänderung ist o.

Für den Fall, daß das Sandkorn so stark gebremst wird, daß
eine gleichförmige Fallgeschwindigkeit sich einstellt, würde die
Impulskurve etwa so aussehen, wie in Abb. 6 (untere Kurve!)
gezeichnet. Die Fläche unterhalb und oberhalb der Horizontalen
wäre gemäß (7) wiederum gleich groß.

Unsere Betrachtungen gelten nur für den Fall, daß die Sanduhr (wie gewöhnlich) geschlossen ist. Kommuniziert der Fallraum etwa mit der freien Atmosphäre, so wird ein Teil der Reaktionskraft zu K nicht auf die Waage drücken, sondern sich durch
Vermittlung der Atmosphäre nach außen auf die Umgebung fortpflanzen. In diesem Fall würde dann tatsächlich eine laufende
Sanduhr etwas leichter sein.

Vielleicht wird es an dieser Stelle interessieren, daß seinerzeit
in der Phys. Z. 7, 248, 335, 336, 400 (1906) die Frage zur Diskussion stand, welches das Gewicht eines zugedeckten Glases
ist, in dem sich eine Fliege befindet.

Aufgabe. Eine frei herabfallende Kugel bewege sich infolge
vollkommen elastischer Reflexion beim Auffallen dauernd auf
und ab. Man beweise, daß sie im Mittel mit dem gleichen Gewicht
auf die Unterlage drückt, wie wenn sie dauernd darauf ruhte.
Wie lautet das Resultat, wenn sie bei jeder Reflexion an Geschwindigkeit einbüßt?

§ 6. Kreisbewegung und Impuls.

Der Kraftimpuls oder das Zeitintegral der Kraft $\int \Re\, dt$ berechnet sich für den gewöhnlichen Fall, daß die Kraft in Richtung
des Weges wirkt, algebraisch, für jeden andern Fall aber vektoriell.
Wir wollen es für den Grenzfall, wo die Kraft $\perp$ zum Weg steht,
berechnen, und zwar für den besonders einfachen Fall, daß die
Kraft konstant wirkt, d. h. für die gleichförmige Kreisbewegung.

Wie groß ist der Kraftimpuls, der an eine Masse m übertragen wird, wenn sie sich von A (Abb. 7) nach B mit der Geschwindigkeit v bewegt?

Der Impulsanteil, der auf dem im Zeitelement dt zurückgelegten Wegstückchen $db = r \cdot d\varphi$ übertragen wird, beträgt

$$d\mathfrak{J} = \mathfrak{K}\, dt.$$

Für alle Winkelstückchen $d\varphi$ wird, da der Absolutbetrag der Kraft, d. h. $|\mathfrak{K}|$ (Bezeichnung: K) konstant ist, der Wert von $d\mathfrak{J}$, d. h. $|d\mathfrak{J}| = dI$, gleich groß. $d\mathfrak{J}$ hat aber variable Richtung. Aus Symmetriegründen wird die Resultante $\mathfrak{J}$ die Richtung der Winkelhalbierenden von $C\,A$ und $C\,B$ besitzen. Um daher den Betrag des Impulses I zu erhalten, genügt es, alle Komponenten der Impulsanteile in dieser einen Richtung CM zu bilden und sie algebraisch zu addieren. Nun hat die Komponente von $d\mathfrak{J}$ in Richtung $C\,M$ den Wert

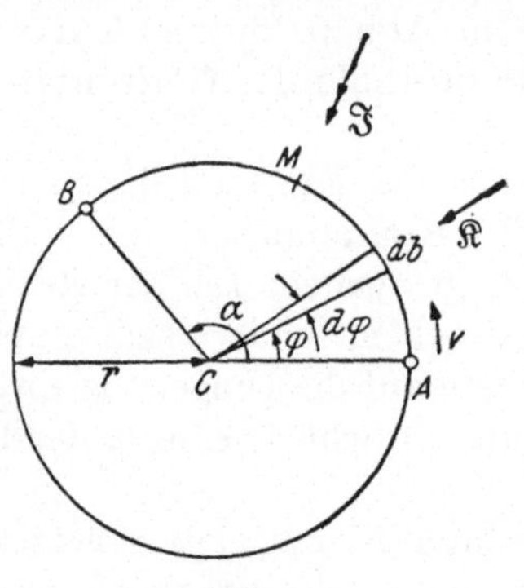

Abb. 7.

$$dI \cos\left(\frac{\alpha}{2} - \varphi\right) = K\, dt \cos\left(\frac{\alpha}{2} - \varphi\right),$$

und da $\dfrac{d\varphi}{dt}$ die konstante Winkelgeschwindigkeit ω bedeutet, so ist dies auch

$$\frac{K\, d\varphi}{\omega} \cos\left(\frac{\alpha}{2} - \varphi\right).$$

Dies über den Winkel α summiert, ergibt

$$I = \int\limits_{0}^{\alpha} \frac{K\, d\varphi}{\omega} \cos\left(\frac{\alpha}{2} - \varphi\right), \tag{1}$$

was man auch schreiben kann

$$I = \frac{K}{\omega} \int\limits_{0}^{\alpha} d\left(\varphi - \frac{\alpha}{2}\right) \cdot \cos\left(\varphi - \frac{\alpha}{2}\right).$$

Dies ergibt

$$I = \frac{K}{\omega} \sin\left(\varphi - \frac{\alpha}{2}\right)\Big]_{0}^{\alpha}.$$

Die Grenzen α und 0 eingesetzt, kommt

$$I = \frac{K}{\omega}\left[\sin\frac{\alpha}{2} - \left(\sin - \frac{\alpha}{2}\right)\right],$$

oder $$I = \frac{2\,K}{\omega}\sin\frac{\alpha}{2}. \tag{2}$$

Trägt man, um sich vom Verlauf von I ein Bild zu machen, dieses in Richtung von $C\,B$ (Abb. 7) als Funktion von α auf, so erhält man die in Abb. 8 eingezeichnete brezelförmige Kurve. Hierbei ist willkürlich $2\,K/\omega = r$ gesetzt. Man sieht, daß für einen halben Umlauf der übertragene Impuls maximal ist ($2\,K/\omega$), und null für einen ganzen. Im übrigen spiegelt die Kurve durchaus nicht die völlig zentralsymmetrische Bewegung der Masse m wieder. Dies hängt damit zusammen, daß ein ganz beliebiger Punkt der Kreisbewegung als Anfangspunkt herausgegriffen ist. Für jeden solchen Punkt muß zwar die Kurve gleich aussehen, aber ihre Lage, d. h. die Orientierung der Mittellinie, ist jeweils durch den gewählten Punkt festgelegt.

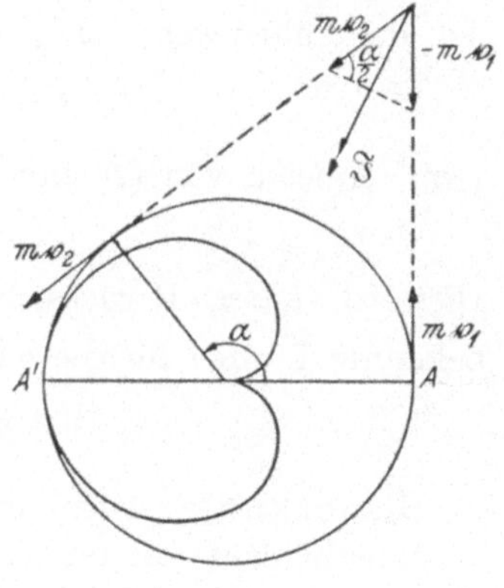

Abb. 8.

Interessant ist noch die Frage nach der Anwendbarkeit des Impulserhaltungssatzes auf den vorliegenden Fall. Dieser Satz gilt nur für ein sogenanntes abgeschlossenes System. Ein solches liegt hier aber nicht vor. Die Kraft $\mathfrak{K}$ wirkt nach actio = = reactio auch auf das Kraftzentrum, z. B. die Drehachse, und damit die Erde zurück. Auf diese wird der Impuls $-d\mathfrak{J}$ übertragen. Nur ist die Bewegung der Drehachse infolge der großen Erdmasse verschwindend klein. Man kann daher eine gleichförmige Kreisbewegung eines Massenpunktes sich zwar denken, eine solche auch fast beliebig exakt realisieren, sie aber infolge des Impulserhaltungssatzes im Prinzip nicht ausführen. Man müßte schon gleichzeitig zwei einander diametral gegenüberliegende Massenpunkte verwenden oder dann einen um eine Hauptträgheitsachse rotierenden Körper. In diesem Fall ist die gesamte Bewegungsgröße Null und bleibt Null. Im Falle des üblichen gedachten Schulbeispieles der gleichförmigen Kreisbewegung eines einzelnen Massenpunktes gilt aber unsere Formel (2).

Zur Herleitung dieser Beziehung (2) gibt es noch eine zweite Möglichkeit. Nach dem Impulssatz ist

$$\mathfrak{K}\, dt = d\,(m\,\mathfrak{v}).$$

Hier ist der Geschwindigkeitsvektor mit $\mathfrak{v}$ bezeichnet. Daher ist

$$\mathfrak{J} = m\,\mathfrak{v}_2 - m\,\mathfrak{v}_1. \tag{3}$$

Trägt man die beiden Vektoren $m\,\mathfrak{v}_2$ und $-m\,\mathfrak{v}_1$ auf (Abb. 8) und bildet den resultierenden Pfeil, so erkennt man unmittelbar, daß der Zahlenwert von $\mathfrak{J}$ (die Länge des Pfeiles)

$$I = 2\,m\,v \sin\frac{\alpha}{2}. \tag{4}$$

Der Vergleich von (2) und (4) liefert

$$K = m\,v\,\omega. \tag{5}$$

Dies ist unter Berücksichtigung der Beziehung $\omega = \dfrac{v}{r}$ die bekannte Formel für die gleichförmige Zentralbewegung

$$K = \frac{m\,v^2}{r}. \tag{5a}$$

Bemerkung. Auch unter Berücksichtigung der Massenveränderlichkeit mit der Geschwindigkeit (siehe § 8) erhält man dieselben Formeln, da im vorliegenden Falle der Geschwindigkeitswert stets gleich groß ist.

§ 7. Ableitung der Wurfgesetze aus dem Impulssatz.

Da beim schiefen Wurf die Kraftrichtung auf der ganzen Bahn (s. Abb. 9) sowohl der Größe als der Richtung nach konstant ist (Schwerkraft), ist die Anwendung des Impulssatzes hier besonders einfach. Für den während der Wurfzeit τ übertragenen Kraftimpuls erhält man direkt den Wert

$$|\mathfrak{J}| = I = m\,g\,\tau.\text{[1]} \tag{1}$$

---

[1] Trotzdem hier die Kraftwirkung schräg zur Bewegung erfolgt, erhält man also denselben Wert wie für einen frei fallenden Körper, der mit der Kraft $m\,g$ in Richtung seiner Bewegung während τ Sekunden beschleunigt wird. Dies ist verständlich, da sich beim schiefen Wurf eine τ Sekunden dauernde Fallbewegung und eine gleichförmige, d. h. kräftefreie horizontale Bewegung kombinieren.

Nach dem Impulssatz ist aber auch

$$\mathfrak{J} = m\,\mathfrak{v}_2 - m\,\mathfrak{v}_1. \tag{2}$$

Man hat somit $m\,\mathfrak{v}_2$ und $-m\,\mathfrak{v}_1$ zu addieren. Hierbei ist folgendes zu bedenken. Da A und B in gleicher Höhe liegen, ist nach dem Energiesatz $|\mathfrak{v}_2| = |\mathfrak{v}_1| = v$. Da ferner $\mathfrak{J}$, und damit die Resultante von $m\,\mathfrak{v}_2$ und $-m\,\mathfrak{v}_1$, vertikal steht, müssen die Winkel von $m\,\mathfrak{v}_2$ und $m\,\mathfrak{v}_1$ mit der Horizontalen gleich groß sein. Dies gilt offenbar für alle gleich hoch liegenden Punkte der Wurfbahn, woraus folgt, daß diese symmetrisch in bezug auf den höchsten Punkt C verlaufen muß.

Für $|\mathfrak{J}| = I$ findet man nun (s. Abb. 9)

$$I = 2\,m\,v \sin\alpha. \tag{2a}$$

In Verbindung mit (1) ergibt dies die Wurfzeit

$$\tau = 2\,\frac{v}{g}\sin\alpha. \tag{3}$$

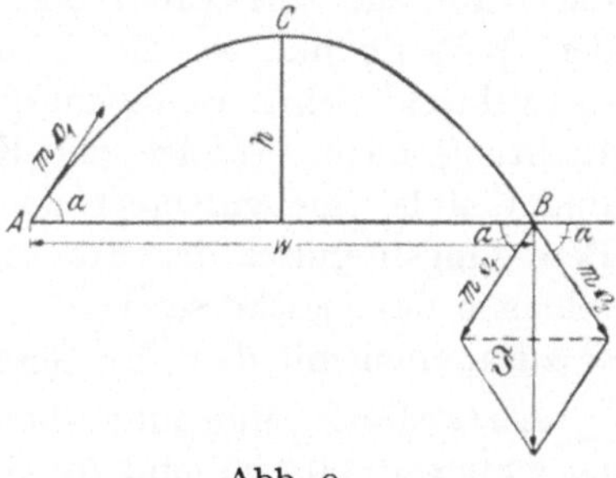

Abb. 9.

Damit hat man aber ohne weiteres auch die Wurfweite w. Da die gleichförmige horizontale Geschwindigkeit $v \cdot \cos\alpha$ beträgt, ist

$$w = v \cos\alpha \cdot \tau,$$

was nach Einsetzen von (3) ergibt

$$w = \frac{v^2}{g}\sin 2\alpha. \tag{4}$$

Die Wurfhöhe h ist der in der Zeit $\frac{\tau}{2}$ zurückgelegte Fallraum, d. h.

$$h = \frac{g}{2}\left(\frac{\tau}{2}\right)^2$$

oder gemäß (3)
$$h = \frac{v^2}{2g}\sin^2\alpha. \tag{5}$$

Auch die Gleichung der Wurfbahn, d. h. den Abstand $\frac{w}{2}$ als Funktion von h kann man finden. Da die Bahn offenbar durch die Geschwindigkeit v_0 im Kulminationspunkt vollständig bestimmt ist, darf diese Gleichung nur die Konstanten v_0 und g enthalten. v_0 ist aber gleich der Horizontalkomponente der Anfangsgeschwindigkeit v, also

$$v_0 = v \cos\alpha. \tag{6}$$

Indem man v und α zwischen (4), (5) und (6) eliminiert, findet man

$$\left(\frac{w}{2}\right)^2 = \frac{2\,v_0{}^2}{g}\,h, \tag{7}$$

also eine Parabel mit dem Parameter $\dfrac{v_0{}^2}{g}$.

Bemerkung. Der Impulserhaltungssatz kann ebensowenig auf die Wurfbewegung allein, wie auf die Kreisbewegung allein angewendet werden. Beim Abschuß in A (Abb. 9) erhält die Unterlage (die Erde) den Gegenimpuls $-m\,\mathfrak{v}_1$. Während der Massenpunkt m die Wurfbahn durchläuft, ändert sich fortwährend seine Bewegungsgröße sowohl der Größe als der Richtung nach. Infolge der Kopplung durch das Schwerefeld findet stets eine entsprechende entgegengesetzte Änderung des Bewegungsimpulses der Erde statt. Dieser hat sich beim Aufschlagen des Geschosses von $-m\,\mathfrak{v}_1$ bis $-m\,\mathfrak{v}_2$ geändert, so daß er zusammen mit dem des Geschosses wieder den Wert o ergibt.

Aufgabe 1. Man führe die Elimination von v und α aus den Gleichungen (4), (5) und (6) durch.

Aufgabe 2. Auf einen beliebigen Punkt der Wurfbahn bezogen, besitzt $\int \mathfrak{K}\,dt$ stets vertikale Richtung. Man zeige, daß dementsprechend für den Kulminationspunkt, wo die Geschwindigkeit horizontal ist und den Wert $v_0 = v \cos \alpha$ besitzt, die Resultante von $m\,\mathfrak{v}_0$ und $-m\,\mathfrak{v}$ senkrecht nach unten gerichtet ist.

§ 8. Masse und Geschwindigkeit.

Ein bewegter Körper besitzt nach der speziellen Relativitätstheorie eine größere Masse als ein ruhender. Die Zunahme der Masse mit der Geschwindigkeit läßt sich auf folgende Weise berechnen. Wir führen einem Körper Bewegungsenergie E zu, berechnen diese und setzen Energiezunahme = Massenzunahme multipliziert mit c^2, d. h. $E = c^2\,(m - m_0)$, wo m_0 die Ruhemasse, c die Lichtgeschwindigkeit bedeutet. Damit der Körper wirklich nur kinetische Energie und keine potentielle erhält, müssen wir ihn entweder dem Schwerefeld entzogen denken, oder aber, wir lassen ihn sich auf horizontaler Bahn bewegen. Wirkt auf ihn eine Kraft K ein, dann ist die Energiezunahme pro dx gegeben durch $K\,dx$. Diese ist nun gleich $c^2\,dm$. Da $K = \dfrac{d\,(m\,v)}{dt}$, so haben wir

$$dx \, \frac{d \, (m \, v)}{dt} = c^2 \, dm. \tag{1}$$

Da ferner $dx/dt = v$, so ist auch

$$v \, d \, (m \, v) = c^2 \, dm. \tag{1a}$$

Nun haben wir dies zu summieren, mit der Geschwindigkeit o und der Ruhemasse m_0 beginnend. Man wird auf dem gewöhnlichen Weg: Ausrechnen von $d \, (m \, v)$ und Separation der Variabeln, dann Integration, zum Ziele kommen. Einfacher ist es, wenn man erkennt, daß links ein vollständiges Differential entsteht, wenn man mit m erweitert, also schreibt

$$(m \, v) \cdot d \, (m \, v) = c^2 \, m \, dm. \tag{2}$$

Man hat dann

$$d \, (m \, v)^2 = c^2 \, d \, (m^2),$$

und kann unmittelbar summieren:

$$m^2 \, v^2 = c^2 \, m^2]_{m_0}^{m} = c^2 \, (m^2 - m_0{}^2). \tag{3}$$

Dies liefert, nach m aufgelöst, die bekannte Beziehung

$$m = \frac{m_0}{\sqrt{1 - (v/c)^2}}. \tag{4}$$

§ 9. Die Gesetze des freien Falles in der speziellen Relativitätstheorie.

Die Gesetze des freien Falles geben die Beziehung zwischen Fallraum (h), Fallzeit (t) und Fallgeschwindigkeit (v) und lauten in der klassischen Mechanik

$$h = \frac{g}{2} \, t^2, \tag{1}$$

$$v = g \, t, \tag{2}$$

$$v = \sqrt{2 \, g \, h}, \tag{3}$$

wo g die Beschleunigung der Schwere (die Fallbeschleunigung) bedeutet. Eigentlich gibt es nur ein Fallgesetz und (1) bis (3) sind nur drei verschiedene Formulierungen. Denn je zwei der Ausdrücke können aus dem dritten mathematisch abgeleitet werden unter Berücksichtigung der Definitionsbeziehung $v = dx/dt$. Das Fallgesetz selbst ist nichts anderes als der Ausdruck des Energiesatzes, angewendet auf ein homogenes Schwerefeld. Im speziellen erhält man (3) so, daß man setzt: potentielle Energie eines Massenpunktes zu Beginn des Falles gleich der kinetischen, die er beim Herabfallen erlangt, d. h.

$$m\,g\,h = \frac{1}{2}\,m\,v^2.\tag{3a}$$

Auch in der relativistischen Mechanik gilt der Energiesatz, und können die Fallgesetze aus diesem abgeleitet werden. Nur hat der Satz eine andere Formulierung. Das Hauptresultat der speziellen Relativitätstheorie besagt, daß Energie und Masse einander äquivalent sind. Das Kennzeichen dafür, daß die Energie konstant bleibt, ist also die Unveränderlichkeit der Masse; und wir erhalten die Fallgesetze aus der Forderung, daß die Masse im ganzen Fallraum konstant bleiben muß. Was sich ändert, ist nur die Natur der Masse. Beim Herabfallen verschwindet potentielle Masse, und es entsteht kinetische Masse. Beide Änderungen müssen nun einander gleich sein.

Die kinetische Masse oder die Zunahme der Masse infolge der Erlangung einer Fallgeschwindigkeit v ist in bekannter Weise (§ 8)

$$m - m_0 = m_0\left(\frac{1}{\sqrt{1 - (v/c)^2}} - 1\right).\tag{4}$$

Der Verlust an potentieller Masse läßt sich leicht berechnen. Er ist gleich dem Gewinn an potentieller Masse, wenn man den Körper um den Fallraum h hebt. Es habe die Masse in irgendeiner Höhe x (Abb. 10) den Wert m_x. Dann ist auf der Strecke dx der Gewinn an potentieller Energie $m_x\,g\,d\,x$. Da nun allgemein nach der speziellen Relativitätstheorie eine Energiezunahme gleich $c^2 \times$ Massenzunahme ist, so folgt für die Zunahme der potentiellen Energie

$$m_x\,g\,dx = c^2\,dm_x.\tag{5}$$

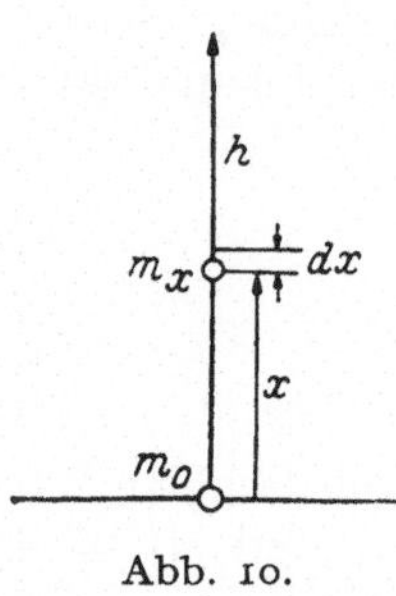

Abb. 10.

Schreibt man dies so

$$\frac{g}{c^2}\,dx = \frac{dm_x}{m_x},\tag{5a}$$

so läßt sich dies integrieren, und man erhält

$$\frac{g}{c^2}\,x + \text{const.} = \ln m_x.\tag{6}$$

Am Ende des Fallraums ist $x = 0$ und $m_x = m_0$. Denn m_0 ist die Ruhemasse am Orte, wo der Körper die Geschwindigkeit v besitzt (Gleichung (4); das ist aber am Ende des Fallraumes. Wenn wir dies in (6) einsetzen, so kommt

$$\text{const.} = \ln m_0, \tag{6a}$$

oder durch Subtraktion von (6) und (6a)

$$\frac{g}{c^2}\, x = \ln m_x - \ln m_0 = \ln \frac{m_x}{m_0}.$$

Hieraus folgt

$$m_x = m_0\, e^{\frac{g}{c^2}\cdot x}. \tag{7}$$

Die Zunahme der potentiellen Masse bei Hebung von $x = 0$ bis $x = h$ ergibt sich daraus zu

$$m_0\, e^{\frac{g}{c^2}\cdot h} - m_0\, e^{\frac{g}{c^2}\cdot 0} = m_0 \left(e^{\frac{g}{c^2}\cdot h} - 1 \right). \tag{8}$$

Die Ausdrücke (8) und (4) müssen nun einander gleich sein, d. h.

$$\frac{m_0}{\sqrt{1 - (v/c)^2}} = m_0\, e^{\frac{g}{c^2}\cdot h}. \tag{9}$$

Dies gibt, nach v aufgelöst,

$$v = c \sqrt{1 - e^{-\frac{2\,g\,h}{c^2}}}. \tag{10}$$

Es ist leicht zu zeigen, daß diese Formel, wie es sein muß, in (3) übergeht für den Fall, daß $2\,g\,h \ll c^2$. Man hat nur den Exponentialausdruck zu entwickeln $e^{-\frac{2\,g\,h}{c^2}} = 1 - \frac{2\,g\,h}{c^2} + -$ und zu bedenken, daß die höheren Potenzen verschwindend klein sind. Würde anderseits der Fallraum so weit zunehmen können, daß $2\,g\,h \gg c^2$ wird, dann würde sich v dem konstanten Wert c nähern, also den relativistisch maximal zulässigen Wert, eben die Lichtgeschwindigkeit, erreichen.

Resultat (10) kann auch noch auf andere Weise gewonnen werden. Fällt ein Körper frei herunter, so gilt in jedem Augenblick

$$m = \frac{m_x}{\sqrt{1 - (v_x/c)^2}},$$

wo v_x die Geschwindigkeit und m_x die Ruhemasse am betreffenden Orte, d. h. in der Höhe x, bedeutet. m_x ist aber eine Funktion von x, denn die potentielle Energie des Körpers nimmt mit der Höhe über dem Boden zu. m_x berechnet sich aus der Ruhemasse am Boden nach der oben abgeleiteten Formel (7). Also ist

$$m = \frac{m_0\, e^{\frac{g}{c^2}\cdot x}}{\sqrt{1 - (v_x/c)^2}}, \tag{11}$$

wo m_0 die Ruhemasse am Boden ist. Die Masse m muß im ganzen Fallraum gleich groß sein. Ihren Wert finden wir leicht, wenn wir (11) auf den Anfangspunkt des freien Falles anwenden. Dort ist $x = h$ und $v_x = 0$. Dies in (11) eingesetzt, ergibt

$$m = m_0\, e^{\frac{g}{c^2}\cdot h}. \tag{12}$$

Also haben wir durch Gleichsetzen von (11) und (12)

$$e^{\frac{g}{c^2}\cdot h} = \frac{e^{\frac{g}{c^2}\cdot x}}{\sqrt{1 - (v_x/c)^2}}. \tag{11a}$$

Nach dem Durchfallen des Fallraums ist $x = 0$ und $v_x = v$. Diese Werte in (11a) eingesetzt, ergeben

$$e^{\frac{g}{c^2}\cdot h} = \frac{1}{\sqrt{1 - (v/c)^2}}.$$

Dies stimmt aber mit (9) überein, und wir gelangen damit zum selben Resultat (10).

Damit ist die Aufgabe, das relativistische Fallgesetz zu finden, gelöst. Wir können natürlich auch noch die den Gleichungen (1) und (2) entsprechenden Ausdrücke ableiten. Doch ist dies eine rein mathematische Aufgabe. Wir wollen den Weg nur kurz andeuten und die Resultate angeben. Man bezeichne etwa den in der Zeit t durchfallenen Raum mit x, rechne x also vom Anfangspunkt des Falles aus nach unten und bedenke, daß $v_x = dx/dt$, dann ist gemäß (10)

$$v_x = \frac{dx}{dt} = c\sqrt{1 - e^{-\frac{2g}{c^2}\cdot x}}, \tag{13}$$

oder

$$c\,dt = \frac{dx}{\sqrt{1 - e^{-\frac{2g}{c^2}\cdot x}}}.$$

Nun lassen sich beide Seiten integrieren, und man erhält schließlich

$$h = \frac{c^2}{g} \ln \frac{1}{2} \left(e^{\frac{gt}{c}} + e^{-\frac{gt}{c}} \right). \tag{14}$$

Der Ausdruck unter dem ln nennt man den hyperbolischen Kosinus, und man schreibt demgemäß

$$h = \frac{c^2}{g} \ln \mathfrak{Cof} \frac{gt}{c}. \tag{14a}$$

Wenn man (14) differenziert, d. h. bildet dh/dt, so findet man die Geschwindigkeit v nach Durchlaufen von h. Man erhält dann den hyperbolischen Tangens, und das Resultat schreibt sich

$$v = c \, \mathfrak{Tang} \frac{gt}{c}. \tag{15}$$

Bemerkung. Über die Ausdehnung der Ableitung auf den Fall eines inhomogenen Schwerefeldes siehe Helv. Phys. Acta 7, 394 (1939).

Aufgabe 1. Man führe die Berechnung der Formeln (14) und (15) wirklich durch.

Aufgabe 2. Man zeige, daß für $g\,t \ll c$ (14) und (15) in die klassischen Formeln (1) und (2) übergehen.

§ 10. Reaktionskraft eines seitlich aus einem Gefäß austretenden Flüssigkeitsstrahls.

Auf den ersten Blick könnte es scheinen, daß die an der Öffnung (Abb. 11) fortfallende Druckkraft die Reaktionskraft ergebe. Dann wäre bei einem Öffnungsquerschnitt q und einer mittleren Druckhöhe h die rücktreibende Kraft $K = q\,h\,\varrho\,g$ dyn. Wir haben aber, da Wasser beim Ausfluß beschleunigt wird, nicht ein statisches, sondern ein dynamisches Problem. Eine in der Zeit dt mit der Geschwindigkeit v ausströmende Flüssigkeitsmenge dm wird durch eine Kraft beschleunigt, die nach dem zweiten Grundprinzip der Mechanik

$$K = \frac{d \, \text{Impuls}}{dt} = \frac{v \cdot dm}{dt}. \tag{1}$$

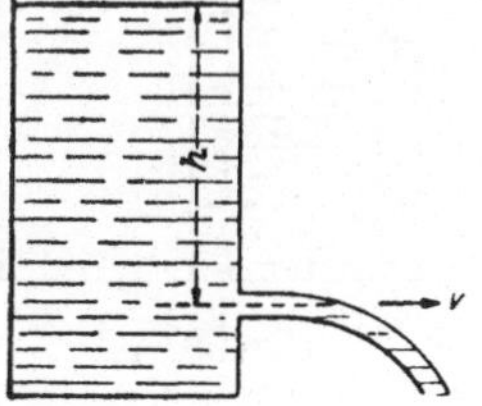

Abb. 11.

Wenn wir von der Strahleinschnürung absehen und somit q mit dem Strahlquerschnitt identifizieren, haben wir

$$dm = q\,v\,\varrho\,dt. \tag{2}$$

Also ist

$$K = q\,v^2\,\varrho. \tag{3}$$

v^2 berechnet sich, eine ideale Flüssigkeit vorausgesetzt, nach TORRICELLI aus

$$v^2 = 2\,g\,h. \tag{4}$$

Demnach folgt

$$K = 2\,q\,h\,\varrho\,g.^1 \tag{5}$$

Diese horizontal nach rechts wirkende Triebkraft ergibt nach actio = reactio eine gleich große statische Kraft nach links. Diese Reaktionskraft setzt sich somit aus zwei gleichen Teilen zusammen, einem, der dem fehlenden Wanddruck entspricht, und einem gleich großen, der infolge der Wasserbeschleunigung noch hinzukommt.

Aufgabe. Man beweise, daß eine Flüssigkeit aus einer Öffnung (Querschnitt q) am Boden eines zylindrischen Gefäßes (Querschnitt q') in der Zeit $t = q'/q\,\sqrt{2\,h/g}$ ausfließt, wenn man der Berechnung die Beziehungen (2) und (4) zugrunde legt.

§ 11. Wie weit spritzt ein Flüssigkeitsstrahl aus einer seitlichen Öffnung?

Besonders einfach wird der Fall, wenn das Gefäß auf einer ebenen Unterlage steht. Die Seitenbewegung x des Strahls (Abb. 12) findet in der gleichen Zeit statt, in der er um die Strecke y frei herabfällt. Ist v die Austrittsgeschwindigkeit, so ist die gleichförmig durchlaufene Strecke

$$x = v\,t,$$

und ferner ist

$$y = \frac{g}{2}\,t^2.$$

Daher

$$y = \frac{g}{2}\,\frac{x^2}{v^2}. \tag{1}$$

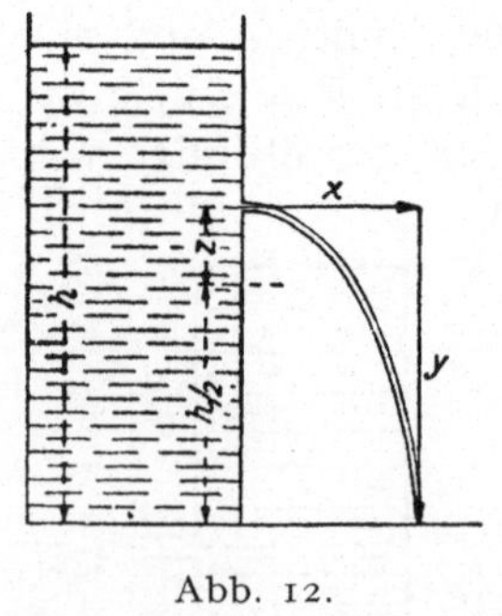

Abb. 12.

---

[1] Die Ableitung und experimentelle Bestätigung dieser Formel findet sich schon bei D. BERNOULLI: Hydrodynamica, S. 289 f. 1738.

Da nach TORRICELLI $v^2 = 2\,g\,(h-y)$, so folgt, dieses in (1) eingesetzt,

$$x^2 = 4\,y\,(h-y). \tag{2}$$

Für die Reichweite x kommt es also auf das Produkt der beiden Abschnitte, in die h durch die Öffnung geteilt wird, y und $h-y$ an. Vertauscht man daher den oberen kleinen Abschnitt mit dem unteren großen, so ist x gleich groß. Das heißt, zwei Öffnungen, die gleich weit von der Mitte der Flüssigkeitssäule abstehen (eine oberhalb, eine unterhalb) geben dieselbe Reichweite. Es ist daher zweckmäßig, als Variable nicht y, sondern den Abstand von der Mitte zu wählen. Bezeichnet man diesen mit z, so ist

$$y = \frac{h}{2} \pm z.$$

Danach ist entsprechend

$$h - y = \frac{h}{2} \mp z,$$

und es wird nach (2)

$$x^2 = 4\left(\frac{h}{2} \pm z\right)\left(\frac{h}{2} \mp z\right),$$

d. h.

$$x = 2\sqrt{\frac{h^2}{4} - z^2}. \tag{3}$$

Hieraus ersieht man unmittelbar, daß $+z$ und $-z$ denselben Wert für x ergeben, ferner, daß für $z = 0$ x seinen größten Wert, nämlich $x = h$, besitzt und daß für $z = h/2$, d. h. oben und unten an der Säule, $x = 0$ wird.

Letzteres ist auch ohne Rechnung verständlich, da eine Öffnung oben keine Austrittsgeschwindigkeit und eine unten keinen Fallraum für den Flüssigkeitsstrahl ergibt. Man kann also schon anfangs schließen, daß bei zwischenliegender Stellung ein Maximum für die Reichweite herauskommt. Wenn man außerdem noch vermutet, daß ein solches für $h/2$ eintritt, so würde man zum vornherein die Variable z statt y benützen und gelangte so noch unmittelbarer zur Endformel (3).

Bemerkung. Da Formel (3) weder die Dichte der Flüssigkeit noch die Größe g enthält, so gilt das Resultat für beliebige Flüssigkeiten und Schwerefelder.

Aufgabe. Das Gefäß sei nicht direkt auf dem Boden, sondern in irgendeiner Höhe darüber aufgestellt. Man zeige, daß genau dieselben Beziehungen wie oben gelten, wenn man jetzt nicht die Tiefe der Flüssigkeit, sondern den Abstand des Flüssigkeitsspiegels vom Boden mit h bezeichnet.

§ 12. Die barometrische Höhenformel.

Der Luftdruck kann nur eine Funktion der Höhe sein, da er in jeder horizontalen Ebene einen konstanten Wert besitzt.

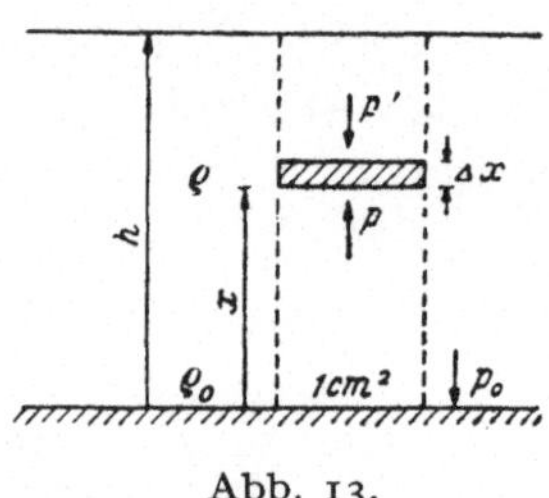

Abb. 13.

Der Grund der Druckzunahme nach abwärts besteht in der Zunahme des Gewichts der darüber lastenden Luftsäule. Auf der Strecke Δx (Abb. 13) kommt pro cm² das Gewicht hinzu $\varrho\,\Delta x$ Gramm bzw. die Gewichtskraft $\varrho\,\Delta x\,g$ dyn. Es ist also

$$p - p' = \varrho\,g\,\Delta x. \tag{1}$$

Bezeichnet man die Druckzunahme in der x-Richtung mit Δp, so wäre demnach

$$- \Delta p = \varrho\,g\,\Delta x. \tag{1a}$$

Diese Beziehung kann auch aus einer Gleichgewichtsbedingung abgeleitet werden. Man denkt sich die dünne Luftschicht Δx fest, etwa in eine dünne, gewichtslose Schachtel eingeschlossen. Dies ist gestattet, da bei jeder Gleichgewichtsanordnung, unbeschadet des Gleichgewichts, beliebige Teile festgehalten (fixiert, festgeklemmt usw.) werden dürfen. Denn das Gleichgewicht kann dadurch nur verbessert werden. Dann haben wir einerseits die Luftscheibe, die mit dem Gewicht $\varrho\,\Delta x$ Gramm nach unten und den Auftrieb $p - p'$, der nach oben wirkt. Die Seitenkräfte heben sich auf.

In (1) haben wir drei Variable p, ϱ, x in Differentialform. Zur Integration muß eine Variable eliminiert werden. Nun gilt ja $p\,V = p_0\,V_0$ (bei konstanter Temperatur). Da aber die Dichte sich umgekehrt proportional dem Volumen ändert, so ist auch

$$\frac{p}{p_0} = \frac{V_0}{V} = \frac{\varrho}{\varrho_0} \tag{2}$$

Man kann also ϱ durch p ersetzen:

$$\varrho = \frac{\varrho_0}{p_0} \cdot p.$$

ϱ_0 und p_0 sind irgend zwei zusammengehörige Werte. Man wird diejenigen für den Ausgangspunkt $x = 0$ wählen. Wir haben

$$- \Delta p = g \frac{\varrho_0}{p_0} \, p \, \Delta x. \tag{3}$$

Die Variabeln sind durch Division mit p leicht zu trennen:

$$- \frac{\Delta p}{p} = g \frac{\varrho_0}{p_0} \Delta x, \tag{3a}$$

und man erhält, indem man vom Erdboden bis zu irgendeiner Höhe h summiert:

$$- \ln p]_{p_0}^{p_h} = g \frac{\varrho_0}{p_0} \, x]_0^h,$$

d. h.

$$\ln p_0 - \ln p_h = g \frac{\varrho_0}{p_0} \, h. \tag{4}$$

Dies läßt sich auch schreiben

$$p_h = p_0 \, e^{-\frac{g \, \varrho_0}{p_0} \cdot h}. \tag{5}$$

Setzt man in (4) rechts die Werte für p_0 und ϱ_0, d. h. Normaldruck und Normaldichte, ein, so kommt

$$\ln p_0 - \ln p_h = \frac{981 \cdot 0{,}001\,293}{76 \cdot 13{,}6 \cdot 981} \cdot h.$$

Links kann man nun p_0 und p_h in beliebigen Einheiten ausdrücken. Wenn wir ferner Briggsche Logarithmen verwenden und h in Metern (über Meer) erhalten wollen (statt in Zentimetern), so hätten wir noch zu schreiben:

$$\frac{\log p_0 - \log p_h}{0{,}4343} = \frac{0{,}001293}{76 \cdot 13{,}6} \cdot 100 \cdot h.$$

Dies ergibt für h in Metern

$$h = 18\,400 \, (\log p_0 - \log p) \tag{6}$$

und, wenn der Druck in Millimeter Hg abgelesen wird:

$$h = 18\,400 \, (2{,}881 - \log p). \tag{6a}$$

Eine hübsche Erweiterung der Aufgabe bestünde darin, bei der Ableitung der Formel die Abnahme der Schwere mit der Höhe (siehe diesbezüglich § 4) zu berücksichtigen. Es sei aber erwähnt, daß auch für sehr große Höhen meist Formel (6) benützt wird.

Bemerkung. Aneroidbarometer haben die Eigenschaft, daß ihre Angaben (nicht wie bei Hg-Barometern) unabhängig vom Wert von g erfolgen.

II. Akustik und Wellenlehre.

§ 13. NEWTONsche Formel für die Schallgeschwindigkeit.

Die Schallausbreitung stellt sich in einem eindimensionalen Gebilde, wie einem (zylindrischen) Stab (Abb. 14), besonders einfach dar. Wir schlagen den Stab, etwa mit einem Hammer, am einen Ende an und erzeugen dadurch eine Kompressionsstelle, die sich nun längs des Stabes mit Schallgeschwindigkeit ausbreitet. Es ist zweckmäßig zur Erfassung der Aufgabe, sich die Verhältnisse zu skizzieren. Der schraffierte Teil sei die

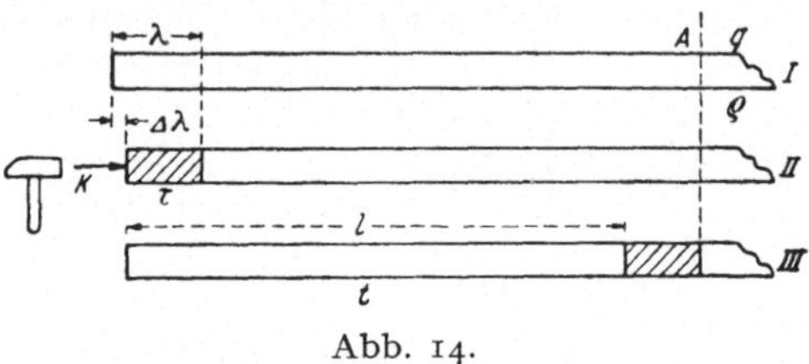

Abb. 14.

Kompressionsstelle, die sich in der Stoßzeit τ ausbildet. Der Einfachheit halber wird man die während dieser Zeit wirkende Stoßkraft K als konstant annehmen. Nach Aufhören der Kraftwirkung pflanzt sich die Kompression durch den Stab hin fort und hat in irgendeiner Zeit t (nach ihrer Ausbildung) die Strecke l durchlaufen. Es ist die Schallgeschwindigkeit

$$c = \frac{l}{t}. \tag{1}$$

Sie ist aber auch

$$c = \frac{\lambda}{\tau}, \tag{2}$$

wenn λ die von der Größe der Kraft unabhängige Strecke bedeutet, welche in der Stoßzeit τ von der Kompression erfaßt wird.

Für K kennen wir nun eine statische und eine dynamische Beziehung, nämlich das HOOKEsche Gesetz und den Impulssatz.

Das erstere lautet, wenn der Stab beim Schlag um $\varDelta\lambda$ verkürzt wird:

$$\varDelta\lambda = \frac{\lambda\,K}{E\,q}, \tag{3}$$

das zweite

$$K\,\tau = \text{erzielte Bewegungsgröße.} \tag{4}$$

Letztere findet man, wenn man die in Bewegung gesetzte Masse mit der ihr erteilten Geschwindigkeit multipliziert. Das in Bewegung gesetzte Stabstück ist aber der Teil links von A. Zustand *III* unterscheidet sich nun von Zustand *I* dadurch, daß der gerade vor *A* liegende Teil des Stabes komprimiert, also verkürzt ist. Es ist daher ein Teil des Stabes, und zwar von der Länge *l*, um $\Delta\lambda$ nach rechts verschoben worden, und zwar in der Zeit *t*. Die mittlere Wanderungsgeschwindigkeit ist demnach $\Delta\lambda/t$. Natürlich ist der in der Kompressionsstelle enthaltene Teil auch etwas nach rechts verschoben worden. Die zugehörige Masse ist aber so klein im Verhältnis zur übrigen bewegten, die ja beliebig groß gewählt werden kann, da *t* unbegrenzt, daß die entsprechende Bewegungsgröße nicht in Betracht fällt.

Die erzielte Bewegungsgröße ist also $q\,l\,\varrho \cdot \dfrac{\Delta\lambda}{t}$, so daß wir nach (4) haben

$$K\,\tau = \frac{q\,l\,\varrho\,\Delta\lambda}{t}.\tag{4a}$$

Nun wird man (3) und (4a) vergleichen bzw. *K* eliminieren wollen und erhält

$$\Delta\lambda = \frac{\lambda}{E\,q}\,\frac{q\,l\,\varrho\,\Delta\lambda}{\tau\,t},$$

oder

$$1 = \frac{\lambda\,l\,\varrho}{E\,\tau\,t}.\tag{5}$$

Unter Berücksichtigung von (1) und (2) hat man sofort

$$1 = \frac{c^2\,\varrho}{E},$$

oder

$$c = \sqrt{\frac{E}{\varrho}}.\tag{6}$$

Da die Kompression kurzzeitig erfolgte, muß sie adiabatisch sein. *E* bedeutet daher den adiabatischen Elastizitätsmodul, der gegenüber dem statischen um den Faktor $\varkappa$ (Verhältnis der spezifischen Wärmen c_p/c_v) größer ist. Für ein (ideales) Gas hat man für *E* den Ausdruck: $p\,\varkappa$ (p = Gasdruck).

§ 14. Schallgeschwindigkeit in Abhängigkeit von der Luftfeuchtigkeit.

Zur Behandlung dieser Aufgabe sind Weg und Durchführung vorgezeichnet. Man wird zunächst feststellen, von welchen Faktoren die Schallgeschwindigkeit überhaupt abhängt. Antwort gibt die NEWTONsche Formel $c = \sqrt{E/\varrho}$, wo E den (adiabatischen) Elastizitätsmodul, ϱ die Dichte bedeuten. Für ein ideales Gas ist $E = p\,\varkappa$ (p: Gasdruck, $\varkappa = c_p/c_v$: Verhältnis der spezifischen Wärmen), so daß man hat

$$c = \sqrt{\frac{p\,\varkappa}{\varrho}}. \tag{1}$$

Der atmosphärische Druck p ist gegeben und damit als konstant zu betrachten. Es bleibt daher nur der Einfluß der Feuchtigkeit auf die beiden Größen $\varkappa$ und ϱ zu berücksichtigen. Nun beträgt $\varkappa$ für Luft 1,40, für Wasserdampf 1,33. Beim völligen Ersatz von Luft durch Wasserdampf würde $\varkappa$ also um $5^0/_0$ abnehmen. Die Änderung der Dichte ϱ mit dem Ersatz von Luft durch Wasserdampf läßt sich leicht aus dem AVOGADROschen Satz entnehmen, daß die Dichten sich wie die Molekulargewichte verhalten. Demgemäß ist die Dichte von H_2O-Dampf ϱ_2 im Verhältnis 18/28,9 kleiner als diejenige der Luft ϱ_1. Also $\varrho_2 = \varrho_1 \cdot 18/28,9$. Dies bedeutet eine prozentuale Abnahme von $\dfrac{28,9 - 18}{28,9} \cdot 100 = 37,7\%$. Auch bei teilweisem Ersatz der Luft durch H_2O-Dampf dürfen wir infolge der Gültigkeit der Mischungsregel annehmen, daß sich die Änderung von ϱ zu der von $\varkappa$ im Verhältnis 37,7 : 5 vollzieht. Da ferner beide Größen in derselben Weise in die Formel (1) eingehen, so ist auch der Einfluß auf c im selben Maße vorhanden. Es ist daher der Einfluß der Feuchtigkeit auf ϱ weitaus größer als der auf $\varkappa$, so daß man in erster Näherung nur den Einfluß auf ϱ zu berücksichtigen braucht. Immerhin ist zu beachten, daß die so berechnete Abhängigkeit der Schallgeschwindigkeit von der Feuchtigkeit etwas zu groß ausfällt, da die Veränderlichkeit von $\varkappa$ der von ϱ entgegenwirkt. Wie denn ohne weiteres ersichtlich, daß, wenn $\varkappa$ und ϱ im selben Maße abnehmen würden, der Einfluß der Feuchtigkeit auf c überhaupt wegfiele.

Bezeichnen wir die Partialdrucke der Luft und des H_2O-Dampfes mit p_1 und p_2, so berechnet sich nach der Mischungsregel die Dichte der feuchten Luft zu

$$\varrho = \varrho_1\frac{p_1}{p} + \varrho_2\frac{p_2}{p}, \tag{2}$$

oder, da

$$p = p_1 + p_2$$

ist, auch zu

$$\varrho = \varrho_1 \frac{p - p_2}{p} + \varrho_2 \frac{p_2}{p}$$

$$= \varrho_1 - \frac{p_2}{p} (\varrho_1 - \varrho_2). \tag{3}$$

Dies in (1) eingeführt, liefert

$$c = \sqrt{\frac{p\,\varkappa}{\varrho_1 \left(1 - \frac{p_2 (\varrho_1 - \varrho_2)}{p\,\varrho_1}\right)}},$$

oder, da $\sqrt{\dfrac{p\,\varkappa}{\varrho_1}}$ die Schallgeschwindigkeit für trockene Luft bedeutet (Bezeichnung: c_l), haben wir

$$c = \frac{c_l}{\sqrt{1 - \frac{p_2}{p} \frac{\varrho_1 - \varrho_2}{\varrho_1}}} \tag{4}$$

Die Schallgeschwindigkeit in trockener Luft c_l berechnet sich demnach folgendermaßen aus der in feuchter c

$$c_l = c \sqrt{1 - \frac{p_2}{p} \frac{\varrho_1 - \varrho_2}{\varrho_1}},$$

eine Formel, die auch für irgendein anderes zwei- oder mehratomiges Gas, für das dann die entsprechende Normaldichte ϱ_1 einzusetzen ist, gilt. Unter Berücksichtigung, daß gegenüber 1 der Subtrahend sehr klein ist, kann eine vielbenützte Näherungsformel Anwendung finden. Es ist

$$(1 + x)^n = 1 + n\,x,$$

sofern man sich auf das erste Glied der binomischen Entwicklung beschränkt. Daher ist

$$c_l = c \left(1 - \frac{1}{2} \frac{p_2}{p} \frac{\varrho_1 - \varrho_2}{\varrho_1}\right). \tag{5}$$

Setzt man den Wert $\dfrac{\varrho_1 - \varrho_2}{\varrho_1}$ für Luft ein, so erhält man

$$c_l = c \left(1 - 0{,}19 \frac{p_2}{p}\right). \tag{6}$$

Die Korrektion $0{,}19\,p_2/p$ ist recht klein. Rechnet man mit wasserdampfgesättigter Luft bei etwa $20°$, d. h. mit $p_2 = 20$ mm und $p = 760$ mm, so beträgt dies $0{,}005$. Die Änderung von c macht also sogar in diesem extremen Fall nur $0{,}5°/_0$ aus. Die

Temperaturkorrektion für trockenes Gas berechnet sich anderseits aus

$$c_0 = c_t \sqrt{1 - 0,00367 \cdot t}. \tag{7}$$

$c_0 =$ Geschwindigkeit bei $0°$; c_t bei $t°$. In all den häufigen Fällen,
wo man feuchtes Gas hat, wäre dann noch die Korrektion (6)
hinzuzufügen. Man trägt diesem Umstand dadurch Rechnung,
daß man statt des Koeffizienten 0,00367 in (7) einen etwas größeren Wert einsetzt und schreibt

$$c_0 = c_t \sqrt{1 - 0,004 \cdot t}$$

(siehe etwa F. KOHLRAUSCH: Prakt. Phys., S. 114. 1935).

Aufgabe. Man leite die Formel (7) für die Temperaturabhängigkeit von c aus (1) ab unter Beachtung, daß nur ϱ, nicht
aber $p\,\varkappa$, mit der Temperatur veränderlich ist.

§ 15. Welches ist die Tonfrequenz, die ein Beobachter hört, wenn er sich gleichzeitig mit der Tonquelle bewegt?

Bewegt sich eine Tonquelle auf einen ruhenden Beobachter
zu, so wird die ausgesandte Welle verkürzt, so daß statt des ursprünglichen Tons n ein höherer n' entsteht, und es ist

$$n' = \frac{n}{1 - v/c}, \tag{1}$$

wo v die Geschwindigkeit der Tonquelle und c die des Schalles
bedeuten. Im Falle einer Entfernung wäre ebenso

$$n' = \frac{n}{1 + v/c}. \tag{1a}$$

Bewegt sich nun der Beobachter mit der Geschwindigkeit v', so
nimmt er, je nachdem er sich auf die Tonquelle zu- oder weg-
bewegt, mehr oder weniger Wellen dieser Frequenz n' auf, und
er hört

$$n'' = n' \, (1 \pm v'/c), \tag{2}$$

das heißt, gemäß (1) bzw. (1a)

$$n'' = n \, \frac{1 \pm v'/c}{1 \mp v/c}. \tag{3}$$

Man beachte, daß in dieser Beziehung sowohl v als auch v' bei einer
Annäherung $+$ gerechnet sind.

Beziehung (3) beantwortet nun die Frage: wann bleibt der Ton trotz Dopplereffekt unverändert? Es ist $n'' = n$, wenn $v' = -v$, d. h. wenn der Abstand zwischen Beobachter und Tonquelle konstant bleibt.

Bemerkenswert ist der Umstand, daß die Ableitung Schwierigkeiten bereitet, wenn man erst den Beobachter und dann die Schallquelle sich bewegen läßt, d. h. erst die Zahl der vom Ohr aufgenommenen Wellen ausrechnet und dann die Wellenlänge ändert. Hier spielt also die Reihenfolge der stufenweisen Behandlung eine gewisse Rolle.

§ 16. Echo und Geschwindigkeit bewegter Schallquelle.

Der einfachste Fall liegt vor, wenn sich eine Tonquelle vom Beobachter weg auf eine reflektierende Wand zubewegt. Bezeichnen wir ihre Geschwindigkeit mit v und die Schallgeschwindigkeit mit c, so ist die Frequenz des zuerst gehörten Tons

$$n_1 = \frac{n}{1 + v/c},$$

wo n die gewöhnliche Frequenz bedeutet. Die Frequenz des sonach gehörten Tons ist dementsprechend

$$n_2 = \frac{n}{1 - v/c}.$$

Beträgt das gehörte Intervall $i = n_2/n_1$, so folgt hieraus

$$i = \frac{1 + v/c}{1 - v/c},$$

und die Geschwindigkeit der Tonquelle ergibt sich zu

$$v = c\,\frac{i - 1}{i + 1}. \tag{1}$$

Beispiel. Ein Wald, gegen den ein Eisenbahnzug fährt, gibt den Pfiff der Lokomotive um einen Ton höher wieder. Man erhält für $i = \sqrt[6]{2} = 1{,}122 \ldots$ und $c = 340$ m/s, $v = 19{,}6$ m/s oder 70,6 km pro Stunde.

Der Fall liegt komplizierter, wenn die Schallquelle S (Abb. 15) sich nicht in der Richtung vom Beobachter B weg, sondern unter einem Winkel α dazu bewegt und wenn der Schallstrahl von S zum Reflektor den Winkel β einschließt. Dann geben nur die Komponenten $v_1 = v \cos \alpha$ und $v_2 = v \cos \beta$ Dopplereffekt, und die Beziehungen lauten

$$n_1 = \frac{n}{1 + \dfrac{v \cos \alpha}{c}} \quad \text{und} \quad n_2 = \frac{n}{1 - \dfrac{v \cos \beta}{c}}. \quad (2)$$

Hieraus folgt

$$i = \frac{1 + \dfrac{v \cos \alpha}{c}}{1 - \dfrac{v \cos \beta}{c}},$$

und man erhält

$$v = c \, \frac{i - 1}{i \cos \beta + \cos \alpha}. \quad (3)$$

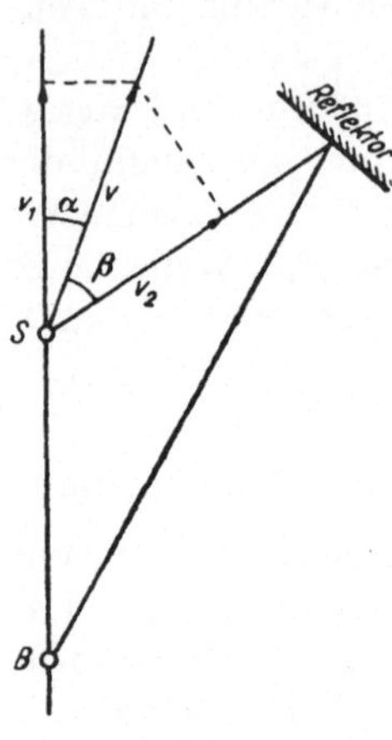

Abb. 15.

Die Geschwindigkeit einer Schallquelle ist also ohne Kenntnis von α und β nicht berechenbar. Indessen kann man die Geschwindigkeit, die eine Schallquelle bei einem gehörten Intervall i mindestens besitzen muß, ohne weiteres angeben. Man braucht nur die im Nenner von (3) befindlichen Größen $\cos \beta$ und $\cos \alpha$ durch ihren Höchstwert, nämlich durch 1, zu ersetzen und erhält damit den kleinsten Wert, den v annehmen kann. Das heißt aber, man wendet Formel (1) an, wobei man sich dessen bewußt bleiben muß, daß dies im allgemeinen Fall nicht den richtigen Wert, sondern nur einen unteren Grenzwert für die Geschwindigkeit einer Schallquelle ergibt.

§ 17. Die diatonische Tonleiter als Tonspektrum.

Vergleicht man die Intervalle, welche die Töne der diatonischen Tonleiter mit dem Grundton bilden, so findet man hierfür das Verhältnis von zumeist kleinen ganzen Zahlen. Dies ist ohne weiteres verständlich, wenn für die Auswahl der Töne das Prinzip der Konsonanz maßgebend war. Denn nach HELMHOLTZ ist die Bedingung der Konsonanz um so besser erfüllt, je mehr gemeinsame harmonische Obertöne zwei Klänge besitzen. Solche stehen aber mit dem Grundton im einfachen Frequenzverhältnis $1 : 2 : 3 : 4$ usw.

Nun zeigt es sich aber weiterhin, daß die Tonfolgen $g \, f \, e$ eine besonders einfache Gesetzmäßigkeit aufweisen. Die Intervalle

$\frac{3}{2}, \frac{4}{3}, \frac{5}{4}$ lassen sich offenbar durch den Ausdruck $\frac{n+1}{n}$ darstellen, wenn man n der Reihe nach die Werte 2, 3, 4 beilegt. Auch noch weitere Töne lassen sich in dieses Seriengesetz einordnen. So $d\left(\frac{9}{8}\right)$ und der Grundton c selbst $\left(\frac{1}{1}\right)$, mit $n = 8$ und $n = \infty$. Schreibt man das Seriengesetz in der Form

$$i_1 = 1 + \frac{1}{n}, \tag{1}$$

so erkennt man leicht eine gewisse Ähnlichkeit mit der optischen Lyman-Wasserstoffserie $\frac{\nu}{R} = \frac{1}{1^2} - \frac{1}{n^2}$. Dem Unterschied im Vorzeichen des Laufterms entsprechend, liegt dann allerdings die Seriengrenze $n = \infty$ im akustischen Falle beim kleinsten und im optischen beim größten Frequenzwert. In beiden Fällen entspricht aber $n = 2$ dem Grundton, so daß das Tonspektrum bei $g\ (n = 2)$ beginnt und bei $c\ (n = \infty)$ endigt.

Es erscheint nun die Frage natürlich, ob es nicht gelingt, das ganze Tonspektrum in ein Seriengesetz einzuordnen. Man erkennt allerdings sofort, daß die Töne $a\ h\ c_1$ nicht durch den Ausdruck (1) wiedergegeben werden. Da aber g den Ausgangspunkt für eine abwärtsführende Serie bildet, so kann die Frage geprüft werden, ob g nicht ebensogut den Ausgangspunkt für eine nach oben führende Serie bilden könnte. Für die Intervallreihe $g\ a\ h\ c_1$, d. h. $\frac{3}{2}, \frac{5}{3}, \frac{15}{8}, \frac{2}{1}$, wird man in der Tat unschwer den allgemeinen Ausdruck finden $\frac{2n-1}{n}$, oder, was dasselbe ist,

$$i_2 = 2 - \frac{1}{n}. \tag{2}$$

Es muß nun das Verhältnis dieser oberen Serie zu der unteren interessieren. Man ersieht unmittelbar, daß die beiden Kurven $i_1 = f_1(n)$ und $i_2 = f_2(n)$ spiegelbildlich gleich sind, d. h. die Summe $i_1 + i_2$ ist konstant, und zwar stets gleich 3. Bemerkenswert ist dabei, daß für i_1 und i_2 die gleiche Auswahl der Laufzahl gilt, mit der Ausnahme, daß in der oberen Serie die Laufzahl $n = 4$ nicht vertreten ist. Die Intervallkurve sieht nun für die ganze Tonleiter aus, wie dies in Abb. 16 dargestellt ist.

Die beiden Gesetzmäßigkeiten: 1. Gleicher Verlauf der i_1- und i_2-Kurve auf- und abwärts, 2. gleiche Laufzahlauswahl, sprechen dafür, daß vom physikalischen Standpunkt aus auch der Ton $i_2 = \frac{7}{4}$ mit der Laufzahl $n = 4$ zur Serie, d. h. Tonleiter, gehört.

Seine Auslassung könnte durch das musikalische Moment erklärt werden, daß dadurch eine Folge von Halbtönen $a\,b\,h\,c_1$ vermieden wird.[1]

Es ist nun ein leichtes, die beiden Seriengesetze zu einem einzigen zusammenzufassen. Da die eine Kurve ebensoweit oberhalb als die andere unterhalb der Mittellinie M liegt, so werden

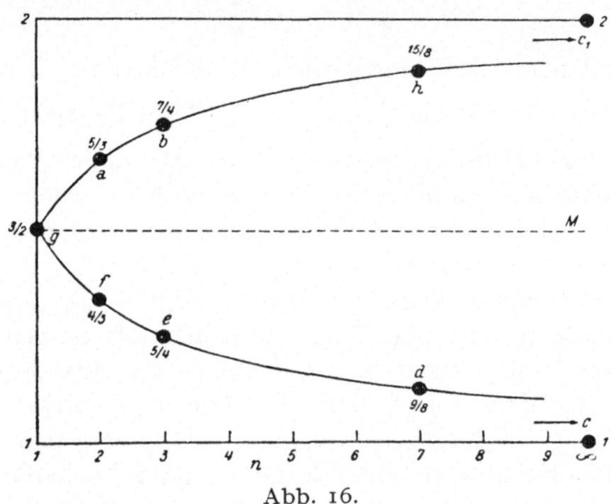

Abb. 16.

wir die Koordinaten von dieser aus rechnen. Es ist die Intervalldifferenz der Töne gegenüber g $\left(\frac{3}{2}\right)$

$$\varDelta = i_2 - \frac{3}{2} = \frac{3}{2} - i_1 = 2 - \frac{1}{n} - \frac{3}{2} = \frac{1}{2} - \frac{1}{n},$$

und die beiden Intervalle i_1 und i_2 erhält man, indem man diesen Ausdruck $\varDelta$ entweder von $\frac{3}{2}$ subtrahiert oder dazu addiert, also bildet

$$i_{12} = \frac{3}{2} \pm \left(\frac{1}{2} - \frac{1}{n}\right) = \frac{1}{2}\left(3 \pm \frac{n-2}{n}\right). \tag{3}$$

Hieraus erhält man die 9 Töne der Tonleiter durch Einsetzen der Laufzahlen $n = 2,\ 3,\ 4,\ 8$ und ∞. Die Steigung der Intervalle mit der Laufzahl, d. h. $\left|\,di/dn\,\right|$, ergibt sich zu $1/n^2$.

Aufgabe. Man zeige, daß das Tonspektrum auch durch den Ausdruck

$$i_{12} = \frac{1}{2}\left(3 \pm \frac{n'-1}{n'+1}\right)$$

wiedergegeben werden kann, wo n' die Werte $1,\ 2,\ 3,\ 7,\ \infty$ annimmt.

---

[1] Siehe darüber auch Helv. Phys. Acta 6, 305 (1933). Naturwiss. 1933, 824.

§ 18. Mathematischer Ausdruck für eine Welle.

Der einfachste Fall ist der einer einseitigen linearen Wellenausbreitung. Während bei allseitiger Ausbreitung (z. B. in Luft) die Wellenintensität mit dem Quadrat der Entfernung abnimmt, ist sie hier, von Absorptionsverlusten abgesehen (ähnlich wie beim Scheinwerferlicht), konstant. Besonders übersichtlich sind die Verhältnisse bei Transversalwellen, wie man sie z. B. erhält, wenn man das eine Ende eines horizontal ausgespannten Gummischlauches auf und ab bewegt. Alle Punkte der Strecke werden dann der Reihe nach in gleiche Schwingungen versetzt, d. h. die Schwingungsform, die Frequenz und die Amplitude (Intensität), sind für alle Teile gleich. Wir wollen im speziellen den Punkt A (Abb. 17) eine harmonische Schwingung ausführen lassen. Dieser Fall ist grundlegend, da sich eine beliebige Schwingungskurve nach FOURIER immer als Summe solcher harmonischer Schwingungen darstellen läßt.

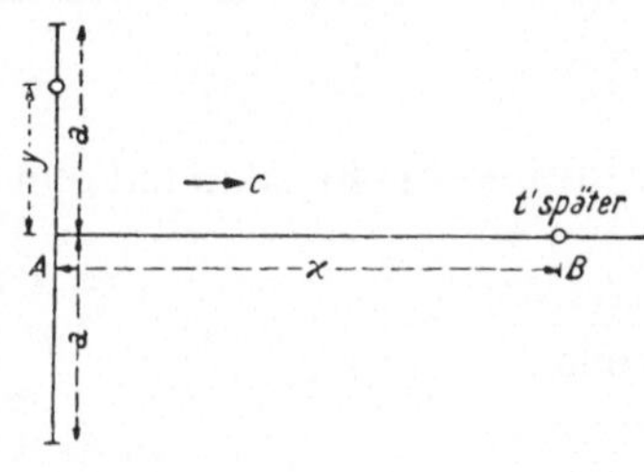

Abb. 17.

Für die Ausweichung y des Punktes A zu einer Zeit t Sekunden nach Beginn der Schwingung hat man dann den Ausdruck

$$y = a \sin 2\,\pi\,n\,t. \tag{1}$$

Wir wollen nun von dieser Schwingungsformel ausgehend zur Wellenformel gelangen. Von einer solchen verlangt man, daß sie an jedem Ort der Strecke, d. h. für jedes x und zu jeder Zeit t den Schwingungszustand, d. h. die Ausweichung aus der Ruhelage y_x, angibt.

Wir betrachten den Schwingungsvorgang an irgendeinem Punkt B, dessen Lage durch die einzige Koordinate x bestimmt ist. Je größer x ist, um so später wird B von der Schwingung erfaßt. Diese Zeit t' berechnet sich aus der Wellengeschwindigkeit c nach der elementaren Beziehung

$$x = c\,t'. \tag{2}$$

In der Zeit t', in der die Bewegung sich von A nach B fortgepflanzt hat, hat Punkt A bereits eine Strecke $y = a \sin 2\,\pi\,n\,t'$ zurückgelegt, und y_x ist, da die Schwingung dort erst jetzt anfängt, noch gleich 0. Sie wird nun stets um die Zeit t' nachhinken, d. h. für sie ist die Zeit stets um t' weniger weit vorgeschritten als die von A. Die Schwingungsformel für B, die zu der von A gehört, lautet also

$$y_x = a \sin 2 \pi n \, (t - t'). \tag{3}$$

Unter Berücksichtigung von (2) schreibt sich dies:

$$y_x = a \sin 2 \pi n \left(t - \frac{x}{c}\right). \tag{4}$$

Diese Beziehung kann in verschiedener Form geschrieben werden, indem man den allgemeinen Zusammenhang

$$c = n \, \lambda = \frac{\lambda}{\tau}$$

mit einbezieht. Man hat dann die mit (4) gleichwertigen Ausdrücke

$$y_x = a \sin 2 \pi \left(n \, t - \frac{x}{\lambda}\right) \tag{4a}$$

oder

$$y_x = a \sin 2 \pi \left(\frac{t}{\tau} - \frac{x}{\lambda}\right). \tag{4b}$$

Aus der letzteren Fassung geht hervor, daß immer, wenn t um τ oder x um λ zunimmt, y_x wieder denselben Wert annimmt. Denn, wenn man statt t schreibt $t + \tau$ und statt x $x + \lambda$, so ändert sich das Argument des sin um 2π, der Sinus selbst ist also wieder derselbe. Gleichung (4) ist nun gemäß unserer oben formulierten Forderung die Wellenformel, d. h. sie liefert $y = f(x, t)$. Man erkennt unmittelbar, daß sie auch für Longitudinalwellen gilt. Die y bedeuten dann einfach die longitudinalen Ausweichungen. Ferner gilt (4) auch für räumliche Ausbreitung, nur ist dann zu bedenken, daß die Wellenintensität, d. h. a^2 mit dem Quadrat der Entfernung (x) und daher a mit $1/x$ abnimmt, und daß (4) dann lauten muß:

$$y_x = \frac{b}{x} \sin 2 \pi n \left(t - \frac{x}{c}\right). \tag{5}$$

Mit der Ableitung von (4) bzw. (5) ist die Aufgabe gelöst. Es ist zum Verständnis der Wellenformel aber angezeigt, aus dieser auch die charakteristischen Merkmale einer Welle herauszulesen. Diese können etwa so formuliert werden: 1. Jeder Punkt der Strecke vollführt eine harmonische Schwingung der gleichen Amplitude. 2. Eine Momentphoto ergäbe eine Wellen- (Sinus-)

Linie. 3. Aufeinanderfolgende Momentphotos (kinematographische Aufnahmen) ergäben stets dieselbe Wellenlinie, die aber mit fortschreitender Zeit mit der Geschwindigkeit c nach rechts rückt.

1. Wir wählen irgendeinen Punkt B, halten also x konstant. Dann wird (4):

$$y_x = a \sin (2\,\pi\,n\,t - \varphi), \tag{6}$$

wo

$$\varphi = 2\,\pi\,\frac{x}{\lambda} = \text{const.},$$

d. h. wir haben eine Sinusschwingung mit der Amplitude a und der Frequenz n, die, abgesehen von der Phase, identisch ist mit der des Anfanges A.

2. Hier bedeutet t einen gegebenen Wert, d. h. $t = \text{const.}$, und (4) wird dann

$$y_x = a \sin \left(\varphi - 2\,\pi\,\frac{x}{\lambda}\right), \tag{7}$$

d. h. wir erhalten längs x eine Sinuskurve mit der Amplitude a. Die Nullstellen ($y_x = 0$) sind durch den gewählten Zeitpunkt, d. h. durch φ, bestimmt.

3. In einem gegebenen Zeitpunkt ist an irgendeinem Punkt, z. B. B, die Ausweichung y_x die durch (4) gegebene. Wie verschiebt sich nun der Ort, der einem konstanten y_x entspricht? $y_x = \text{const.}$ liefert die Bedingung

$$t - \frac{x}{c} = \text{const.}$$

oder

$$x = c\,t + \text{const.} \tag{8}$$

Der Ort gleicher Ausweichung, d. h. x, verschiebt sich also mit konstanter Geschwindigkeit c nach rechts (t wächst ja gleichförmig). Im speziellen wandern also auch Täler und Berge und ebenso die Nullstellen gleichmäßig nach rechts.

§ 19. Zusammenhang zwischen stehender und fortschreitender Welle.

Stehende Wellen entstehen immer, wenn zwei gleiche Wellenzüge einander entgegenlaufen. Dies läßt sich an Hand der Wellengleichung (§ 18) unmittelbar beweisen. I und II seien die beiden Wellen (Abb. 18). Um deren Gleichung anschreiben zu können, müssen wir eine Bezugsebene haben, von wo aus wir x rechnen. Wir werden vernünftigerweise für E dieselbe Lage für beide Wellen wählen. Man bedenke, daß im allgemeinen die Schwingungen in A_1 und A_2 nicht in Phase sind, sondern irgendeine (zeitlich) konstante Phasendifferenz aufweisen. Man kann nun E (ohne Beschränkung der Allgemeinheit der Behandlung) so wählen, daß A_1 und A_2 in Phase sind. Denn Punkte rechts von A_1 hinken, je weiter sie von ihm entfernt sind, in der Schwingung hinten nach, Punkte rechts von A_2 eilen aber entsprechend in der Schwingung voraus. Man kann also, wenn A_1 und A_2 nicht in Phase sind, E so weit nach rechts oder

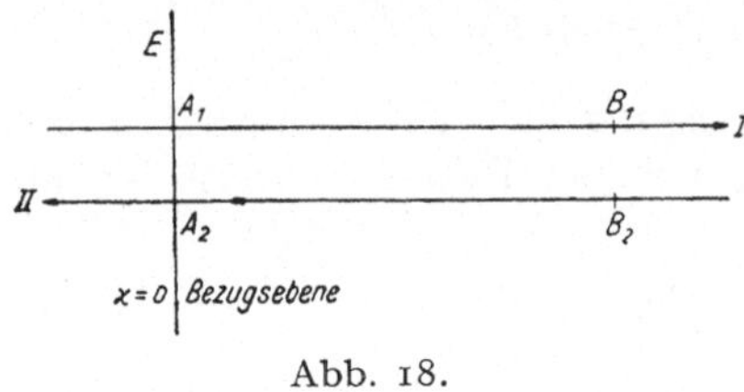

Abb. 18.

links verschieben, bis Phasengleichheit erreicht ist. Jetzt vereinfachen sich Rechnung und Ausdrücke entsprechend. Für die Ausweichungen y_1 und y_2 in B_1 und B_2 (d. h. an derselben Stelle) hat man

$$y_1 = a \sin 2\pi n \left(t - \frac{x}{c}\right) \tag{1}$$

und

$$y_2 = a \sin 2\pi n \left(t + \frac{x}{c}\right). \tag{2}$$

Würde die Schwingung in A_1 gegenüber der in A_2 um eine konstante Zeit t' nachhinken, so wäre im Ausdruck für y_1 statt t zu schreiben $t - t'$. Diese Komplikation vermeiden wir nun. Für die resultierende Ausweichung y bei B_1 bzw. B_2, d. h. die Summe $y_1 + y_2$ erhalten wir nach dem bekannten trigonometrischen Satze für $\sin \alpha + \sin \beta$

$$y = y_1 + y_2 = 2a \sin 2\pi n\, t \cdot \cos 2\pi n \frac{x}{c} \tag{3}$$

oder unter Berücksichtigung, daß $c = \lambda\, n$,

$$y = 2a \cos 2\pi \frac{x}{\lambda} \cdot \sin 2\pi n\, t. \tag{4}$$

Wir erhalten demnach eine Sinusschwingung längs der ganzen Strecke mit der örtlich variabeln Amplitude $2a \cos 2\pi \frac{x}{\lambda}$.

Das Amplitudenbild entspricht dem in Abb. 19 dargestellten: Die Amplitude ist ein Maximum $= 2a$ für $x = k\,\lambda/2$, wo $k = 0$,

1, 2, 3 usw. Dann ist nämlich das Argument des cos: 0, π, 2 π, 3 π usw. Die Amplitude wird anderseits jeweils Null, wenn $x = k\,\lambda/2 + \lambda/4$; dann ist

$$\cos 2\pi\,\frac{x}{\lambda} = \cos \frac{2\pi}{\lambda}\left(k\,\frac{\lambda}{2} + \frac{\lambda}{4}\right) = \cos\left(k\,\pi + \frac{\pi}{2}\right) = 0.$$

Es gibt also Stellen, die dauernd in Ruhe sind: Knoten; ihr Abstand ist $\lambda/2$, und dazwischen befinden sich die Schwingungsbäuche. Da $\sin 2\pi\,n\,t$ zwischen $+ 1$ und $- 1$ ändert, finden die Schwingungen zwischen der ausgezogenen und der gestrichelten Kurve Abb. 19 statt. Dabei schwingen alle Teile zwischen zwei Knoten in Phase, für sie gilt ja der von x unabhängige Ausdruck $\sin 2\pi\,n\,t$. Hingegen kehrt sich die Phase jeweils bei aufeinanderfolgenden Gebieten um. Denn das Vorzeichen der Amplitude springt, wenn das Argument von cos

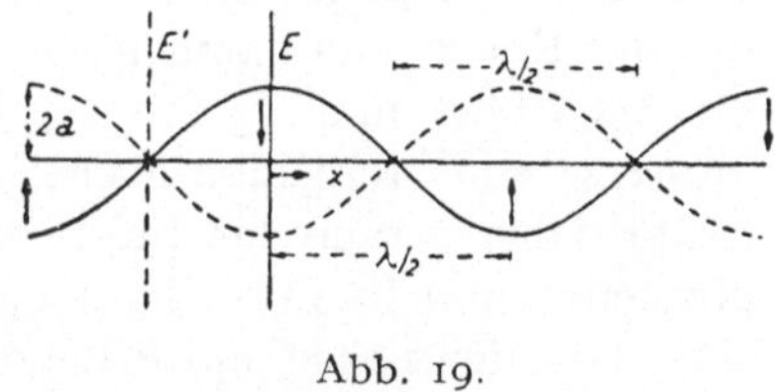

Abb. 19.

$2\pi\,x/\lambda$ die Grenzen 0, π, 2 π, 3 π usw. überschreitet, von $+$ zu $-$. Während wir also für das eine Gebiet zu setzen haben $+ \sin 2\pi\,n\,t$, geht dieser Ausdruck sprunghaft beim Überschreiten eines Knotens in $- \sin 2\pi\,n\,t$ über. Es ist aber

$$- \sin 2\pi\,n\,t = \sin(2\pi\,n\,t + \pi) = \sin 2\pi\,n\left(t + \frac{\tau}{2}\right),$$

d. h. die Schwingung differiert um eine halbe Periode $\tau/2$. Wenn daher beim Passieren der Ruhelage die Teile des einen Gebietes nach oben schwingen, so schwingen die des nächsten nach unten. Die gleichzeitigen Schwingungsrichtungen sind in Abb. 19 durch Pfeile angedeutet. Ausdruck (4) zeigt also, daß die Interferenz der beiden fortschreitenden Wellenzüge I und II zu einem Schwingungszustand, d. h. zur Ausbildung einer stehenden Welle führt.

Zwei sich entgegenlaufende Wellenzüge stellt man am einfachsten her, wenn man eine Welle sich reflektieren läßt. Die ankommende und reflektierte Welle sind zwar nicht gleich intensiv, qualitativ wird man aber dieselbe Interferenzerscheinung erwarten dürfen. Die beiden Wellen haben im Moment und damit am Ort der Reflexion dieselbe Phase, wenigstens trifft dies für den Fall zu, daß die Reflexion an einem (mechanisch oder optisch) dünneren Medium stattfindet. Die Reflexionsebene spielt dann die Rolle unserer Bezugsebene E. Formel (5) ist daher unmittelbar anwendbar für die stehende Welle, die entsteht, wenn eine Welle sich an einer bei E befindlichen Wand reflektiert. An dieser bildet sich dann ein Schwingungsbauch aus, dem in regelmäßigen Abständen von $\lambda/4$ Knoten und Bäuche folgen.

Anders, wenn die Reflexion an einem dichteren Medium erfolgt. Dann wird ein Wellenberg als Wellental zurückgeworfen, die Phase kehrt sich um, und die Schwingungen der beiden Wellen besitzen am Ort der Reflexion einen Gangunterschied einer halben Periode. Diese Bedingung erfüllt aber eine Ebene im Abstand $\lambda/4$ von unserer Bezugsebene, und zwar sowohl links als auch rechts davon. Rückt man nämlich E um $\lambda/4$ nach links, so schwingt A_1 um $\tau/4$ früher und A_2 um $\tau/4$ später. Der Gangunterschied ist also $\tau/2$. Eine Reflexionsebene, an der Stelle von E' angebracht, ergibt daher gerade das Interferenzergebnis, wie es nach Abb. 18 abgeleitet und in Formel (4) dargestellt ist. E' bedeutet somit eine Reflexionsebene und E die dazu gehörige Bezugsebene für die Messung von x und t. Will man x und t, statt von E aus, von der Reflexionsebene aus messen, und berücksichtigt man, daß diese auch rechts von E liegen kann, dann hätte man in Formel (4) zu x noch $\pm\,\lambda/4$, zu t noch $\pm\,\tau/4$ hinzuzufügen, so daß man hätte

$$y = 2\,a \sin 2\,\pi\,n\left(t \pm \frac{\tau}{4}\right) \cdot \cos 2\,\pi\,\frac{x \pm \lambda/4}{\lambda}$$

oder

$$y = 2\,a \sin\left(2\,\pi\,n\,t \pm \frac{\pi}{2}\right) \cdot \cos\left(2\,\pi\,\frac{x}{\lambda} \pm \frac{\pi}{2}\right). \qquad (5)$$

Aufgabe. Man leite Formel (5) direkt ab, indem man eine ankommende und eine reflektierte Welle unter Berücksichtigung des Phasensprungs addiert.

§ 20. Entstehung der Schwebungen durch Interferenz.

Schwebungen entstehen, wenn zwei Wellenzüge mit wenig voneinander abweichender Frequenz miteinander interferieren. Für die beiden Wellen können wir schreiben:

$$y_1 = a \sin 2\,\pi\,n\left(t - \frac{x}{c}\right)$$

$$y_2 = a \sin 2\,\pi\,n'\left(t - \frac{x}{c}\right). \qquad (1)$$

Hierin sind die Amplituden gleich groß angesetzt, und ist als

Bezugsebene eine solche gewählt, daß die Schwingungen der beiden Wellen dort in Phase sind, was ohne Beschränkung der Allgemeinheit immer erlaubt ist. Man erhält durch Superposition, ähnlich wie in § 19,

$$y = y_1 + y_2 = 2\,a \sin 2\,\pi \frac{n+n'}{2}\left(t - \frac{x}{c}\right) \cdot \cos 2\,\pi \frac{n-n'}{2}\left(t - \frac{x}{c}\right).$$

Wir bezeichnen die mittlere Frequenz $\dfrac{n+n'}{2}$ mit $\bar{n}$ und die Differenz $n - n'$ mit Δn und schreiben demgemäß

$$y = 2\,a \sin 2\,\pi\,\bar{n}\left(t - \frac{x}{c}\right) \cdot \cos \pi\,\Delta n\left(t - \frac{x}{c}\right). \qquad (2)$$

Wir erhalten das Produkt zweier Wellen. Da aber $\bar{n} \gg \Delta n$, so ändert die erste sich zeitlich viel schneller als die zweite. Ja, die erste wird schon sehr viele Schwingungen ausgeführt haben, ehe der Betrag der zweiten sich wesentlich geändert hat. Man wird daher, ähnlich wie in § 19, den Ausdruck (2) auffassen als eine Welle $\sin 2\,\pi\,\bar{n}\,(t - x/c)$ mit

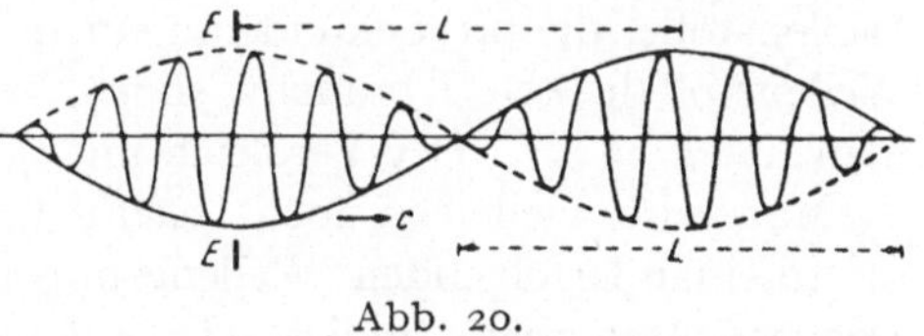

Abb. 20.

der zeitlich und örtlich langsam variierenden Amplitude $2\,a \cos \pi\,\Delta n\,(t - x/c)$. Man kann auch sagen, man erhält eine Welle mit einer mittleren Frequenz $\bar{n}$, die praktisch von n und n' nicht zu unterscheiden ist, und mit einer Amplitude, die sinusförmig moduliert ist.

Eine Vorstellung von der Interferenzwelle erhält man durch Aufnahme einer Momentphoto, d. h. man wählt einen festen Zeitpunkt, etwa $t = 0$, und zeichnet zunächst einmal den örtlichen Verlauf der Amplitude, d. h. die Amplitudenwelle, auf. Man erhält Abb. 20. Die Amplitude $2\,a \cos\left(-\pi\,\Delta n\,\dfrac{x}{c}\right) = 2\,a \cos \pi\,\Delta n\,\dfrac{x}{c}$ hat ihren größten Wert ± 1, wenn

$$\pi\,\Delta n\,\frac{x}{c} = k\,\pi, \quad \text{wo } k = 0, 1, 2, 3 \ldots, \quad \text{d. h. für } x = k\,\frac{c}{\Delta n} \qquad (3)$$

und ihr Minimum $= 0$, wenn

$$\pi\,\Delta n\,\frac{x}{c} = k\,\pi + \frac{\pi}{2}, \quad \text{d. h. für } x = k\,\frac{c}{\Delta n} + \frac{c}{2 \cdot \Delta n}. \qquad (4)$$

Der Abstand L zwischen zwei Maxima oder Minima beträgt

$$L = x_k - x_{k-1} = \frac{c}{\varDelta n}. \tag{5}$$

Wir ergänzen Abb. 20 noch dadurch, daß wir die Schwingungsfigur der Welle $\sin 2\pi\bar{n}\,(t - x/c)$ für $t = 0$ einzeichnen. Diese ist begrenzt einerseits durch die Amplitudenkurve, anderseits durch deren gestrichelt gezeichnetes Spiegelbild. E sei die Bezugsebene ($x = 0$, $t = 0$). Die Welle $\sin 2\pi\bar{n}\,(t - x/c)$ erscheint in Portionen, d. h. Gruppen von der Länge L abgeteilt. Diese Wellengruppen bewegen sich mit derselben Geschwindigkeit nach rechts wie die Welle $\sin 2\pi\bar{n}\,(t - x/c)$. Denn beide Faktoren in (2) enthalten genau denselben Ausdruck $t - x/c$. Bezeichnet man die Zeit, die eine Gruppe braucht, um sich um ihre Länge L zu verschieben, mit T, so gilt $c = L/T$. Unter der Schwebungsfrequenz versteht man nun die Zahl der Wellenpakete oder Wellenstöße, die pro Sekunde an einem Orte vorbeiziehen. Da ein Wellenstoß die Zeit T braucht, so ist N nichts anderes als $1/T$, und man hat $c = LN$. Der Vergleich mit (5) zeigt nun, daß $N = \varDelta n$.

Man wird vielleicht noch beachten, daß die Amplitudenwelle in aufeinanderfolgenden Wellengruppen ihr Vorzeichen ändert. Das bedeutet aber (ähnlich wie in § 19) nichts anderes, als daß die Welle $\sin 2\pi\bar{n}\,(t - x/c)$ beim Übergang von einem Gebiet ins andere ihre Phase um π, d. h. $\tau/2$, ändert. Da an dieser Stelle aber die Amplituden 0 sind, so tritt das bei den Schwingungsfiguren nicht augenfällig hervor.

§ 21. Schwebungen bei veränderlicher Wellengeschwindigkeit.

Wenn die Ausbreitungsgeschwindigkeit einer Welle nicht unveränderlich, sondern eine Funktion der Frequenz bzw. der Wellenlänge ist, dann haben wir (1) in § 20 folgendermaßen anzuschreiben:

$$y_1 = a \sin 2\pi n \left(t - \frac{x}{c}\right)$$
$$y_2 = a \sin 2\pi n' \left(t - \frac{x}{c'}\right), \tag{1}$$

wo jetzt $c' \neq c$ ist. Die Addition ergibt nun:

$$y = 2a \sin 2\pi \left(\frac{n+n'}{2}\,t - x\,\frac{n/c + n'/c'}{2}\right)$$
$$\times \cos \pi \left[(n - n')\,t - x\left(\frac{n}{c} - \frac{n'}{c'}\right)\right], \tag{2}$$

oder, wenn wir wiederum setzen $\bar{n} = \dfrac{n + n'}{2}$ und $n - n' = \Delta n$ und berücksichtigen, daß $c/n = \lambda$ und $c'/n' = \lambda'$, so ergibt dies

$$y = 2\,a \sin 2\,\pi \left[\left(\bar{n}\,t - \frac{x}{2}\left(\frac{1}{\lambda} + \frac{1}{\lambda'}\right)\right] \cdot \cos \pi \left[\Delta n \cdot t - x\left(\frac{1}{\lambda} - \frac{1}{\lambda'}\right)\right]. \quad (3)$$

Da λ nur wenig von λ' verschieden ist, so wird man für λ bzw. λ' einen mittleren Wert $\bar{\lambda}$ setzen dürfen und für $\lambda - \lambda' = \Delta\lambda$ schreiben. Der Ausdruck lautet dann:

$$y = 2\,a \sin 2\,\pi \left(\bar{n}\,t - \frac{x}{\lambda}\right) \cdot \cos \pi \left(\Delta n \cdot t + x\,\frac{\Delta\lambda}{\bar{\lambda}^2}\right). \quad (4)$$

Wir erhalten, wie in § 20, eine rasch verlaufende Welle multipliziert mit einer langsam verlaufenden Amplitudenwelle. Man wird also bei einer Momentphoto dieselbe Abb. 20 erhalten. Nur besitzen die Wellengruppen eine andere Länge. Sie bewegen sich auch mit einer anderen Geschwindigkeit als die Einzelwellen.

Die Ausbreitungsgeschwindigkeit der Amplitudenwelle erhält man, wenn man nachsieht, wie sich der Ort konstanter Amplitude zeitlich ändert. Man setze also (unter Berücksichtigung, daß $\bar{\lambda} = \lambda$)

$$\cos \pi \left(\Delta n \cdot t + x\,\frac{\Delta\lambda}{\lambda^2}\right) = \text{const.} \quad (5)$$

oder

$$\Delta n \cdot t + x\,\frac{\Delta\lambda}{\lambda^2} = \text{const.} \quad (5\,\text{a})$$

Dies ergibt für dx/dt, d. h. die Gruppengeschwindigkeit c_g, den Ausdruck

$$\frac{dx}{dt} = c_g = -\,\lambda^2\,\frac{\Delta n}{\Delta\lambda}. \quad (6)$$

c_g wird man mit der Wellen- bzw. der Phasengeschwindigkeit c vergleichen wollen. Man kann entweder n oder λ durch c ersetzen unter Benützung von $c = n\,\lambda$ bzw. von

$$\Delta c = n\,\Delta\lambda + \lambda\,\Delta n. \quad (7)$$

Setzt man den Wert von Δn aus (7) in (6) ein, so erhält man

$$c_g = c - \lambda\,\frac{\Delta c}{\Delta\lambda}. \quad (8)$$

Dies ist die Formel von RAYLEIGH.[1] c_g und c stimmen nur über-

---

[1] Apparate zur Demonstration dieser Beziehung sind beschrieben in Helv. Phys. Acta 10, 490 (1937); 14, 552 (1941).

ein, wenn keine Dispersion der Wellen vorhanden ist, d. h. wenn $\Delta c/\Delta\lambda = 0$. c_g ist größer oder kleiner, je nachdem c mit λ abnimmt oder zunimmt. Es ist $c_g = 0$, wenn $c = k \cdot \lambda$.

Aufgabe. Man zeige, daß die Länge L einer Wellengruppe gleich ist $\dfrac{c_g}{\Delta n}$.

III. Wärmelehre.

§ 22. Die Barometerkorrektion.

Um den Barometerdruck in absoluten Einheiten, d. h. in dyn/cm² zu finden, hätte man die Hg-Säule in Zentimeter auszumessen und das Produkt zu bilden

$$\text{Höhe} \times \text{Dichte} \times \text{Schwerebeschleunigung.}$$

Wenn man also den Druck einfach in Millimeter oder Zentimeter Hg angeben will, hat man die Angaben immer für die gleiche Dichte und Schwerebeschleunigung zu machen. Die abgelesene Barometerhöhe ist demnach immer erst auf Normalbedingungen zu reduzieren. Wir wollen uns auf die Temperaturkorrektion beschränken. Man hat festgesetzt, daß man den Barometerstand für Hg von 0° C angeben soll. Ferner sei vorausgesetzt, daß der Maßstab seinerseits auch bei 0° C richtig zeigt. Es ist also aus der bei irgendeiner Temperatur gemachten Ablesung zu berechnen, wie diese ausfallen würde, wenn Barometer samt

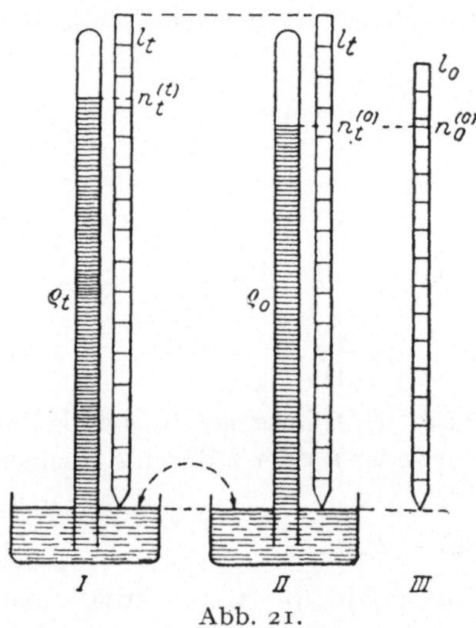

Abb. 21.

Maßstab auf 0° C abgekühlt wäre. Die Kontraktion des Glases spielt dabei keine Rolle, da der Barometerstand bei nicht zu engen Röhren, wo die Kapillarität verschwindend ist, nicht von der Rohrweite abhängt.

Wir nehmen die Korrektion in zwei Stufen vor (Abb. 21) und denken uns zunächst nur das Hg (samt Glas) auf 0° abgekühlt (Übergang $I \to II$). Die Zahl der abgelesenen Teilstriche bei $t°$ sei $n_t^{(t)}$. Hier, wie im folgenden, beziehe sich der obere Index von n auf Hg, der untere auf den Maßstab. Die Ablesung bei Hg auf 0° und Maßstab auf $t°$ ist dann zu bezeichnen mit $n_t^{(0)}$. Sind die Dichten des Hg bei $t°$: ϱ und bei 0°: ϱ_0, so haben wir nach dem Prinzip der kommunizierenden Röhren

$$n_t^{(t)}\,\varrho_t = n_t^{(0)}\,\varrho_0. \tag{1}$$

Nun besteht die Beziehung

$$\varrho_0 = \varrho_t\,(1 + a\,t). \tag{2}$$

a: Volumausdehnungskoeffizient des Hg. Also ist

$$n_t^{(0)} = \frac{n_t^{(t)}}{1 + a\,t}. \tag{3}$$

Nun kühlen wir auch den Maßstab auf 0° ab (Übergang $II \to III$). Seine gesamte Länge l reduziert sich dabei auf l_0, wobei gilt

$$l_t = l_0\,(1 + \alpha\,t). \tag{4}$$

α: linearer Ausdehnungskoeffizient. Da hierbei der Abstand der Teilstriche verkleinert wird, fällt die Ablesung jetzt zu groß aus. Die Ablesung bei 0°: $n_0^{(0)}$ verhält sich zu der bei $t°$: $n_t^{(0)}$ umgekehrt wie die Länge des Maßstabes bei 0° und $t°$. Das heißt, es ist

$$\frac{n_0^{(0)}}{n_t^{(0)}} = \frac{l_t}{l_0}, \tag{5}$$

und somit

$$n_0^{(0)} = n_t^{(0)}\,(1 + \alpha\,t). \tag{6}$$

Setzen wir $n_t^{(0)}$ aus (3) ein, so erhalten wir

$$n_0^{(0)} = n_t^{(t)}\,\frac{1 + \alpha\,t}{1 + a\,t}. \tag{7}$$

Da die Glieder mit t klein gegen 1 sind, so ist nach einer bekannten Näherungsformel (siehe etwa § 14) $\dfrac{1}{1 + x} = 1 - x$ und demnach

$$n_0^{(0)} = n_t^{(t)}\,(1 + \alpha\,t)\,(1 - a\,t),$$

und wenn man beim Ausmultiplizieren das Glied mit t^2 wiederum vernachlässigt,

$$n_0^{(0)} = n_t^{(t)} \left[1 - (a - \alpha)\, t\right]. \tag{8}$$

Das heißt, das Glied, das zu der Ablesung $n_t^{(t)}$ zu addieren ist, bzw. die Korrektion beträgt

$$- n_t^{(t)}\, (a - \alpha)\, t.$$

Es ist für Hg $\qquad\qquad\qquad a = 0{,}000\,181$

für Messing $\qquad\qquad\quad \alpha = 0{,}000\,025$

daher $\qquad\qquad\qquad\quad a - \alpha = 0{,}000\,156.$

Die Korrektion würde offenbar dann wegfallen, wenn es gelänge, ein Material für den Maßstab zu finden, dessen linearer Ausdehnungskoeffizient gleich dem Volumausdehnungskoeffizienten des Hg wäre.

Bemerkung. Die Reihenfolge der stufenweisen Reduktion kann ohne weiteres vertauscht werden, da die Operationen ja unabhängig voneinander sind. Siehe dagegen etwa Aufgabe § 23, wo dies nicht angeht.

Aufgabe. Man rechne die Barometerkorrektion aus, indem man sich erst den Maßstab und dann das Hg auf 0° abgekühlt denkt.

§ 23. Thermische Kräfte.

Ein Metallstab sei zwischen zwei festen Widerlagern angebracht. Welcher Druck entsteht, wenn der Stab von 0° auf $t°$ erwärmt wird?

Es besteht keine Möglichkeit, diesen Druck unmittelbar als Funktion der Temperatur zu berechnen. Man muß sich den Zustand 2 aus dem Zustand 1 durch irgendwelche Vorgänge entstanden denken, die selbst berechenbar sind. Solche sind die thermische Ausdehnung und die elastische Dehnung (bzw. Kompression). Wir lassen also zunächst den Stab sich ausdehnen, wofür gilt

$$l_t = l_0\, (1 + \alpha\, t). \tag{1}$$

Hieraus folgt die Verlängerung

$$l_t - l_0 = l_0\, \alpha\, t.$$

Nun komprimieren wir um ebensoviel und gelangen damit zum

Endzustand. Es ist, unter der Annahme, daß man unterhalb der Elastizitätsgrenze bleibt, nach HOOKE bei der Temperatur t

$$\Delta l_t = \frac{l_t\,K}{E_t\,q_t}. \tag{2}$$

Hier bedeuten E_t und q_t Elastizitätsmodul und Querschnitt bei $t°$. Setzt man nun $l_t - l_0 = \Delta l_t$, so folgt

$$l_0\,\alpha\,t = \frac{K\,l_t}{E_t\,q_t}$$

oder unter Benützung von (1)

$$K = \frac{E_t\,q_t\,\alpha\,t}{1 + \alpha\,t}. \tag{3}$$

Da im allgemeinen $\alpha\,t \ll 1$, wird man mit genügender Annäherung setzen dürfen

$$K = E\,q\,\alpha\,t, \tag{4}$$

wobei auch die Temperaturveränderlichkeit von E und q unberücksichtigt bleiben darf. Für einen Fe-Stab von $q = 1$ cm², $\alpha = 10^{-5}$, $E = 2 \cdot 10^6$ kg/cm² und $t = 50°$ findet man bereits $K = 1000$ kg. K ist unabhängig von der Länge des Stabes.

Bemerkung. Man beachte, daß man für die Berechnung die Reihenfolge der Operationen nicht vertauschen kann! Wohl kann man durch Zusammendrückung und nachherige thermische Ausdehnung zum selben Endzustand gelangen. Aber für die thermische Ausdehnung unter Druck haben wir keine Beziehung, und selbst, wenn man für eine Ausdehnung bei konstantem K die Formel (1) anwenden wollte, so wäre α für einen unter Druck befindlichen Stab nicht bekannt.

Aufgabe 1. Man zeige, daß sich (3) darstellen läßt durch $K = E_t\,q_0\,(1 + \alpha\,t)\,\alpha\,t$, wo q_0 den Querschnitt bei $0°$ bedeutet.

Aufgabe 2. Man wähle eine beliebige Anfangstemperatur und erhöhe oder erniedrige die Temperatur um Δt. Man zeige, daß die entstehende Druck- bzw. Zugkraft sich berechnet nach der Formel

$$K = \frac{E\,q\,\alpha\,\Delta t}{1 + \alpha\,t}.$$

K ist die Kraft, die bei der Temperatur t auftritt, E und q sind ebenfalls die für diese Temperatur gültigen Werte. Unter K/q versteht man den Druck bzw. den Zug. Warum ist ersterer im allgemeinen kleiner als letzterer?

§ 24. Druck eines Radreifens.

Ein Radreifen R_e (Abb. 22) werde heiß auf ein Rad R_a aufgebracht. Welcher Druck entsteht bei der Abkühlung von t° auf 0°? Voraussetzung: starres Rad.

Die im Reifen entstehende Spannung ist nach § 23

$$P = E\, q\, \alpha\, t. \tag{1}$$

Da der Reifen sich zusammenzuziehen sucht, drückt er mit einer gewissen Kraft K auf das Rad, die man finden kann 1. durch

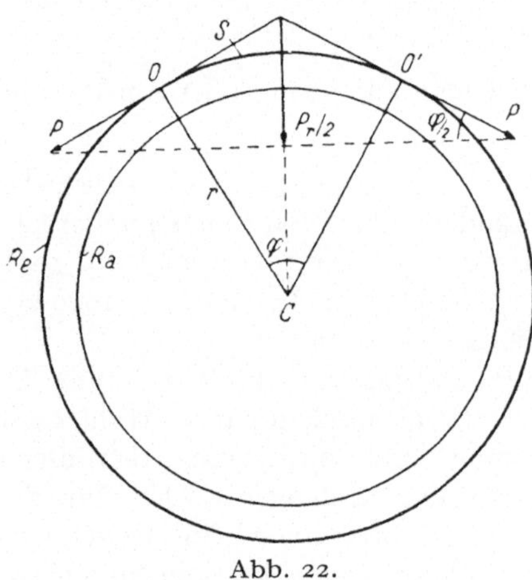

Behandlung des Gleichgewichts der Kräfte, 2. aus dem Energieprinzip. Das erste Verfahren ist etwas umständlicher, dafür aber anschaulicher.

1. Wir betrachten ein abgegrenztes Stück des Reifens, indem wir zwei Linien $C\,O$ und $C\,O'$, die einen Winkel φ einschließen mögen, zeichnen. Das zwischen O, O' eingeschlossene Stück S wird sowohl nach links als nach rechts mit einer Kraft P

Abb. 22.

gespannt. Die Resultante finden wir, indem wir die Angriffspunkte der beiden Kräfte von O und O' in deren Schnittpunkt verlegen (Abb. 22). Sie liegt in Richtung der Winkelhalbierenden und hat, da die Projektion von P auf diese den Wert $P \sin \varphi/2$ besitzt, die Größe

$$P_r = 2\,P \sin \frac{\varphi}{2}. \tag{2}$$

Unter Benützung von (1) schreibt sich

$$P_r = 2\,E\,q\,\alpha\,t \sin \frac{\varphi}{2}. \tag{3}$$

Diese Kraft wird durch den Gegendruck des Rades auf S aufgehoben. Wählt man den Winkel φ sehr klein, so steht $P_r \perp$ auf dem ganzen Bandstückchen S. Bezeichnet man die Oberfläche von S mit f und den Raddruck, d. h. die auf 1 cm² wirkende Druckkraft mit K_1, so ist

$$P_r = K_1\,f. \tag{4}$$

Daher ist der gesuchte Druck

$$K_1 = \frac{2\,E\,q\,\alpha\,t\,\sin\varphi/2}{f}. \tag{5}$$

Man wird nun noch f durch den Winkel φ ausdrücken. Ist die Streifenbreite b, der Raddurchmesser r, so ist

$$f = r\,\varphi\,b \tag{6}$$

und

$$K_1 = \frac{2\,E\,q\,\alpha\,t}{r\,b}\,\frac{\sin\varphi/2}{\varphi}. \tag{7}$$

Wählen wir φ genügend klein, so ist $\sin\varphi/2 = \varphi/2$; daher wird unter Berücksichtigung, daß $q = b\,\delta$, wo δ die Dicke des Reifens,

$$K_1 = \frac{E\,\delta\,\alpha\,t}{r}. \tag{8}$$

Dies ist der Druck, den der Reifen auf das Rad und umgekehrt das Rad auf den Reifen ausübt. Dieser Gegendruck kann natürlich nur hervorgerufen werden durch eine entsprechende elastische Kraft. Eine exakte Behandlung des Problems müßte also auch die Kompression des Rades mit berücksichtigen.

2. Bei irgendwelchen Vorgängen muß der Energiesatz gelten. Wir lassen das Rad z. B. sich kontrahieren oder sich ausdehnen. Nehmen wir den zweiten Fall. Die Druckkraft zwischen Rad und Reifen sei K. Dann wird bei einer Vergrößerung des Radius um Δr die Arbeit geleistet

$$\Delta A = K\,\Delta r.$$

Dabei wird der Umfang u des Rades um Δu vergrößert und die elastische Energie des gespannten Reifens A_e wird um den Betrag

$$\Delta A_e = P\,\Delta u$$

zunehmen. Denn, denken wir uns den Reifen etwa an der Stelle O durchschnitten, und müßte jetzt die ganze Reifenlänge, d. h. u, um Δu vergrößert werden, so wäre die Arbeit $\Delta A_e = P\,\Delta u$ zu leisten. Da nun $\Delta A = \Delta A_e$ sein muß, so haben wir

$$K\,\Delta r = P\,\Delta u, \tag{9}$$

und da $u = 2\,\pi\,r$, so folgt unmittelbar

$$K = 2\,\pi\,P. \tag{10}$$

(10) ist aber mit (8) identisch. Man hat nur zu berücksichtigen, daß $K = \text{Druck} \times \text{Fläche} = K_1 \cdot 2\,\pi\,r\,b$, ferner P aus (1) und $q = b\,\delta$ einzusetzen.

Aufgabe 1. Formel (1) stellt (siehe § 23) eine Näherung dar für den thermischen Druck bei Erwärmung von $0°$ auf $t°$. Man zeige, daß sie für den vorliegenden Fall der Spannung bei Abkühlung von $t°$ auf $0°$ exakt gilt. E und q bedeuten dann die Werte bei $0°$.

Aufgabe 2. Man nehme statt eines starren Rades ein Vollrad mit dem Elastizitätsmodul E' an und zeige, daß in diesem Fall der Raddruck im Verhältnis $1 : \left(1 + \dfrac{E\,\delta}{E'\,r}\right)$ kleiner ausfällt.

§ 25. Verhältnis der spezifischen Wärmen $\dfrac{c_p}{c_v}$ nach CLÉMENT und DESORMES.

Der Versuch (Abb. 23) besteht darin, daß man erst mit einem Gebläse etwas Luft durch den mit Hahn H versehenen Ansatz in den großen, mit Luft gefüllten Glasballon G hineinpumpt. Nachdem die kleine hierdurch bewirkte Erwärmung sich ausgeglichen hat, liest man den erzeugten Überdruck h ab. Durch kurzzeitiges Abnehmen des Pfropfens Z (oder Öffnen eines Hahns) läßt man die Luft sich rasch und damit adiabatisch bis zum Atmosphärendruck ausdehnen. Dabei kühlt sich das Gas etwas ab. Nun setzt man Z sofort wieder auf und läßt Wärme von außen zuströmen, bis wieder die Anfangs- (Außen-) Temperatur erreicht ist. Dabei steigt der Druck des abgeschlossenen Luftvolumens an bis zu einem Überdruck, den wir mit h' bezeichnen.

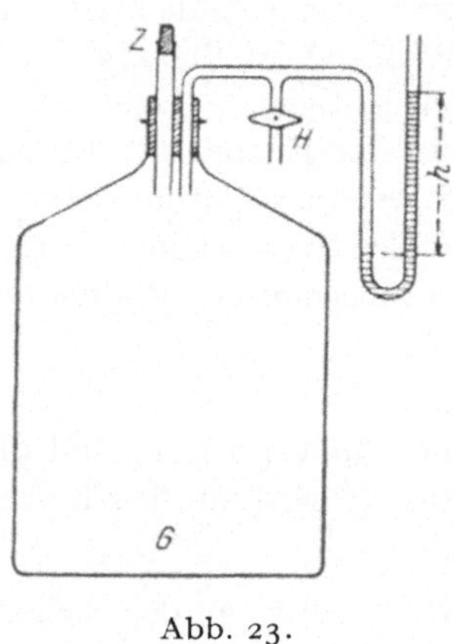

Abb. 23.

Aufgabe. Es soll bewiesen werden, daß c_p/c_v, das wir abkürzungsweise mit γ bezeichnen, sich nach der Formel berechnet

$$\gamma = \frac{h}{h - h'}.$$

Wir stellen die Zustandsänderung der Luft im CLAPEYRONschen pV-Diagramm dar (Abb. 24). Der Anfangszustand wird durch den Punkt I dargestellt; Druck und Volumen seien mit p_1 und V_1 bezeichnet. Beim Abheben des Pfropfens wandert der Punkt (der Zustand) längs einer Adiabaten herab, bis der Barometerdruck p_2 erreicht ist. Das Volumen ist dabei auf V_2 gewachsen. Da bei adiabatischer Änderung nach POISSON pV^γ unverändert bleiben muß, so gilt für I und II die Beziehung

$$p_1 V_1^\gamma = p_2 V_2^\gamma. \qquad (1)$$

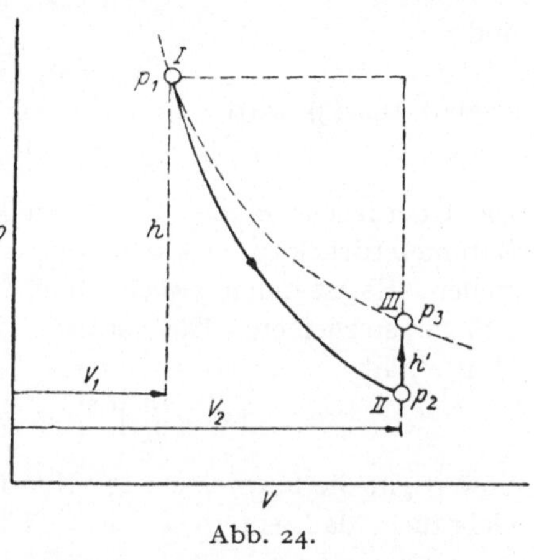

Abb. 24.

NachWiederaufsetzen von Z bleibt nun das Volumen konstant. Der Zustandspunkt wandert von II nach III senkrecht in die Höhe, und die Temperatur wächst proportional mit dem Druck. Diese Beziehung ist im Zusammenhang mit (1) aber offenbar nicht geeignet, um zu einer Formel zu gelangen, die nur Drucke allein enthält. Hingegen gibt es außer (1) noch eine Beziehung zwischen p und V. Da den Punkten I und III dieselbe Temperatur entspricht, so liegen diese auf einer Isothermen (gestrichelt gezeichnet). Für I und III ist also das Gesetz von BOYLE-MARIOTTE anzuwenden:

$$p_1 V_1 = p_3 V_3,$$

oder, da $V_3 = V_2$,

$$p_1 V_1 = p_3 V_2. \qquad (2)$$

Zwischen (1) und (2) lassen sich V_1 und V_2 eliminieren, da diese beiden Größen nur in der Verbindung V_2/V_1 vorkommen und damit nur eine einzige Variable repräsentieren. Wenn wir (2) mit γ potenzieren, kommt

$$p_1^\gamma V_1^\gamma = p_3^\gamma V_2^\gamma,$$

dies durch (1) dividiert ergibt

$$\frac{p_1^\gamma}{p_1} = \frac{p_3^\gamma}{p_2},$$

was sich schreiben läßt

$$p_2\, p_1^{\nu-1} = p_3^{\nu}. \tag{3}$$

Nun sind statt der Drucke selber die Überdrucke einzuführen. Man hat

$$p_1 = p_2 + h$$

und

$$p_3 = p_2 + h',$$

so daß aus (3) wird

$$p_2\,(p_2 + h)^{\nu-1} = (p_2 + h')^{\nu}. \tag{4}$$

Die Überdrucke h und h' werden klein gewählt gegenüber dem Barometerdruck p_2, so daß h/p_2 und h'/p_2 kleine Größen darstellen. Es ist daher zweckmäßig, (4) so zu schreiben, daß diese Brüche erscheinen. Dies erreicht man durch Division mit p_2^{ν}. Man erhält

$$\left(1 + \frac{h}{p_2}\right)^{\nu-1} = \left(1 + \frac{h'}{p_2}\right)^{\nu}. \tag{4a}$$

Soweit gilt die Formel streng. Nun machen wir von der Näherung Gebrauch, daß, sofern $x \ll 1$:

$$(1 + x)^n = 1 + n\,x.$$

Dann kommt

$$1 + (\gamma - 1)\,\frac{h}{p_2} = 1 + \gamma\,\frac{h'}{p_2}.$$

Nach Streichung der 1 und Wegheben von p_2 bleibt noch

$$(\gamma - 1)\,h = \gamma\,h'.$$

Hieraus folgt

$$\gamma = \frac{h}{h - h'}. \tag{5}$$

Da wir das Verhältnis zweier Drucke haben, ist die Einheit, in der wir h und h' messen, gleichgültig. Man wird daher ein Manometer mit irgendeiner passenden Flüssigkeit (Öl) nehmen und direkt die abgelesenen Höhen h und h' in die Formel einsetzen dürfen.

Zum Schluß muß noch auf einen prinzipiellen Punkt hingewiesen werden. Kurven im $p\,V$-Diagramm bedeuten immer Zustandsänderungen eines Gases von konstanter Masse. Beim Versuch von CLÉMENT und DESORMES aber entweicht Gas beim Abnehmen des Pfropfens! Trotzdem kann die Darstellung als korrekt angesehen werden. Durch die Adiabate wird eben die Zustandsänderung jenes Teils des Gefäßinhaltes dargestellt, der in der Flasche verbleibt. Dieser Teil durchläuft dann auch die Isochore von II nach III. Vielfach wird der Versuch nicht mit anfänglichem Überdruck, sondern mit einem entsprechenden Unterdruck begonnen, indem man erst etwas Luft aus dem Gefäß heraussaugt. Dies entspricht sogar dem ursprünglichen Verfahren von Clément und Desormes. In diesem Fall ist, wie leicht einzusehen, der Versuch inkorrekt, denn beim Öffnen des Pfropfens stürzt Luft hinzu. Nehmen wir in erster Näherung an, die einstürzende Luft komprimiere den verdünnten Gasinhalt wie etwa ein mit Atmosphärendruck wirkender fester Kolben. Dann besteht der Gasinhalt beim Druckausgleich aus einem Teil, der komprimiert und damit erwärmt, und einem Teil, der bei gegebener Außentemperatur noch hinzugekommen ist. Nach Aufsetzen des Pfropfens fließt nur von dem komprimierten Gase Wärme ab. Der Druck steigt daher nicht so hoch an, h' und damit γ wird also zu klein gefunden. Wenn der Fehler auch nicht groß ist (auch im Vergleich mit den übrigen methodischen Fehlern), so wird man doch prinzipiell besser mit Überdruck arbeiten.

Aufgabe. Man leite Formel (5) für den Fall ab, daß der Versuch mit Unterdruck ausgeführt wird (in der Annahme, daß die Zustandsänderung an einer konstanten Gasmenge ausgeführt werde).

§ 26. Thomson-Joule-Effekt und mechanisches Wärmeäquivalent.

Läßt man ein Gas sich adiabatisch (d. h. bei völliger Wärmeisolation) ausdehnen, so kann die Abkühlung sehr verschiedene Werte annehmen, ja es kann unter Umständen sogar eine Erwärmung eintreten. Die beiden Grenzfälle sind die Ausdehnung bei maximaler Arbeitsleistung des Gases und die bei Ausschaltung jeder äußeren Arbeitsleistung. Wir wollen uns diese einzeln näher betrachten und miteinander vergleichen.

Beim ersten Fall denken wir uns eine Gasmasse M (Abb. 25, Ia) zwischen zwei leicht beweglichen Kolben $K_1\,K_2$ eingeschlossen. Bewegt man nun K_1 nach rechts, bis er an die Stelle von K_2 tritt (Ib), so hat man am Gase die Arbeit $p_1\,V_1$ geleistet, ebensoviel hat aber das Gas wieder abgegeben. Der Zustand des Gases und damit seine Zustandsgrößen $p_1 V_1 t_1$ haben sich also nicht geändert. Hält man nun K_1 fest und läßt das Gas sich ausdehnen, indem man rechts von K_2 den Druck allmählich auf p_2 absinken läßt ($I c$), so wird die Expansionsarbeit $\int_{p_1}^{p_2} p\, dV$, daneben aber noch die Arbeit zur Überwindung der Kohäsionskräfte zwischen

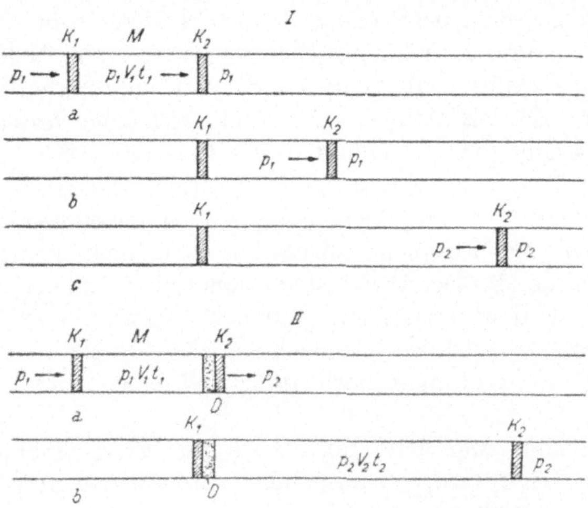

Abb. 25.

den Gasmolekülen geleistet. Diese ist gleich der Differenz der Kohäsionsenergie $U_2 - U_1$. Diese Arbeitsbeträge werden der Energie des Gases entzogen, und es tritt eine der Arbeit $\int_{p_1}^{p_2} p\, dV + U_2 - U_1$ entsprechende Abnahme der Wärmeenergie ein. Diese Abkühlung $T_2 - T_1$ rechnet sich für ein ideales Gas nach der Formel aus

$$\frac{T_2}{T_1} = \left(\frac{p_2}{p_1}\right)^{1-\frac{1}{\gamma}}. \tag{I}$$

Sie ist am größten für ein einatomiges Gas mit $\gamma = 1\frac{2}{3}$.

Den zweiten Fall erhalten wir durch eine einfache Abänderung des ersten. Wir schalten vor den Kolben K_2 (Abb. 25, II) eine poröse Wand D (Wattepfropfen, Düse usw.), durch welche das Gas nur langsam hindurchströmen kann, und senken den Druck rechts von K_2 gleich von Anfang an auf p_2 (IIa). Jetzt wird der Kolben K_2 sich nach rechts bewegen, da infolge der Druckdifferenz $p_1 - p_2$ fortdauernd Gas durch den Pfropfen nachströmt. K_2 bewege sich so, daß der Druck links davon nur unmerklich größer als rechts davon ist, d. h. im Idealfalle auf beiden Seiten $= p_2$. K_1 werde mit entsprechender Geschwindigkeit so nach rechts bewegt, daß der Druck p_1 aufrechterhalten bleibt. Der Endzustand ist erreicht, wenn der Kolben K_1 am Pfropfen angelangt ist (IIb). Die Gasmasse hat dann ihr Endvolumen V_2 und die Temperatur t_2 angenommen.

Ein Vergleich von Fall I und II zeigt folgendes: Beim ersten wird das Gas erst ohne Veränderung in die Position der Abb. 25 Ib gebracht, worauf man sich das Gas unter Arbeitsleistung ausdehnen läßt. Beim zweiten dehnt sich das Gas unter Reibung im Pfropfen aus und wird in expandiertem Zustand in seine Endlage gebracht. In der Düse bildet sich also gleichzeitig Reibungswärme und Expansionskälte. Die beiden Effekte sind, wie der Versuch zeigt, von nahezu gleicher Größe; denn die Temperatur t_2 ergibt sich nur wenig verschieden von t_1.

Die Energiebilanz für den zweiten Fall, welcher dem THOMSON-JOULE-Versuch entspricht, ist folgende. Die von außen aufgewendete Arbeit beträgt $p_1 V_1$, die vom Gase geleistete $p_2 V_2$. Die in das Gas hineingesteckte Energie ist also $p_1 V_1 - p_2 V_2$. Diese findet sich wieder in der Vermehrung der „innern Energie". Diese setzt sich aus der Wärmeenergie und der Kohäsionsenergie zusammen. Die Vermehrung des Wärmeinhaltes ist $M c_v \cdot (t_2 - t_1)$. Die Zunahme der zweiten bezeichnen wir wieder wie oben mit $U_2 - U_1$. Wir haben also, wenn wir die Wärmeenergie in erg ausdrücken (mechanisches Wärmeäquivalent: J), die Beziehung

$$p_1 V_1 - p_2 V_2 = J M c_v (t_2 - t_1) + U_2 - U_1 \qquad (2)$$

oder

$$t_2 - t_1 = \frac{p_1 V_1 - p_2 V_2 + U_1 - U_2}{J M c_v}. \qquad (2\,a)$$

Da $U_1 - U_2$ stets negativ ist, kann eine Abkühlung somit in beiden Fällen $p_1 V_1$ (bei t_1) $\gtrless p_2 V_2$ (bei t_2) erfolgen. Eine Berechnung des Temperatureffektes $t_2 - t_1$ für den Allgemeinfall

soll nicht durchgeführt werden. Jedoch sei er für zwei Spezialfälle angegeben.

1. Ideales Gas. Für ein solches gilt

$$p_1 V_1 = p_0 V_0 (1 + \alpha t_1) \tag{3a}$$

bzw.

$$p_2 V_2 = p_0 V_0 (1 + \alpha t_2). \tag{3b}$$

Ferner ist die Kohäsionsenergie $U = 0$. Wir haben daher

$$p_1 V_1 - p_2 V_2 = p_0 V_0 \alpha (t_1 - t_2) = J M c_v (t_2 - t_1). \tag{4}$$

Da M/V_0 die normale Gasdichte ϱ_0 bedeutet, so schreibt sich

$$(J \varrho_0 c_v + p_0 \alpha) (t_2 - t_1) = 0. \tag{4a}$$

Da der erste Faktor immer $+$, also stets $\neq 0$, so folgt $t_2 = t_1$,
d. h. daß der THOMSON-JOULE-Effekt $= 0$ ist.

2. Flüssigkeit. Auch auf diesen Fall muß unsere Beziehung
anwendbar sein. Die Änderung der im übrigen sehr großen Ko-
häsion ist verschwindend klein. In erster Näherung wird man
auch von der Volumenänderung durch Druck und Temperatur
absehen dürfen und gelangt dann so zu dem einfachen Ausdruck

$$(p_1 - p_2) V = J M c_v (t_2 - t_1). \tag{5}$$

Unter Berücksichtigung, daß die Dichte $\varrho = M/V$, folgt hieraus
die Temperaturerhöhung

$$t_2 - t_1 = \frac{p_1 - p_2}{J \varrho c_v}. \tag{5a}$$

Diese Beziehung liefert auch ein einfaches Mittel, um J zu bestimmen. Man läßt zu diesem Zwecke Wasser unter Druck in
konstantem Strom durch eine Düse strömen und mißt die Temperaturerhöhung. Da in diesem Falle ϱ und c_v praktisch $= 1$
sind, so folgt dann J aus

$$J = \frac{p_1 - p_2}{t_2 - t_1}. \tag{6}$$

Das Verfahren bietet nebst seiner Einfachheit den Vorteil, daß
die bei kalorimetrischen Messungen auftretenden Wärmever-
luste klein ausfallen, da die Flüssigkeitsmenge hier nicht begrenzt ist.[1]

---

[1] Ein Demonstrationsapparat auf Grund dieses hydraulischen Prinzips
in Helv. Phys. Acta 8, 160 (1940).

§ 27. Dampfdruck und Flüssigkeitskrümmung.

Es läßt sich leicht einsehen, daß eine Flüssigkeit leichter bei konvexer als bei konkaver Oberfläche verdampft. Denn im ersten Falle ist die Molekularanziehung zwischen den verdampfenden Molekülen und der Flüssigkeitsoberfläche kleiner. Der Dampfdruck, der sich in diesem Falle einstellt, ist demnach entsprechend größer.

Frage: Welches ist die Beziehung zwischen Dampfdruck und Krümmung der Flüssigkeitsoberfläche?

Folgendes Gedankenexperiment soll uns den Weg weisen. Man bringe in ein luftleeres Gefäß (Abb. 26) z. B. Wasser. Dieses wird augenblicklich so weit verdampfen, bis sich der für die betreffende Temperatur maßgebende Dampfdruck eingestellt hat. Tauchen wir jetzt eine Kapillare in das Wasser, so steigt dieses bis zur kapillaren Steighöhe h. Dies hat zur Folge, daß das Wasser außerhalb und innerhalb der Kapillaren unter verschiedenem Dampfdruck steht. Denn der Druck an der unteren Fläche p_u ist um so viel größer

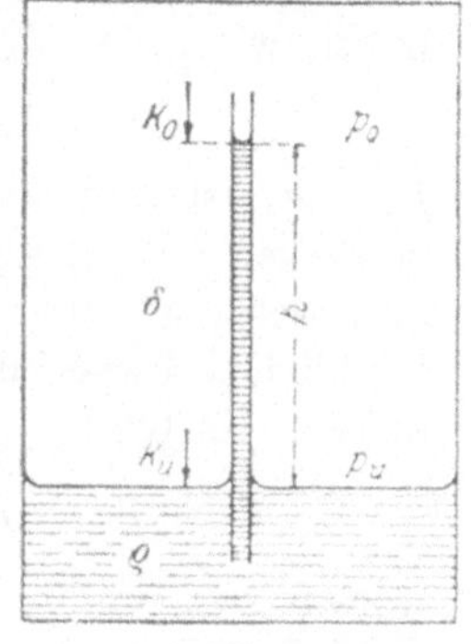

Abb. 26.

als der Druck p_o in der Höhe h, als dem Gewicht einer Dampfsäule von der Höhe h entspricht. Es ist also

$$p_u - p_o = h \, \delta \, g \ \text{dyn/cm}^2. \tag{1}$$

Das Ganze ist nur dann im Gleichgewicht, wenn der Flüssigkeitsmeniskus mit dem Dampfdruck p_o und die untere Wasserfläche mit dem Dampfdruck p_u im Gleichgewicht ist. Der konkaven Fläche in der Kapillaren muß also der um $p_u - p_o$ kleinere Dampfdruck entsprechen. Wäre nämlich der Druck nur von der Temperatur abhängig, also im Gleichgewicht sowohl unten als oben $= p_u$, dann wäre der Dampf in der Kapillaren bei p_o nicht gesättigt. Es müßte fortdauernd Wasser aus der Kapillaren verdampfen, der Dampf würde dann zum äußern Niveau herabfallen, sich kondensieren und als Wasser wieder in der Kapillaren hochsteigen. Wir hätten eine dauernde stoffliche Zirkulation und damit ein Perpetuum mobile. Statt dessen haben wir aber ein Gleichgewicht, und die Bedingung hierfür zu finden gilt es jetzt.

Wir haben dreierlei Kräfte in Betracht zu ziehen: 1. Den hydrostatischen Druck der gehobenen Wassersäule, 2. den Dampfdruck p_u bzw. p_o und 3. den Kohäsionsdruck K_u und K_o, das sind die Druckkräfte, welche die Wassermoleküle an der Oberfläche infolge der Molekularanziehung in die Flüssigkeit hinein zu treiben suchen. Auf das äußere Wasserniveau drücken p_u und K_u und auf den Meniskus im Innern p_o und K_o. Die Differenz ist gleich dem hydrostatischen Druck der gehobenen Wassersäule. Also haben wir $p_u + K_u - (p_o + K_o)$ oder

$$p_u - p_o + K_u - K_o = h \varrho g. \tag{2}$$

$p_o - p_u$ ist nun der Dampfdruckunterschied, der sich bei einer konkaven Fläche gegenüber einer ebenen ausbildet. Wir finden ihn, wenn wir uns von den speziellen Voraussetzungen des gedanklichen Experimentes befreien, d. h. h aus (1) und (2) eliminieren. Es folgt

$$p_u - p_o + K_u - K_o = \frac{\varrho}{\delta} (p_u - p_o),$$

woraus sich ergibt, daß der Dampfdruckunterschied

$$\Delta p = p_o - p_u = \frac{K_o - K_u}{\varrho/\delta - 1}. \tag{3}$$

Die Differenz des Kohäsionsdruckes bei krummer und ebener Fläche ist nun nichts anderes als der kapillare Druck K. Im einfachsten Falle einer halbkugeligen Oberfläche mit dem Radius r hat K den Wert $K = \dfrac{2\,T}{r}$, wo T die Oberflächenspannung bedeutet und wo $r +$ bei konvexer und $-$ bei konkaver Fläche anzunehmen ist. Setzen wir diesen Ausdruck in (3) ein, so erhalten wir

$$\Delta p = \frac{2\,T}{r\,(\varrho/\delta - 1)}. \tag{4}$$

Da zumeist $\varrho \gg \delta$, so vereinfacht sich dies zu

$$\Delta p = \frac{2\,T\,\delta}{r\,\varrho}. \tag{4a}$$

Aufgabe. Man leite die Formel unter Zugrundelegung einer Flüssigkeit mit Kapillardepression (z. B. Hg) ab, wobei man beachte, daß es für das gedankliche Experiment gleichgültig ist, ob die Flüssigkeit benetzt oder nicht, bzw. ob der Radius r der Formel (4) den Radius der Kapillaren bedeute oder nicht.

§ 28. Der Siedeverzug.

Damit eine Flüssigkeit siedet, müssen zwei Bedingungen erfüllt sein. Einmal muß die Temperatur so weit gesteigert werden, daß der entstehende Dampfdruck gleich dem äußern auf der Flüssigkeit lastenden Gasdruck ist. Dann aber muß durch eine zusätzliche Temperatursteigerung dafür gesorgt werden, daß sich im Innern der Flüssigkeit Dampfblasen bilden können. Die Höhe der nötigen Übertemperatur hängt ab 1. vom hydrostatischen Druck an der Stelle, wo die Blasen sich bilden sollen bzw. der Tiefe unter der Oberfläche, und 2. vom Widerstande, den die Flüssigkeit einem Zerreißen durch Dampfblasen infolge der molekularen Anziehungskräfte entgegensetzt. Dementsprechend setzt sich die Siedepunktserhöhung Δt aus zwei Teilen Δt_1 und Δt_2 zusammen.

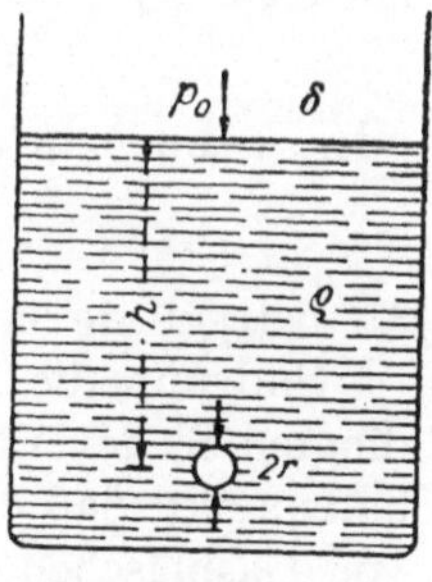

Abb. 27.

Δt_1 ist leicht anzugeben. Es entspricht der Erhöhung, die nötig ist, um statt des äußern Druckes p_0 (Abb. 27) den Druck $p_0 + h \varrho g$ zu überwinden. Man hat also die Abhängigkeit des Dampfdruckes von der Temperatur für Werte, die in der Nähe des Barometerdruckes liegen, zu kennen und nachzusehen, welches Δt_1 der Druckzunahme $h \varrho g$ entspricht. Nun kennt man sehr genau den Siedepunkt des Wassers in Funktion des äußeren Druckes in der Nähe einer Atmosphäre. Die Abhängigkeit lautet nach REGNAULT, wenn man die neueren Meßresultate von H. MOSER[1] berücksichtigt,

$$t = 100 + 0{,}0369\,(b_0 - 760), \tag{1}$$

wo b_0 den Barometerstand in mm Hg bedeutet. Die Beziehung (1) stellt aber ebensogut die Abhängigkeit der Dampftemperatur t vom Dampfdruck b_0 dar, da ja beim Sieden der Dampfdruck gleich dem äußeren Druck ist.

Will man in (1) die Drucke in absoluten Einheiten angeben, so hat man die mm Hg erst mit dem Faktor $\frac{1}{10}$ in cm Hg, dann diese in Gramm (Multiplikation mit 13,6) und schließlich in dyn (Faktor 981) umzurechnen. Entsprechend ist der Zahlenfaktor

---

[1] MOSER, H.: Ann. d. Phys. (5) 14, 790 (1932).

0,0369 mit $\dfrac{10}{13,6\cdot 981}$ zu multiplizieren. Bezeichnet man die in dyn/cm² angegebenen Barometerdrucke bzw. die den Temperaturen t' und t entsprechenden Dampfdrucke mit p_0' und p_0, so hat man daher

$$t' - t = 0,0369 \, \frac{10}{13,6\cdot 981} \, (p_0' - p_0)$$

$$= 2,77 \cdot 10^{-5} \, (p_0' - p_0). \tag{2}$$

Die Siedepunktserhöhung Δt_1 in der Tiefe h berechnet sich hiernach zu

$$t' - t = \Delta t_1 = 2,77 \cdot 10^{-5} \, h \, \varrho \, g$$

oder, wenn man $\varrho = 1$, $g = 981$ einsetzt, zu

$$\Delta t_1 = 0,027 \cdot h. \tag{3}$$

So beträgt sie beispielsweise in einer Tiefe von 10 cm 0,27° C.

Und nun die Berechnung des durch die Kohäsionskräfte bedingten Siedeverzugs Δt_2. Für diese gibt die Tatsache einen Anhaltspunkt, daß die Größe des Siedeverzugs von der Anwesenheit von Gasbläschen in der Flüssigkeit abhängt. Je mehr Luft eine Flüssigkeit enthält, d. h. je größer die Gasblasen, in die hinein die Flüssigkeit verdampfen kann, um so geringer der Siedeverzug. Das hängt damit zusammen, daß der sich über einer Flüssigkeit einstellende Dampfdruck von der Krümmung der Oberfläche abhängt. Der Dampfdruckunterschied Δp bei sphärischer und ebener Fläche ist nach § 27, wenn $\delta \ll \varrho$,

$$\Delta p = \frac{2\,T\,\delta}{r\,\varrho}. \tag{4}$$

Bei konkaver Fläche ist, da r negativ, auch Δp negativ. In ein Luftbläschen vom Radius r hinein entwickelt sich also bei der regulären Siedetemperatur nicht ein Dampfdruck p_0, sondern ein um Δp kleinerer Druck. Damit nun im Bläschen ein Dampfdruck gleich dem äußeren Druck p_0 entsteht, muß die Siedetemperatur ebenda erhöht werden um einen Betrag, welcher der Druckdifferenz Δp entspricht. Diese Siedepunktserhöhung Δt_2 läßt sich nun ebenso wie die Δt_1 aus der Formel (3) entnehmen. Man hat nur für $p_0' - p_0$ den Ausdruck (4) einzusetzen. Man erhält sofort

$$\Delta t_2 = 2,77 \cdot 10^{-5} \, \frac{2\,T\,\delta}{r\,\varrho}. \tag{5}$$

Der gesamte Siedeverzug ist, soweit die lineare Beziehung (2) zu Recht besteht, einfach gleich der Summe von Δt_1 und Δt_2. Wir finden daher

$$\Delta t = 2{,}77 \cdot 10^{-5}\left(\frac{2\,T\,\delta}{r\,\varrho} + h\,g\right). \tag{6}$$

Für Wasser können wir die Werte einsetzen $T_{100} = 57{,}1$ dyn/cm, $\dfrac{\delta}{\varrho} = \dfrac{1}{1650}$, so daß man schließlich in Zahlen erhält

$$\Delta t = \frac{1{,}91}{r}\, 10^{-6} + 0{,}027\, h. \tag{7}$$

Die beiden Summanden sind dann gleich groß, wenn r ungefähr gleich $\dfrac{0{,}7}{h}\,\mu$ beträgt. Die Gasbläschen müssen also schon sehr klein sein, damit der erste Summand überwiegt. Immerhin tut er dies schon bei einem Siedeverzug von $1°$, da Δt_1 ja selbst bei $h = 10$ cm kaum $0{,}3°$ beträgt.

Von besonderem Interesse muß nun die Frage nach dem maximal möglichen Siedeverzug erscheinen. Nach Formel (7) sieht es so aus, wie wenn dieser beliebig hohe Werte annehmen könnte, da man ja r bis gegen o hin abnehmen lassen kann. Nun wird aber der Durchmesser eines Luftbläschens niemals kleiner als der eines Moleküls, also einige Å werden können. Nehmen wir aber diesen äußersten Fall an, d. h. setzen wir in (7) etwa $r = 1{,}91 \cdot 10^{-8}$ cm ein, so berechnet sich eine Siedepunktserhöhung von $\Delta t = 100°$. Sogar dieser Wert ist noch zu hoch, da für so große Temperaturunterschiede die REGNAULTsche Formel ihre Gültigkeit verliert. Man wird zu einem besseren Resultat gelangen, wenn man erst Δp aus (4) ausrechnet, unter Zugrundelegung von $r = 1{,}91 \cdot 10^{-8}$ cm, und dann in einer Dampfdrucktabelle[1] die entsprechende Temperaturdifferenz nachsieht. Man findet so den wesentlich kleineren Wert $\Delta t = 38°$.

Auch diese Zahl ist noch mit Reserve aufzunehmen. Denn einmal sollte für T nicht der Wert für $100°$, sondern der kleinere für $100 + \Delta t$ geltende Wert eingesetzt werden. Dann aber werden auch die Voraussetzungen, die der Formel (4) zugrunde liegen, kaum bis herab zu Luftbläschen von molekularen Dimensionen zutreffend sein. Dies schon nicht, da bei so kleinen Abmessungen überhaupt nicht mehr von einem kugeligen Hohlraum gesprochen

---

[1] Zum Beispiel F. KOHLRAUSCH: Prakt. Physik 1935, 903.

werden kann. Immerhin kann das Resultat als eine Schätzung der oberen Grenze des Siedeverzugs gelten, und zwar in dem Sinne, daß man sagen kann, daß bei Siedeverzügen von 30—40° ein Zerreißen der Flüssigkeit ohne Zuhilfenahme von Gasbläschen angenommen werden muß. In diesem Zusammenhang darf erwähnt werden, daß Siedeverzüge von 20—40° verschiedentlich, höhere aber nur selten beobachtet worden sind. Der von G. Krebs[1] mitgeteilte Wert von etwa 100° scheint hier den Rekord zu halten.

§ 29. Thermischer Wirkungsgrad eines Kreisprozesses.

Wir stellen erst fest, daß sich die Wärme eines Gases, prinzipiell wenigstens, vollständig in mechanische Arbeit umwandeln

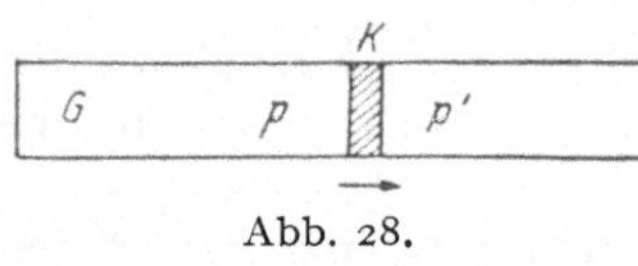

Abb. 28.

läßt. Man hat nur durch das unter dem Druck p stehende Gas G (Abb. 28) einen Kolben K vorwegschieben zu lassen. Maximale Arbeit wird man erhalten, wenn 1. keine Reibung vorhanden, 2. der äußere Druck p', der überwunden werden muß, stets so dem innern angepaßt wird, daß er gerade nur wenig kleiner als dieser ist. Der Vorgang wird dann zwar unendlich langsam vor sich gehen, aber erst aufhören, wenn p auf 0 gesunken, d. h. das Volumen auf ∞ gewachsen ist. Hat man ein ideales Gas, dann gilt für diesen adiabatischen Vorgang $T V^{\gamma-1} = $ const. Wenn V ∞ wird, sinkt also die Temperatur auf den absoluten Nullpunkt, d. h. die ganze Wärme wird verbraucht, umgewandelt.

Von einer Wärmekraftmaschine verlangt man aber nicht einen einmaligen, sondern einen sich periodisch wiederholenden Vorgang. Und daher wird man die Arbeitsleistung des benützten Stoffes, hier eines idealen Gases, bei einem in sich zurücklaufenden Vorgang, d. h. einem Kreisprozeß, untersuchen müssen. Dieser ist, um den idealen Nutzeffekt zu erhalten, ohne Verluste auszuführen. Hierzu wird man, wie oben, Druckdifferenzen verschwindend klein machen, aber auch Temperaturunterschiede zwischen dem Wärmespeicher und dem idealen Gas möglichst klein wählen, damit sich nicht wertvolle (höher temperierte) Wärme von selbst in weniger wertvolle (nieder temperierte) umwandeln kann. Wenn es sich dementsprechend auch um unendlich langsam

---

[1] Krebs: Pogg. Ann. 136, 144 (1869).

ausgeführte Prozesse handelt, so kann man sie sich natürlich doch unbenommen beliebig schnell ausgeführt denken. Diese Vorgänge, die eigentlich eine Aneinanderreihung von Gleichgewichtszuständen bedeuten, haben den Vorteil, daß man sie ebensogut in umgekehrter Richtung ausgeführt denken kann, d. h. sie sind umkehrbar. Solche reversibeln Kreisprozesse kommen zwar in der Natur nicht vor. Sie entsprechen einem idealen Fall, und der aus ihnen berechnete thermodynamische Nutzeffekt oder thermische Wirkungsgrad bedeutet daher jeweils die obere Grenze, die bestenfalls beim betreffenden Kreisprozeß zu erreichen ist. Ein solcher Prozeß stellt sich in der $p\,V$-Ebene als ein geschlossener Linienzug dar. Je nach der Wahl desselben ergeben sich für den idealen Nutzeffekt verschiedene Werte. Unter Verwendung von nur zwei Wärmespeichern erhält man den höchsten überhaupt möglichen Wert beim CARNOTschen Kreisprozeß, der aus 2 Isothermen und 2 Adiabaten zusammengesetzt ist. Man kann aber zeigen, daß man denselben maximalen Nutzeffekt bei sehr vielen Kreisprozessen erzielt, sofern man sich nicht auf die Verwendung nur zweier Wärmespeicher beschränkt. Als einfachste Beispiele seien angeführt der Kreisprozeß mit 2 Isothermen und 2 Isochoren und derjenige mit 2 Isothermen und 2 Isobaren. Der erstere, nach CLAPEYRON benannte, sei im folgenden behandelt.

Bei diesem Prozeß läßt man das Gas sich zunächst bei konstanter Temperatur T_2 (Abb. 29) von 1 bis 2 ausdehnen. Die durch die geleistete Arbeit verbrauchte Wärme Q_2 wird aus einer Wärmequelle der Temperatur T_2 ersetzt. Hierbei besteht die Beziehung, daß die auf dem Wege 1 bis 2 geleistete der Wärme Q_2 äquivalente Arbeit gleich ist

$$A_2 = J\,Q_2 = \int_1^2 p\,dV. \tag{1}$$

Hierbei bedeutet J das mechanische Wärmeäquivalent. Unter Benützung der Gasgleichung und unter Zugrundelegung von 1 Mol Gas gilt für den Vorgang 1 bis 2

$$p\,V = R\,T_2, \tag{2}$$

daher ist auch

$$A_2 = J\,Q_2 = \int_1^2 R\,T_2\,\frac{dV}{V} = R\,T_2 \int_1^2 \frac{dV}{V}. \tag{3}$$

Nun folgt die Abkühlung von 2 bis 3 bei konstantem Volumen, d. h. ohne Arbeitsleistung fließt eine Wärmemenge Q ab. Von 3 nach 4 gelangen wir durch Kompression des Gases. Dabei müssen wir die Kompressionswärme Q_1 in einen Wärmebehälter der Temperatur T_1 abführen. Die geleistete Arbeit ist offenbar

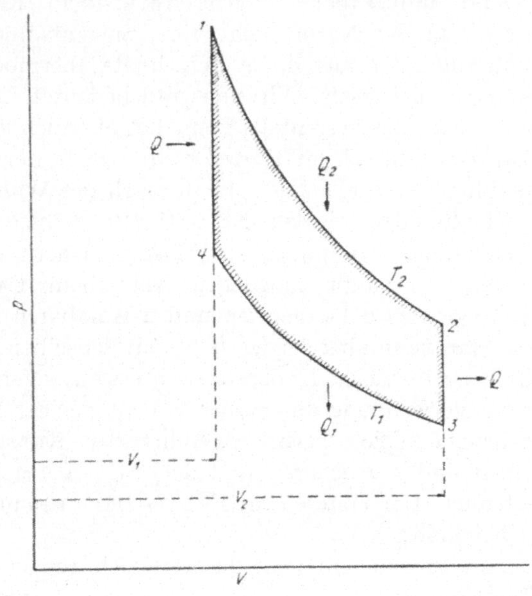

Abb. 29.

ebenso groß wie die, welche das Gas bei Expansion von 4 bis 3 hergeben würde. Diese ist aber

$$A_1 = J\,Q_1 = \int_4^3 p\,dV \tag{1a}$$

oder, da hier gilt

$$p\,V = R\,T_1 \tag{2a}$$

$$A_1 = JQ_1 = \int_4^3 RT_1 \frac{dV}{V} = RT_1 \int_4^3 \frac{dV}{V}. \tag{3a}$$

Nun ist aber die Summe $\int \frac{dV}{V}$ auf dem Wege 1 bis 2 ebenso groß wie auf dem Wege 4 bis 3, da sie zwischen denselben Grenzen V_1

und V_2 ausgeführt ist. Also ist, wenn wir diese Summe mit Σ bezeichnen,

$$A_2 = J Q_2 = R T_2 \Sigma \qquad (4\,\text{a})$$

und

$$A_1 = J Q_1 = R T_1 \Sigma. \qquad (4\,\text{b})$$

Auf dem Wege 4 bis 1 wird keine Arbeit geleistet. Wohl aber muß Wärme zur Temperaturerhöhung von T_1 auf T_2 zugeführt werden. Diese hat gerade den gleichen Betrag wie die Wärme, die auf dem Wege 2 bis 3 fortgeführt werden mußte. Die gesamte beim Kreisprozeß gewonnene Arbeit beträgt offenbar $A_2 - A_1$. Wir haben also folgende Bilanz: Die Wärmequelle hat die Wärmemenge Q_2 hergeben müssen. Hiervon ist der Teil Q_1 unverbraucht wieder abgeflossen. Nur die Differenz $Q_2 - Q_1$ ist in die entsprechende Arbeit $A_2 - A_1$ verwandelt worden. Der zur Arbeitsleistung verbrauchte Teil der Wärme dividiert durch die insgesamt verbrauchte Wärme oder der thermische Wirkungsgrad η ist daher

$$\eta = \frac{Q_2 - Q_1}{Q_2}.$$

Unter Benützung von (4a) und (4b) findet man aber unmittelbar

$$\eta = \frac{T_2 - T_1}{T_2}. \qquad (5)$$

Bemerkung.

1. Die mit Q bezeichnete Wärme muß so zugeführt bzw. abgeführt werden, daß keine Temperaturdifferenz zwischen Gas und Wärmebehälter vorhanden ist. Dies kann nur durch eine unbegrenzt große Zahl entsprechend temperierter Behälter erfüllt werden, was aber gedanklich keine Schwierigkeiten bereitet.

2. Die Summe $\int_1^2 p\,dV$ bedeutet die zwischen Kurve 1 bis 2 und der Abszissenachse eingeschlossene Fläche, analog $\int_4^3 p\,dV$ die Fläche unterhalb 4 bis 3. Die Differenz oder die beim Kreisprozeß geleistete Arbeit wird also durch die schraffierte Fläche dargestellt.

Möglichkeit einer Verallgemeinerung.

Es liegt nahe, anzunehmen, daß der Wirkungsgrad eines beliebigen reversibeln Kreisprozesses sich nach Gl. (5) berechnet, wenn man unter T_2 die höchste und unter T_1 die niedrigste bei dem Prozeß vorkommende Temperatur versteht. Eine solche

Verallgemeinerung des Resultates könnte man etwa folgendermaßen zu beweisen versuchen. Man erweitert den ursprünglichen Kreisprozeß mit 2 Isothermen und 2 Isochoren dadurch, daß man zwischen T_2 und T_1 noch weitere Isothermen einfügt, die man sowohl in der einen als in der andern Richtung durchlaufen läßt (Abb. 30). Dadurch ändert sich energetisch gar nichts, d. h. der Wärmeumsatz und die Arbeitsleistung sind in Summa dieselben geblieben. Der Nutzeffekt ist daher auch nicht verändert. Man kann sogar die Zahl der eingefügten Isothermen beliebig groß, d. h. die Streifen beliebig schmal wählen. Nun erinnert man sich des Umstandes, daß die Volumgrenzen, zwischen denen der CLAPEYRONsche Kreisprozeß verläuft, gar keinen Einfluß auf den Nutzeffekt haben. In (5) sind die Volumina ja verschwunden. Man kann daher die Länge der differentiellen Streifen beliebig ändern, ohne daß sich am

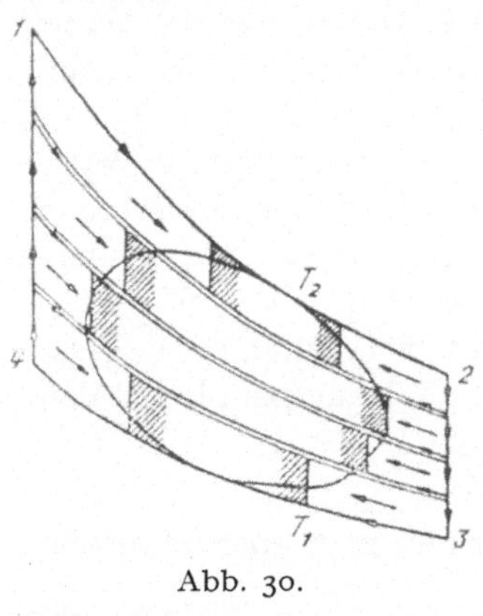

Abb. 30.

Nutzeffekt des einzelnen Streifens etwas ändert. Also komprimiert man alle schmalen Streifen so lange, bis sie gerade die Kurve des vorgegebenen Kreisprozesses berühren. Diese wird dann von einer Reihe von Isothermen- und Isochorenstückchen umrandet. Diese Umrandung ist aber von der Kurve selbst nicht mehr zu unterscheiden, wenn die Zahl der Kreisprozesse unendlich groß gemacht wird. Also kann man den ursprünglichen Kreisprozeß auf die beliebige Kurve zusammenschrumpfen lassen, ohne daß der Nutzeffekt seinen Wert geändert hätte. D. h. er müßte den in (5) angegebenen Wert besitzen.

Dies ist indessen ein Trugschluß. Wohl darf man beliebige Isothermen einschalten, ohne den Nutzeffekt zu verändern. Aber das Komprimieren der differentiellen Streifen ist nicht erlaubt. Daß hierdurch der gesamte Nutzeffekt verkleinert wird, läßt sich an einem einfachen Beispiel zeigen. In Abb. 31a ist eine einzige Isotherme mit Hin- und Rückweg bei irgend einer Zwischentemperatur T eingezeichnet. Die beiden Teile I und II machen dabei zusammen die frühere Fläche aus. Diese bedeutet aber die beim Kreisprozeß gewonnene Arbeit und gibt, in Kalorien ausgedrückt, durch die zugeführte Wärme Q_2 dividiert, den Nutzeffekt. Komprimieren wir nun z. B. II in II' (Abb. 31b), so erhalten wir die kleinere Arbeitsfläche $I + II'$. Die zugeführte Wärme Q_2 ist aber dieselbe, und der Nutzeffekt ist dementsprechend kleiner geworden. Es kommt aber nur ein Komprimieren und nicht ein Auseinanderziehen in Frage, wenn nicht noch zusätzliche Wärme bei der Temperatur T in den Prozeß gesteckt werden soll. Also gibt unser ursprünglicher Kreisprozeß den maximal möglichen Wert, und jeder andere reversible Kreisprozeß gibt im allgemeinen einen Wert, der kleiner ist, als der Beziehung (5) entspricht.

Dies ändert nichts am Resultat, daß der CARNOTsche Satz in anderer Hinsicht eine Verallgemeinerung erlaubt. Er gilt nämlich, wie hier nicht näher ausgeführt sei, nicht

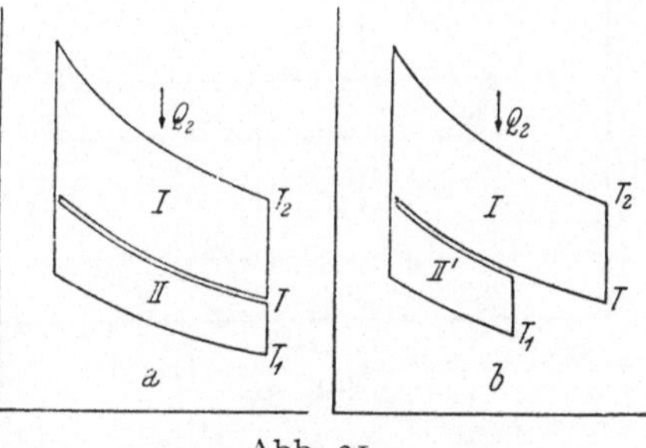

Abb. 31.

nur für ideale Gase, sondern für beliebige Wärmeträger.

Aufgabe 1: Man beweise, daß der CARNOTsche Nutzeffekt auch mit einem Kreisprozeß, der aus 2 Isothermen und 2 Isobaren besteht, erzielt wird. [Über andere Kreisprozesse mit maximalem Nutzeffekt siehe Helv. Physica Acta 17, 133 (1944)].

Aufgabe 2: Man berechne den Nutzeffekt für einen aus 2 Adiabaten und 2 Isobaren bestehenden Kreisprozeß und zeige, daß er kleiner ausfällt als der CARNOTsche

§ 30. Die CLAUSIUS-CLAPEYRONsche Gleichung.

Dies ist eine der wichtigsten Gleichungen der Thermodynamik. Sie bezieht sich nicht nur auf das Gleichgewicht zwischen zwei Aggregatzuständen, sondern ganz allgemein das Gleichgewicht zwischen irgend zwei Phasen ein und desselben Stoffes (z. B. zwei Modifikationen). Sie lautet

$$QJ = (v_2 - v_1)\, T\, \frac{dp}{dT}. \tag{1}$$

Handelt es sich um das Gleichgewicht zwischen einer Flüssigkeit und ihrem gesättigten Dampf, so bedeuten Q die totale Verdampfungswärme (innere + äußere), $v_2 - v_1$ die Vergrößerung des spezifischen Volumens (Volumen der Masseneinheit) beim Verdampfen, p den Dampfdruck, T die absolute Temperatur und J das mechanische Wärmeäquivalent. (1) gilt aber ebensogut für das Schmelzen und das Sublimieren. Im ersten Falle wäre Q die Schmelzwärme, $v_2 - v_1$ die spezifische Volumenvergrößerung beim Schmelzen und dT die Gefrierpunktserhöhung bei Anwendung eines Überdruckes dp. Während bei Dämpfen dp/dT immer + ausfällt, da stets $v_2 > v_1$, so kann beim Schmelzen dp/dT auch — sein. Das heißt, man erhält eine Gefrierpunktserniedrigung mit zunehmendem Druck (wie z. B. bei Wasser).

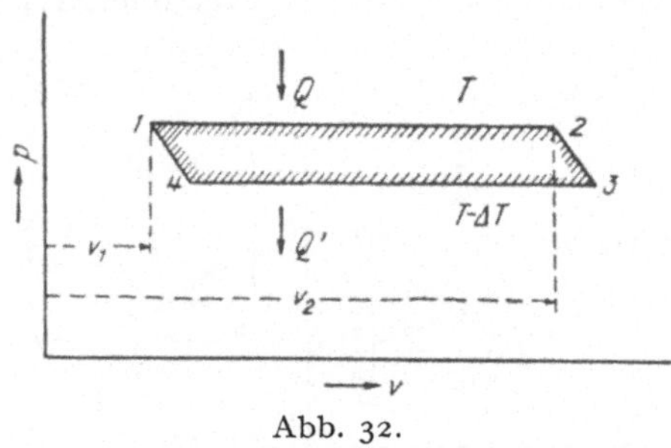

Abb. 32.

Die Ableitung der C.-C.-Gleichung kann durch die (gedankliche) Ausführung eines reversibeln Kreisprozesses vorgenommen werden. Man denke sich wie in Abb. 28 ein Gefäß, dessen Volumen durch einen beweglichen Kolben K verändert werden kann. Nur sei jetzt G nicht mit einem Gas, sondern mit einer Flüssigkeit angefüllt. Wir wählen z. B. 1 g Wasser; das Volumen beträgt dann ungefähr 1 cm³. Die Umgebung, die als Wärmespeicher diene, besitze dieselbe Temperatur T wie das Wasser, und auf den Kolben wirke von außen ein Druck, der dem Dampfdruck, den das Wasser beim Verdampfen erzeugen würde, gerade das Gleichgewicht hält. Wir wollen nun das Wasser bei konstantem Druck verdampfen und führen ihm zu diesem Zweck Wärme zu. Da sich hierbei das Volumen von v_1 und v_2 vergrößert, muß der Kolben Arbeit leisten. Die totale Verdampfungswärme setzt sich dabei aus zwei Teilen zusammen: 1. der Wärme für die Änderung des Aggregatzustandes (innere Verdampfungswärme) und 2. dem Äquivalent der Wärme für die Arbeitsleistung $p \cdot (v_2 - v_1)$ (äußere Verdampfungswärme). Stellen wir den Vorgang in der CLAPEYRONschen pv-Ebene dar (Abb. 32), so entspricht dies dem Übergang von Zustand 1 zu Zustand 2. Dieser erfolgt gemäß einer horizontalen geraden Linie, da gleichzeitig mit der Temperatur auch der Dampfdruck konstant bleibt, unabhängig davon, ob das Mengenverhältnis von Flüssigkeit und dampfförmigem Anteil sich ändert. Ausgehend von Zustand 2 wählen wir nun als zweiten Teilprozeß eine kleine Volumenvergrößerung (Übergang $2 \rightarrow 3$). Diese erfolge ohne Wärmezufuhr, d. h. adiabatisch. Mit der kleinen Volumenzunahme $v_3 - v_2 = \Delta v$ ist eine entsprechende Arbeitsleistung und damit eine kleine Abkühlung um ΔT verbunden.

Wir kühlen nun auch die Umgebung des Gefäßes, d. h. den Wärmespeicher auf $T - \Delta T$ ab und komprimieren den Dampf bei konstanter Temperatur $T - \Delta T$. Es tritt Kondensation ein, und die totale Kondensationswärme Q' muß an die Umgebung abgeführt werden. Wir kondensieren bis nahe zu dem Betrage, wie er dem Anfangszustand 1 entspricht (Übergang $3 \rightarrow 4$) und kehren dann wirklich zum Anfangszustand zurück, indem wir noch eine adiabatische Kompression um $v_4 - v_1 = \Delta v'$ vornehmen (Übergang $4 \rightarrow 1$).

Bei diesem Kreisprozeß ist nun insgesamt die Wärme Q der Temperatur T verbraucht worden. Davon ist ein Teil in Arbeit verwandelt, ein Teil bei der Temperatur $(T - \Delta T)$ in die Umgebung abgeflossen. Nach dem CARNOTschen Prinzip muß aber für einen reversibeln Prozeß gelten

$$\frac{\text{Wärmewert der Arbeitsleistung}}{\text{verbrauchte Wärme}} = \frac{\text{Temperaturdifferenz}}{\text{Höchsttemperatur}} . \qquad (2)$$

Den Wert für die Arbeitsleistung finden wir aus dem Arbeitsweg 1—2—3—4—1. Er ist (siehe auch § 29) einfach gleich dem von ihm eingeschlossenen (schraffierten) Flächenstück. Wir kennen allerdings die Kurvenstücke 2—3 und 4—1 nicht. Wir wissen nicht einmal, ob bei der Expansion 2—3 der Dampf gesättigt bleibt oder wo Punkt 4 genau gewählt werden muß. Aber wir wissen, daß Δv und $\Delta v'$ fast beliebig klein gegenüber $v_2 - v_1$ (bzw. $v_3 - v_4$) gewählt werden können. Die vom Arbeitsweg eingeschlossene Fläche weicht daher nur unmerklich wenig vom Inhalt eines Rechteckes von der Länge $v_2 - v_1$ und der Breite Δp ab, so daß wir die Arbeitsleistung gleich $\Delta p \, (v_2 - v_1)$ setzen dürfen. Daher wird aus (2)

$$\frac{\dfrac{\Delta p \, (v_2 - v_1)}{J}}{Q} = \frac{\Delta T}{T} . \qquad (3)$$

Diese Beziehung ist aber mit (1) identisch.

Damit haben wir die C.-C.-Gleichung, d. h. eine Beziehung zwischen wirklich meßbaren Größen aus einem idealen Kreisprozeß abgeleitet. Man könnte sich nun noch fragen, ob dies zulässig ist, denn bei jedem in Wirklichkeit ausgeführten Kreisprozeß, der ja immer irreversibel ist, dürften wir in Formel (2) nicht das Gleichheitszeichen setzen. Es müßte dann heißen: linke Seite $<$ rechte Seite, und wir erhielten die C.-C.-Beziehung in Form einer Ungleichung. Eine solche Ungleichung würde in der Tat herauskommen, wenn wir den Nutzeffekt irgendeiner Maschine mit dem durch unseren Kreisprozeß dargestellten Arbeitsverlauf berechnen wollten. Allerdings besteht die Möglichkeit, sich dem Idealfall zu nähern, indem man alle vorkommenden Druck- und Temperaturdifferenzen klein genug macht (und die Reibung vermeidet), also einen aus lauter Gleichgewichtszuständen bestehenden Zyklus, der dann naturgemäß äußerst langsam verläuft, herstellt. Das läßt sich im Prinzip um so besser erreichen, je kleiner der Kreisprozeß in seinen Dimensionen ist, schon da ja der Zeitverlauf abgekürzt wird. Praktisch wird dies allerdings wegen der experimentellen Schwierigkeiten in der Handhabung so kleiner Größen nicht möglich sein. Aber wir können uns den idealen Fall in fast beliebiger Annäherung realisiert denken. Wir können nicht nur die Breite des umlaufenen Rechteckes in Abb. 32 sehr klein nehmen, sondern auch die Länge sehr klein wählen, da über die Größe von Q nichts vorausgesetzt ist. Immerhin muß die Länge noch als groß gegenüber der Breite angenommen werden, da die Umlaufskurve in Wirklichkeit kein Rechteck ist, aber doch die Formel für ein Rechteck angewendet werden soll. Ferner dürfen die Abmessungen nicht unendlich klein im mathematischen Sinne sein, sondern nur so klein, daß die statistischen Schwankungen der Zustandsgrößen (T, p) noch keine Rolle spielen. Für diesen physikalisch unendlich kleinen Kreisprozeß dürfen wir nun die Reversibilität als erfüllt ansehen und somit das Gleichheitszeichen setzen. Unsere Formel gibt dann eine Gleichgewichtsbedingung zwischen einer Anzahl physikalischer Größen für einen Punkt der $p\,v$-Ebene und dessen unmittelbarer Umgebung (dT, dp). Ganz allgemein wird man es nun verstehen, daß immer, wenn sich ein unendlich kleiner reversibler Kreisprozeß ausdenken läßt, man hierdurch zu einer Gleichgewichtsbeziehung gelangen wird (siehe auch § 58).

Aufgabe. Man berechne die Gefrierpunktserniedrigung des Wassers pro 1 Atmosphäre. Latente Schmelzwärme: 79,7 cal, $v_2 - v_1 = -0{,}0906$.

IV. Optik (Strahlungslehre).

§ 31. Minimum der Strahlenablenkung durch ein Prisma.

Um zu beweisen, daß die Winkelablenkung δ (Abb. 33) des durch das Prisma hindurchgehenden Strahles ein Minimum besitzt, wird man diese Ablenkung δ erst einmal als Funktion des Einfallswinkels α_1 berechnen. Hierzu dienen 1. die vorhandenen Winkelbeziehungen und 2. das Brechungsgesetz, angewendet auf die 1. und 2. Fläche. Man hat, da δ der Außenwinkel des schraffierten Dreiecks ist.

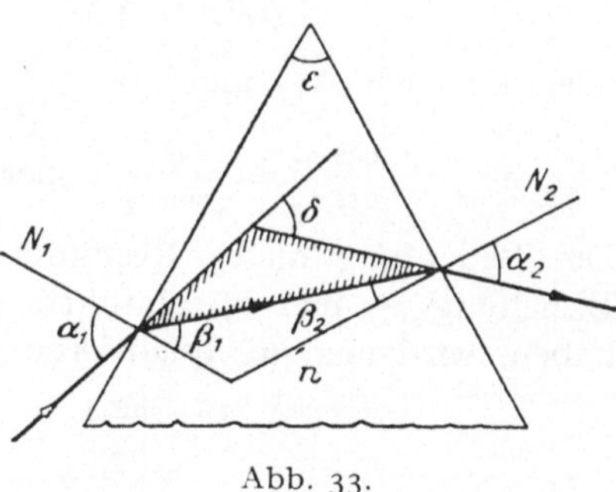

Abb. 33.

$$\delta = \alpha_1 - \beta_1 + \alpha_2 - \beta_2. \qquad (1)$$

Ferner ist, wenn ε den Prismenwinkel bedeutet,

$$\varepsilon = \beta_1 + \beta_2, \qquad (2)$$

so daß (1) auch geschrieben werden kann

$$\delta = \alpha_1 + \alpha_2 - \varepsilon. \qquad (3)$$

Ferner ist

$$\sin \alpha_1 = n \sin \beta_1 \qquad (4)$$

und

$$\sin \alpha_2 = n \sin \beta_2. \qquad (5)$$

Aus (2) bis (5) ließen sich β_1, β_2, α_2 eliminieren, so daß man δ als Funktion von α_1 erhielte. Durch Ausrechnen von $\dfrac{d\,\delta}{d\,\alpha_1}$ und Gleichnullsetzen des Ausdrucks würde man nach Schema f die Minimalbedingung herausfinden. Einfacher und übersichtlicher wird die Behandlung, wenn man die Minimalbedingung gleich in (3) zum Ausdruck bringt und schreibt

$$d\,(\delta) = d\alpha_1 + d\alpha_2 = 0. \qquad (3\,\text{a})$$

Man wird dann allerdings auch (2), (4), (5) in Differentialform benützen müssen, also schreiben

$$d\beta_1 + d\beta_2 = 0. \tag{2a}$$

$$\cos \alpha_1 \, d\alpha_1 = n \cos \beta_1 \, d\beta_1, \tag{4a}$$

$$\cos \alpha_2 \, d\alpha_2 = n \cos \beta_2 \, d\beta_2. \tag{5a}$$

Man bemerkt, daß man die Differentiale leicht eliminieren kann. Denn (4a) dividiert durch (5a) liefert

$$\frac{\cos \alpha_1}{\cos \alpha_2} \frac{d \alpha_1}{d \alpha_2} = \frac{\cos \beta_1}{\cos \beta_2} \frac{d \beta_1}{d \beta_2},$$

oder, da nach (2a) und (3a) $\dfrac{d \alpha_1}{d \alpha_2} = \dfrac{d \beta_1}{d \beta_2} = - 1$, so folgt

$$\frac{\cos \alpha_1}{\cos \alpha_2} = \frac{\cos \beta_1}{\cos \beta_2} \quad \text{oder} \quad \frac{\cos \alpha_1}{\cos \beta_1} = \frac{\cos \alpha_2}{\cos \beta_2}. \tag{6}$$

Die Bedeutung dieses Resultats ersieht man, wenn man die Beziehung (4) und (5) einführt. Um keine Quadratwurzeln zu haben, wird man (6) quadrieren und schreiben

$$\frac{1 - \sin^2 \alpha_1}{1 - \sin^2 \beta_1} = \frac{1 - \sin^2 \alpha_2}{1 - \sin^2 \beta_2}$$

und weiter

$$\left(\frac{1 - n^2 \sin^2 \beta_1}{1 - \sin^2 \beta_1} \right) = \left(\frac{1 - n^2 \sin^2 \beta_2}{1 - \sin^2 \beta_2} \right). \tag{7}$$

Dieser Ausdruck bedeutet, daß dieselbe Funktion $f(\beta)$ für zwei Werte von β gleich groß sein muß, was mit einiger Wahrscheinlichkeit darauf schließen läßt, daß $\beta_1 = \beta_2$. Allein, man kann auch (7) übers Kreuz ausmultiplizieren und wird dann in der Tat sofort auf dieses Resultat geführt. Eine zweite mögliche Lösung $\beta_1 = - \beta_2$ kommt nach der Natur des Problems nicht in Frage. Da infolge von $\beta_1 = \beta_2$ automatisch auch $\alpha_1 = \alpha_2$ sein muß, so heißt das also, daß der Strahlengang symmetrisch verlaufen muß. Diese Bedingung in (2), (3), (4) eingesetzt, liefert nun den Extremwert von δ.

Wir haben

$$\varepsilon = 2 \beta,$$

$$\delta_m = 2 \alpha - \varepsilon,$$

und daher

$$\alpha = \frac{\delta_m + \varepsilon}{2} \text{ und } \beta = \frac{\varepsilon}{2},$$

d. h. nach (4) oder (5)

$$\sin \frac{\delta_m + \varepsilon}{2} = n \sin \frac{\varepsilon}{2}. \tag{8}$$

Nun ist noch zu beweisen, daß dies einem Minimum und nicht einem Maximum entspricht. Dazu müßte man nun eigentlich wiederum auf die Bildung von $\delta = f(\alpha_1)$ zurückkommen und dann den zweiten Differentialquotienten bilden, um festzustellen, ob dieser $+$ oder $-$ ausfällt. Glücklicherweise läßt sich dieses umständliche Verfahren durch folgende Überlegung vermeiden. Wir haben festgestellt, daß nur ein Extremwert existiert. Ist dieser ein Minimum, dann genügt es, für einen beliebigen Einfallswinkel α_1 nachzuweisen, daß für δ ein Wert herauskommt, der größer ist als δ_m. Man wird nun α_1 so wählen, daß die Rechnung besonders einfach ausfällt. Das trifft z. B. zu für $\alpha_1 = 0$, also $\perp$ Inzidenz. Dann ist auch $\beta_1 = 0$, ferner ist gemäß (2) $\beta_2 = \varepsilon$, so daß sich für die Ablenkung δ_0 nach (1) ergibt

$$\delta_0 = \alpha_2 - \varepsilon.$$

Da ferner nach (5) unter Berücksichtigung, daß $\beta_2 = \varepsilon$, gilt

$$\sin \alpha_2 = n \sin \varepsilon,$$

so folgt

$$\sin (\delta_0 + \varepsilon) = n \sin \varepsilon. \tag{9}$$

Nun haben wir zu beweisen, daß $\delta_0 > \delta_m$. Im Hinblick auf die Form der Ausdrücke (8) und (9) scheint es offenbar leichter, zu zeigen, daß

$$\sin \frac{\delta_0 + \varepsilon}{2} > \sin \frac{\delta_m + \varepsilon}{2}.$$

Ein solcher Beweis genügt aber, da in diesem Falle dann auch $\frac{\delta_0 + \varepsilon}{2} > \frac{\delta_m + \varepsilon}{2}$ und damit auch $\delta_0 > \delta_m$ sein muß. Vorausgesetzt ist nur, daß $\frac{\delta_0 + \varepsilon}{2}$ den Winkel von $90°$ nicht übersteigt. Dies läßt sich aber leicht verhüten, indem man ε genügend klein wählt, eine Wahl, die einem ja freisteht. Denn es genügt zu beweisen, daß für irgendeinen Fall, also z. B. für den Spezialfall $\varepsilon \ll \frac{\pi}{2}$, herauskommt $\delta_0 > \delta_m$. Dadurch wird der allgemeine Geltungsbereich der Formel (8) in keiner Weise berührt.

Wir müssen nun die Form von (9) an die von (8) angleichen, gehen also in Anwendung eines trigonometrischen Satzes auf den · halben Winkel $\dfrac{\delta_0 + \varepsilon}{2}$ über. Wir haben

$$2 \sin \frac{\delta_0 + \varepsilon}{2} \cos \frac{\delta_0 + \varepsilon}{2} = 2\,n \sin \frac{\varepsilon}{2} \cos \frac{\varepsilon}{2}.$$

$n \sin \dfrac{\varepsilon}{2}$ bedeutet aber gemäß (8) nichts anderes als $\sin \dfrac{\delta_m + \varepsilon}{2}$, so daß wir haben

$$\sin \frac{\delta_0 + \varepsilon}{2} = \sin \frac{\delta_m + \varepsilon}{2} \cdot \frac{\cos \dfrac{\varepsilon}{2}}{\cos \dfrac{\delta_0 + \varepsilon}{2}} \cdot \tag{10}$$

Man erkennt, daß das Verhältnis der beiden cos stets größer als 1 ist. Damit ist aber nachgewiesen, daß

$$\sin \frac{\delta_0 + \varepsilon}{2} > \sin \frac{\delta_m + \varepsilon}{2},$$

was bedeutet, daß δ_m einen kleinsten Wert darstellt.

§ 32. Das Brechungsgesetz aus dem FERMATschen Satz.

Nach dem FERMATschen Prinzip wählt ein „Lichtstrahl" den Weg kürzester Ankunft. Demnach pflanzt sich Licht von einem Punkt A nach einem Punkt C längs einer geraden Linie fort, sofern das Zwischenmedium überall dasselbe. Befindet sich aber z. B. A in Luft und C in Glas (Abb. 34), so wird der Lichtstrahl an der Begrenzung beider Medien geknickt. B liegt dann nicht auf der geraden Verbindungslinie von A und C, sondern sicher rechts davon, da das Licht dann eine größere Strecke in Luft mit der größeren Geschwindigkeit c_1 zurücklegen kann. Über die Lage von B wissen wir zunächst allerdings nur, daß der Punkt wie A und C in der Zeichenebene liegen muß. Denn jedes Heraus-

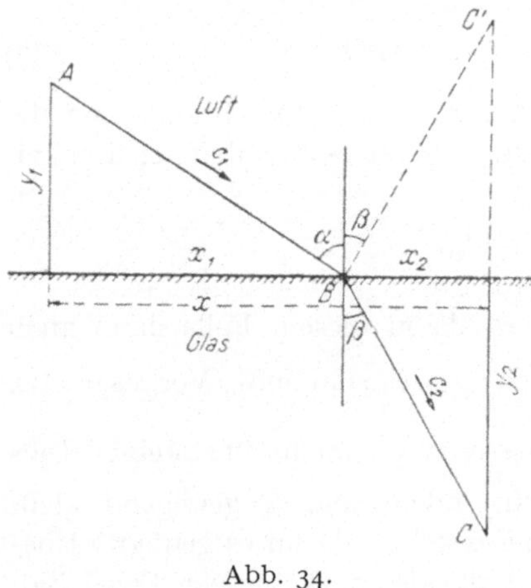

Abb. 34.

treten aus derselben würde den Lichtweg vergrößern. Ferner ist wiederum, wie oben, die gerade Linie von A nach B, ferner von B nach C die kürzeste Verbindung.

Frage: Wo liegt der Punkt B, der das Licht von A nach C in der kürzesten Zeit gelangen läßt?

Die gegenseitige Lage der beiden beliebigen Punkte A und C ist durch die Koordinaten y_1, y_2 und x bestimmt. Variabel sind die beiden Strecken x_1 und x_2, bzw. die beiden Winkel α und β. Jedoch sind diese Größen nicht unabhängig voneinander. Denn es gilt

$$x = x_1 + x_2 = y_1\,\mathrm{tg}\,\alpha + y_2\,\mathrm{tg}\,\beta. \tag{1}$$

Wir bezeichnen die Zeit, die der Strahl von A nach B gebraucht, mit t_1, die von B nach C mit t_2. Demnach ist die Gesamtzeit $t = t_1 + t_2$.

Nun ist

$$\overline{A\,B} = c_1\,t_1 \quad\text{und}\quad \overline{B\,C} = c_2\,t_2,$$

also

$$t = \frac{\overline{A\,B}}{c_1} + \frac{\overline{B\,C}}{c_2}.$$

Da aber

$$y_1 = \overline{A\,B}\cos\alpha \quad\text{und}\quad y_2 = \overline{B\,C}\cos\beta,$$

so ist dies auch

$$t = \frac{y_1}{c_1\cos\alpha} + \frac{y_2}{c_2\cos\beta}. \tag{2}$$

Nach dem gewöhnlichen Vorgehen hätte man nun, um den Extremwert von t zu finden, $\mathrm{tg}\,\beta$ bzw. $\cos\beta$ aus (1) auszurechnen und in (2) einzusetzen, dann zu bilden $dt/d\alpha$ und dies $= 0$ zu setzen. Man könnte aber ebensogut α aus (1) entnehmen und in (2) einsetzen und $dt/d\beta$ bilden und dies $= 0$ setzen. Beide Ausdrücke (1) und (2) sind ja in α und β gleich gebaut. Demzufolge scheint es nicht gerechtfertigt, eine der Variabeln zu bevorzugen. Man wird daher versuchen, beiden Größen gleiche Gerechtigkeit widerfahren zu lassen. Dies wird uns dann nicht nur den Vorteil einer übersichtlichen Behandlung, sondern auch einer gewissen Vereinfachung eintragen. Wir eliminieren daher weder α noch β, sondern differenzieren zunächst (1) und (2), wie sie sind. Es liefert (1)

$$\frac{y_1}{\cos^2\alpha}\,d\alpha + \frac{y_2}{\cos^2\beta}\,d\beta = 0. \tag{1a}$$

Um (2) zu differenzieren, ist zu berücksichtigen, daß

$$d\,\frac{1}{\cos\alpha} = -\frac{d\cos\alpha}{\cos^2\alpha} = \frac{\sin\alpha}{\cos^2\alpha}\,d\alpha.$$

Man findet so

$$dt = \frac{y_1\sin\alpha}{c_1\cos^3\alpha}\,d\alpha + \frac{y_2}{c_2}\,\frac{\sin\beta}{\cos^2\beta}\,d\beta. \tag{2a}$$

Die Minimumbedingung ist nun $dt = 0$. Dementsprechend lassen sich jetzt (1a) und (2a) schreiben

$$\frac{y_1}{\cos^2\alpha}\,d\alpha = -\frac{y_2}{\cos^2\beta}\,d\beta$$

$$\frac{y_1\sin\alpha}{c_1\cos^2\alpha}\,d\alpha = -\frac{y_2\sin\beta}{c_2\cos^2\beta}\,d\beta.$$

$d\alpha$ und $d\beta$ heben sich durch Division der linken und rechten Seiten der Gleichungen weg. Da auch die Glieder y_1, y_2 und $\cos^2$ verschwinden, so bleibt nur noch übrig

$$\frac{\sin\alpha}{c_1} = \frac{\sin\beta}{c_2}\,,$$

oder

$$\frac{\sin\alpha}{\sin\beta} = \frac{c_1}{c_2}\,. \tag{3}$$

Da c_1/c_2 gleich dem Brechungsquotienten n, so erhalten wir also das Snelliussche Brechungsgesetz. Einer besonderen Untersuchung, ob es sich bei (3) um ein Minimum der Lichtzeit handelt, bedarf es nicht. Denn erstens geht das Minimum ohne weiteres daraus hervor, daß der Lichtweg, wenn B nach links oder rechts hinaus wandert, schließlich unendlich groß wird, und dann erübrigt sich überhaupt die Diskussion. Denn das Fermatsche Prinzip verlangt in seiner Allgemeinheit bloß, daß die Lichtzeit einen Extremwert aufweise. Sie kann also sowohl einem Minimum als einem Maximum entsprechen.

Hingegen scheint noch die Frage berechtigt, ob die Beweisführung in der einfachsten Form vorliegt. Dies im Hinblick auf die etwas umständlichen Ausdrücke (1a) und (2a), aus denen dann das einfache Resultat (3) hervorspringt. Man wird bei dieser Sachlage vielleicht etwas an den Ausspruch vom Gebirge und der Maus erinnert. In der Tat kann man nach dem Vorgang von Planck[1] durch die Benützung der Strecken AB und BC

------

[1] Planck, M.: Einführung in die theoretische Optik, S. 67. 1927.

als Variable die Winkelfunktionen vermeiden, aber im Prinzip ist der Weg des Beweises doch derselbe.

Es gibt nun aber eine Möglichkeit, den Zusammenhang zwischen Fermatschem Prinzip und Brechungsgesetz unmittelbar zur Anschauung zu bringen. Man zeichne sich einmal den Lichtweg (Abb. 35) $AB \to BC$, welcher der kürzesten Ankunft entspricht. Nun zeichne man einen unmittelbar benachbarten Strahl $AB' \to B'C$. Jetzt kann man in sehr hübscher Weise Anwendung machen von dem Satze, daß eine Funktion sich in der Nähe eines Extremwertes höchstens nur um kleine Größen von 2. Ordnung (oder eventuell noch höherer Ordnung) ändern kann. Der Unterschied in der Laufzeit der beiden Strahlen $AB'C$ und ABC ist also unendlich klein 2. Ordnung, wenn $B'B$ unendlich klein 1. Ordnung ist. Diesen Unterschied finden wir, wenn wir um

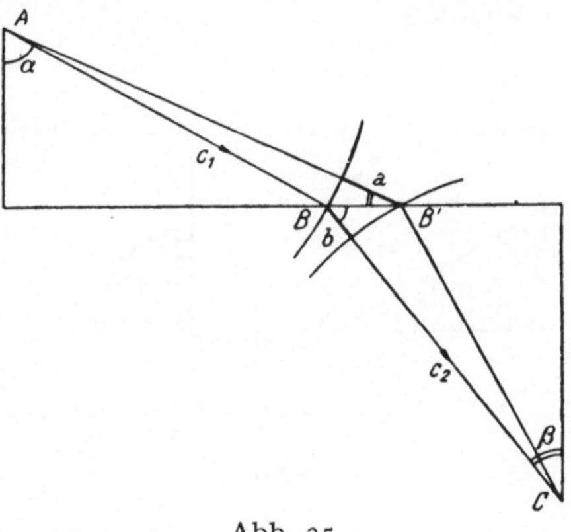

Abb. 35.

A und C durch B und B' Kreisbögen schlagen. Dann unterscheiden sich die Lichtwege um die Strecken a und b, wo a und b ebenfalls unendlich klein 1. Ordnung sind. Die Differenz in der Laufzeit ist entsprechend $\dfrac{a}{c_1} - \dfrac{b}{c_2}$. Da dies gemäß dem Fermatschen Prinzip bis auf Größen 2. Ordnung $= 0$ sein muß, so haben wir

$$\frac{a}{c_1} - \frac{b}{c_2} = 0. \tag{4}$$

Nun ist aber weiterhin ersichtlich, daß

$$a = \overline{B\,B'} \sin \alpha \quad \text{und} \quad b = \overline{B\,B'} \sin \beta, \tag{5}$$

da die Kreisbögen (bei unendlich kleinen Winkeln) auf beiden benachbarten Strahlen $\perp$ stehen. Die Beziehungen (4) und (5) führen daher unmittelbar zum Brechungsgesetz.

Aufgabe. Man leite aus dem Fermatschen Satz auch das Reflexionsgesetz ab. Man wähle also statt eines Punktes C

unterhalb der Trennungsebene einen oberhalb C' (Abb. 34). Man wird dann genau dieselben Ausdrücke wie oben finden, nur ist jetzt $c_2 = c_1$, und somit folgt

$$\frac{\sin\alpha}{\sin\beta} = 1 \quad \text{oder} \quad \alpha = \beta.$$

§ 33. Beziehung zwischen Linsen- und Spiegelgleichung.

Frage: Warum gilt für Linsen und sphärische Spiegel dieselbe Gleichung:

$$\frac{1}{f} = \frac{1}{\gamma} + \frac{1}{\beta}. \tag{1}$$

Gewöhnlich wird diese Abstandsbeziehung einmal unter An-

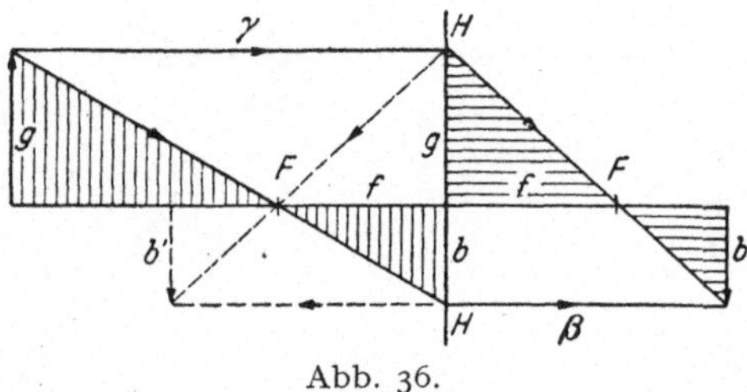

Abb. 36.

wendung des Brechungsgesetzes (Linsen) und einmal unter Anwendung des Reflexionsgesetzes (Spiegel) abgeleitet, und es wird auf das zunächst befremdliche Resultat, daß trotz der ganz verschiedenen Voraussetzung dieselbe Formel herauskommt, zumeist keine Antwort erteilt. Zunächst ist aus dieser Tatsache zu schließen, daß es auf die speziellen Voraussetzungen, ob Brechung oder Reflexion, offenbar nicht ankommt, und daß die Beziehung infolgedessen eine allgemeinere Gesetzmäßigkeit zum Ausdruck bringt. Was Linsen und Spiegeln gemeinsam ist, das ist ihre abbildende Wirkung. Man wird daher versuchen, die Gleichung (1) als Ausdruck für irgendein abbildendes System zu deuten. Bei einem solchen schneiden sich alle von einem Gegenstandspunkt ausgehenden Strahlen in einem Bildpunkt. Diesen gewinnt man also, wenn man irgend zwei „Konstruktionsstrahlen" zeichnet und ihren Schnittpunkt bestimmt. Wir haben nun zu beweisen, daß nach Ausführung einer solchen Konstruktion das Abstandsgesetz (1) herauskommt, unabhängig von den speziellen Voraussetzungen. Wir wählen als Konstruktionsstrahlen einen Parallel- und einen Fokalstrahl (Abb. 36). In der Ebene H befinde sich eine dünne Linse oder der Scheitel eines sphärischen Spiegels. Die ausgezogenen Linien geben den Strahlenverlauf für das dioptrische und die gestrichelten die für das katoptrische System. Man erhält in beiden Fällen Bilder b und b' derselben Größe und vom selben Abstand β von der Ebene H. Damit ist gezeigt, daß die Abstandsbeziehung also gleich ausfallen muß. Diese selbst erhält man nun ohne weiteres aus den schraffierten Dreiecken.

Man hat einmal

$$\frac{g}{b} = \frac{\gamma - f}{f} \tag{2}$$

und ein zweites Mal

$$\frac{g}{b} = \frac{f}{\beta - f}. \tag{2a}$$

Durch Gleichsetzen und Ausmultiplizieren erhält man alsobald

$$\frac{1}{f} = \frac{1}{\gamma} + \frac{1}{\beta}.$$

Die Differenzierung zwischen Linsen- und Spiegelabbildung geschieht erst, wenn man nach der Brennweite f fragt. Hier ergibt sich in bekannter Weise aus dem Brechungsgesetz

$$\frac{1}{f} = (n - 1)\left(\frac{1}{r_1} + \frac{1}{r_2}\right) \tag{3}$$

und aus dem Reflexionsgesetz

$$\frac{1}{f} = \frac{2}{r}.$$

Aufgabe. Übungsweise kann (1) auch unter Verwendung eines Parallel- und eines Zentralstrahles (Strahl durch die Mitte von H) oder eines Fokal- und eines Zentralstrahles abgeleitet werden. Ferner kann die Gültigkeit von (1) unschwer für den allgemeinen Fall eines Linsensystems dargetan werden. γ und β bedeuten dann die Abstände von der gegenstandsseitigen bzw. der bildseitigen Hauptebene.

§ 34. Bestimmung der Brechkraft einer Zerstreuungslinse aus ihrer verkleinernden Wirkung.

Von einem Punkt B aus (Abb. 37) werde ein Gegenstand der Länge g einmal von bloßem Auge und einmal durch eine Zerstreuungslinse L betrachtet. Die Winkel, unter denen wir den Gegenstand in beiden Fällen sehen, seien ψ und φ. φ erhält man, wenn man denjenigen Strahl zeichnet, der von der Pfeil-

spitze ausgehend durch die Linse nach B gebrochen wird. Da
der Strahl nach unten geknickt ist, fällt φ kleiner aus als ψ.
Dementsprechend erscheint der Gegenstand auf die Größe g'
zusammengeschrumpft zu sein, und die Verkleinerung ist

$$v = \frac{g'}{g} = \frac{\mathrm{tg}\,\varphi}{\mathrm{tg}\,\psi} \asymp \frac{\varphi}{\psi}.$$

Frage. Wie berechnet sich die Zerstreuungsweite f aus v?.
Zunächst hat man gemäß Abb. 37 die geometrische Beziehung

$$\frac{g}{h} = \frac{a + \gamma}{\gamma} \quad \text{und} \quad \frac{g'}{h} = \frac{a + \beta}{\beta}$$

und daher

$$\frac{g}{h} = \frac{a}{\gamma} + 1 \quad \text{und} \quad \frac{g'}{h} = \frac{a}{\beta} + 1,$$

woraus

$$v = \frac{g'}{g} = \left(\frac{a}{\beta} + 1\right) : \left(\frac{a}{\gamma} + 1\right). \tag{2}$$

Dazu kommt die Linsengleichung. Denn G und B sind konju-
gierte Punkte. Zwar wird nicht ein von G herkommender, auf die

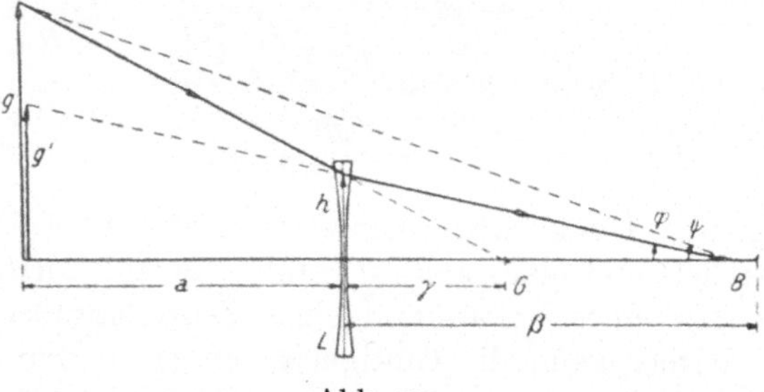

Abb. 37.

Linse auffallender Strahl nach B abgelenkt, wohl aber wird ein
umgekehrt verlaufender, d. h. ein nach G zielender Strahl nach
B hin gebrochen. Also bedeutet G den virtuellen Gegenstandspunkt zum reellen Bildpunkt B. Die Gegenstandsweite γ ist
dementsprechend mit negativem Vorzeichen einzuführen. Da
analog ein auf die Linse auffallender, auf den Brennpunkt zielender Strahl parallel austritt, so ist auch f negativ einzusetzen, und
wir haben

$$-\frac{1}{f} = -\frac{1}{\gamma} + \frac{1}{\beta}. \tag{3}$$

Da γ unbekannt ist, wird man dieses aus (2) und (3) eliminieren, d. h. man setzt den Wert von $1/\gamma$ aus (3) in (2) ein und erhält

$$v = \frac{\dfrac{a}{\beta} + 1}{a\left(\dfrac{1}{f} + \dfrac{1}{\beta}\right) + 1} = \frac{\left(\dfrac{a}{\beta} + 1\right)}{\left(\dfrac{a}{\beta} + 1\right) + \dfrac{a}{f}}, \tag{4}$$

oder zunächst

$$\frac{1}{v} = \frac{\left(\dfrac{a}{\beta} + 1\right) + \dfrac{a}{f}}{\dfrac{a}{\beta} + 1}, $$

und hieraus

$$\frac{1}{f} = \left(\frac{1}{v} - 1\right)\left(\frac{1}{a} + \frac{1}{\beta}\right). \tag{5}$$

Zur Messung der Verkleinerung wird man für g einen in nicht zu großem Abstand aufgestellten Maßstab oder sonst ein regelmäßig gemustertes Gebilde (wie ein Ziegeldach) wählen und nun ähnlich verfahren, wie bei der Bestimmung der Vergrößerung eines Fernrohres. Man wählt als Gesichtsfeld am einfachsten die ganze Linsenöffnung, d. h. man visiert nach dem Linsenrand und zählt die Anzahl der Teilstriche, die im Gesichtsfeld der Linse erscheinen, und die Anzahl, welche von bloßem Auge gesehen, aus dem Gesichtsfeld durch die Linse herausgeschnitten wird. Das Verhältnis gibt dann die Verkleinerung v. Variiert man β etwa so lange, bis $v = \frac{1}{2}$ wird, so gibt β (wenn $\beta \ll a$) gerade die Zerstreuungsweite.

Die subjektive Methode läßt sich ohne weiteres zu einer objektiven gestalten, indem man den umgekehrten Strahlengang verwendet und an Stelle des Auges eine punktförmige Lichtquelle bringt. Man erhält dann einen hellen Zerstreuungskreis von der Ausdehnung g und einen dunkeln Schatten vom Durchmesser g'. Besonders einfach wird die Methode, wenn man die Lichtquelle unendlich weit entfernt ($\beta = \infty$), etwa als solche die Sonne verwendet. Ändert man dann den Abstand a so lange, bis $v = \frac{1}{2}$ wird, dann ist gemäß (5) $a = f$.

Aufgabe. Aus (5) kann umgekehrt v als Funktion der Abstände a und β berechnet werden. Man zeige, daß für einen gegebenen Gesamtabstand $a + \beta$ die Verkleinerung am größten wird, wenn $a = \beta$. Experimentell an jedem Brillenglas eines

Kurzsichtigen zu zeigen. Man betrachte durch ein solches einen Gegenstand auf dem Tisch und bewege das Glas vom Auge auf den Gegenstand zu.

§ 35. Brennweite und Lage der Hauptebenen zweier zentrierter Linsen.

Vorausgesetzt seien zwei dünne Sammellinsen. Man wird zweckmäßig erst den Strahlenverlauf zeichnen (Abb. 38). Ein paralleler Strahl wird durch Linse I nach ihrem Brennpunkt F_1 gebrochen, Linse II lenkt ihn aber nochmals ab, so daß er die Achse im Brennpunkt des Systems F schneidet. Die Lage der

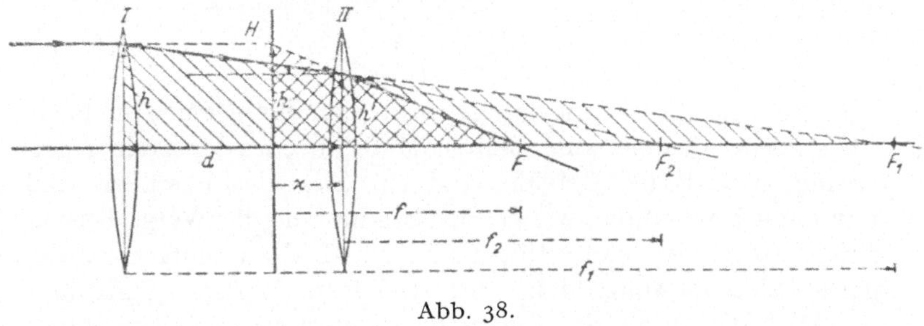

Abb. 38.

bildseitigen Hauptebene H findet man, indem man den einfallenden und den aus dem System austretenden Strahl zum Schnitt bringt. Wie berechnet sich nun die Brennweite f und der Abstand x der Hauptebene von der bildseitigen Linse II?

Zur Berechnung können sowohl optische als rein geometrische Beziehungen helfen. 1. Stellt man einmal fest, daß alle parallelen Strahlen, unabhängig vom Achsenabstand h, nach Durchtritt durch Linse I nach F_1 zielen und daß Linse II alle nach dem Punkt F ablenkt. Nun bedeutet aber der Ort, in dem sich die von einem Gegenstandspunkt herkommenden Strahlen schneiden, den Bildpunkt. Da alle durch den Bildpunkt F gehenden Strahlen vor Ablenkung durch Linse II nach F_1 gezielt haben (also nicht davon herkommen), so bedeutet F_1 den virtuellen Gegenstandspunkt. F_1 und F sind demnach konjugiert, und es gilt die Linsengleichung für die Abbildung durch Linse II. $f_1 - d$ bedeutet den negativen Gegenstandsabstand, $f - x$ den Bildabstand. Wir haben

$$\frac{1}{f_2} = -\frac{1}{f_1 - d} + \frac{1}{f - x}. \tag{1}$$

2. Diese eine Beziehung genügt nicht zur Berechnung von f und x, doch kommen noch geometrische Beziehungen hinzu. Aus den schraffierten Dreiecken folgen die Ähnlichkeitsproportionen:

$$\frac{h}{h'} = \frac{f_1}{f_1 - d} = \frac{f}{f - x}. \tag{2}$$

Wir entnehmen hieraus den Wert von $\dfrac{f}{f - x}$ und setzen ihn in (1) ein. Dies ergibt

$$\frac{1}{f_2} = -\frac{1}{f_1 - d} + \frac{f_1}{f(f_1 - d)},$$

was uns sofort $\left(\text{etwa durch Erweitern der Gleichung mit } \dfrac{f_1 - d}{f_1}\right)$ den bekannten Ausdruck für f liefert:

$$\frac{1}{f} = \frac{1}{f_1} + \frac{1}{f_2} - \frac{d}{f_1 f_2}. \tag{3}$$

x folgt aus (2). Setzt man dieses nämlich reziprok an, so findet man unmittelbar

$$x = f \cdot \frac{d}{f_1}. \tag{4}$$

Läßt man die parallelen Strahlen von rechts her in das System eintreten, dann erhalten wir das entsprechende Resultat für die Brennweite nach links und die gegenstandsseitige Hauptebene. Man hat nur f_1 und f_2 zu vertauschen und x von Linse I an nach rechts zu rechnen. Man erkennt, daß (3) denselben Wert für f ergibt, wie es ja allgemein sein soll, wenn das erste und das letzte Medium eines Systems gleich ist. Für x' ergibt sich indessen

$$x' = f \cdot \frac{d}{f_2}. \tag{4a}$$

Den Abstand der beiden Hauptebenen findet man, wenn man bildet $d - x - x'$. Es ist dieser Abstand

$$a = d - f\frac{d}{f_1} - f\frac{d}{f_2} = d - df\left(\frac{1}{f_1} + \frac{1}{f_2}\right).$$

Unter Verwendung von (3) ergibt dies

$$a = d - df\left(\frac{1}{f} + \frac{d}{f_1 f_2}\right)$$

oder

$$a = -\frac{d^2 f}{f_1 f_2}. \tag{5}$$

Da a negativ ausfällt, so liegt die bildseitige Hauptebene näher an Linse *I* und die gegenstandsseitige näher an Linse *II*. Die Hauptebenen sind also in der Reihenfolge vertauscht. Für den Spezialfall, daß $d = f_1 + f_2$, wird nach (3) die Brechkraft $= 0$, und entsprechend ist $x = x' = \infty$. Die Hauptebenen rücken also aus dem Linsensystem heraus ins Unendliche. Man hat dann ein teleskopisches System.

Ein System mit zwei Linsen stellt auch das photographische Teleobjektiv dar. Hier gehen die Strahlen erst durch eine Sammellinse und dann durch eine Zerstreuungslinse hindurch. Man wird zur Berechnung dieses Falles unmittelbar dieselben Überlegungen wie oben verwenden können.

§ 36. Brennweite und Hauptebenen einer Linse.

Probleme lassen sich gelegentlich vermittels Ähnlichkeitsbetrachtungen behandeln. Unter Umständen gilt es allerdings, den Weg zur Aufzeigung von Ähnlichkeiten erst zu finden. Ein solches Beispiel ist das einer dicken Linse. Dieser Fall läßt sich nämlich auf den in § 35 behandelten von zwei dünnen Linsen zurückführen. Man braucht sich nur den Zwischenraum zwischen den beiden Linsen mit Glas ausgefüllt zu denken. Der Strahlengang ist dann genau so zu zeichnen wie in Abb. 39. Ja, es sieht zunächst so aus, als ob auch alle Beziehungen und Ergebnisse dieselben sein müßten. Das kann aber schon darum nicht sein,

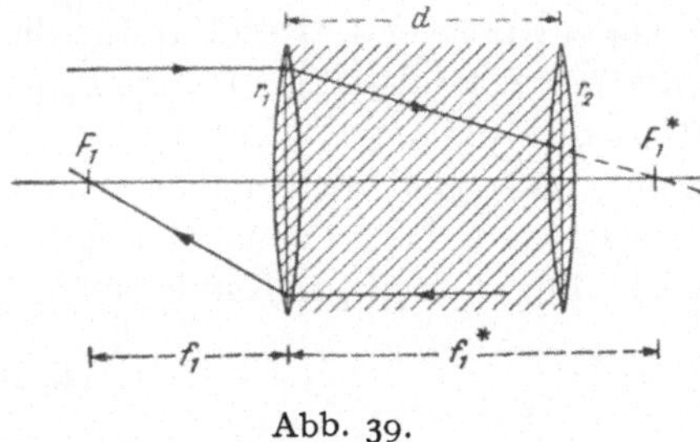

Abb. 39.

da die Hauptebenen im Falle zweier Linsen vertauscht liegen, dies aber bekanntlich bei einer dicken Linse nicht zutrifft! Es gilt daher, genau das Gemeinsame und das Trennende in beiden Fällen festzustellen und zu berücksichtigen. Man erkennt, daß die geometrische Beziehung (2) des § 35 zwar auch hier unverändert zu Recht besteht, daß aber die gewöhnliche Linsengleichung nicht anwendbar ist, da es sich um die einmalige Brechung an einer Kugelfläche handelt. Da hier Bild und Gegenstand nicht im gleichen Medium liegen, wie das bei einer Linse der Fall ist, so spielt die Strahlenrichtung eine wichtige Rolle. Dies ersieht man schon daraus, daß die Brennweiten in Luft und Glas ungleich groß sind.

Ganz allgemein gilt für ein optisches System, daß die Brennweite in Glas f^* (letztes Medium) und die Brennweite in Luft f (erstes Medium) so zusammenhängen $\dfrac{f^*}{n} = f$. Dies geht aber auch in unserem Fall unmittelbar aus der Abbildungsgleichung für eine brechende Kugelfläche hervor. Diese lautet für einen Strahlengang von links nach rechts

$$\frac{n-1}{r} = \frac{1}{\gamma} + \frac{n}{\beta}, \tag{1}$$

wo γ und β den Gegenstands- und den Bildabstand bedeuten. Vertauschen wir hierin die Rolle von Gegenstand und Bild (Gegenstand im Glas, Strahlen von rechts nach links), so gilt dann entsprechend

$$\frac{n-1}{r} = \frac{1}{\beta'} + \frac{n}{\gamma'}. \tag{2}$$

Die Brennweite in Glas erhält man aus (1), indem man $\gamma = \infty$ und $\beta = f^*$ setzt zu $\dfrac{1}{f^*} = \dfrac{n-1}{n\,r}$ und diejenige in Luft, wenn man entsprechend mit (2) verfährt. Man erhält $\dfrac{1}{f} = \dfrac{n-1}{r}$. Hieraus folgt eben $\dfrac{f^*}{n} = f$. Die Beziehungen (1) und (2) lassen sich demnach auch schreiben

$$\frac{n}{f^*} = \frac{1}{\gamma} + \frac{n}{\beta} \tag{1a}$$

und

$$\frac{1}{f} = \frac{1}{\beta'} + \frac{n}{\gamma'}. \tag{2a}$$

Man kann somit die Linsengleichung anwenden, wenn man die Strecken, die sich auf Glas beziehen (also auch die bildseitige Brennweite), durch den Faktor n dividiert!

Nach dieser allgemeinen Betrachtung sind wir nun in der Lage, die Modifikationen anzugeben, die hier gegenüber dem Problem zweier Linsen anzubringen sind. Alle parallelen Strahlen, die durch Linse I gebrochen werden, zielen nach dem Brennpunkt F_1^*. Sie tun es dort in Luft, im Falle einer brechenden Kugelfläche aber in Glas. Für die Brechung und Abbildung durch Fläche II der dicken Linse bedeutet daher F_1^* den virtuellen Gegenstandspunkt in Glas. Die virtuelle Gegenstandsweite beträgt demnach in Glas $f_1{}^* - d$, und die Abbildungsgleichung durch Fläche II schreibt sich gemäß Gleichung (2a) folgendermaßen an

$$\frac{\mathrm{I}}{f_2} = -\frac{n}{f_1{}^* - d} + \frac{\mathrm{I}}{f - x}. \tag{3}$$

Dementsprechend ist auch die geometrische Beziehung [§ 35, (2) bzw. (4)] korrekterweise zu schreiben

$$\frac{f_1{}^*}{f_1{}^* - d} = \frac{f}{f - x} \quad \text{und} \quad x = \frac{d\,f}{f_1{}^*}. \tag{4}$$

Durch Elimination von $f - x$ zwischen (3) und (4) erhält man

$$\frac{\mathrm{I}}{f} = \frac{n}{f_1{}^*} + \frac{\mathrm{I}}{f_2} - \frac{d}{f_2\,f_1{}^*} \tag{5}$$

oder unter Berücksichtigung von $f_1{}^* = n\,f_1$

$$\frac{\mathrm{I}}{f} = \frac{\mathrm{I}}{f_1} + \frac{\mathrm{I}}{f_2} - \frac{d}{n\,f_1\,f_2}, \tag{6}$$

ferner

$$x = \frac{d\,f}{n\,f_1}. \tag{7}$$

Analog ist der Abstand der gegenstandsseitigen Hauptebene von der Fläche I

$$x' = \frac{d\,f}{n\,f_2}. \tag{7a}$$

Hierzu kommen noch die Ausdrücke für f_1 und f_2 (Luftbrennweiten der Flächen I und II)

$$\frac{\mathrm{I}}{f_1} = \frac{n - \mathrm{I}}{r_1} \quad \text{und} \quad \frac{\mathrm{I}}{f_2} = \frac{n - \mathrm{I}}{r_2}. \tag{8}$$

Aus (6) und (7) in Verbindung mit (8) berechnen sich unmittelbar die Brennweite der Linse und der Scheitelabstand ihrer Hauptebenen aus den Krümmungsradien r_1 und r_2. Der Abstand zwischen den Hauptebenen ergibt sich, ähnlich wie in § 35, zu

$$a = d - x - x' = d - \frac{d\,f}{n}\left(\frac{\mathrm{I}}{f_1} + \frac{\mathrm{I}}{f_2}\right), \tag{9}$$

was sich unter Berücksichtigung von (6) auch schreiben läßt

$$a = d - \frac{d\,f}{n}\left(\frac{\mathrm{I}}{f} + \frac{d}{n\,f_1\,f_2}\right)$$

$$= d\left(\frac{n - \mathrm{I}}{n} - \frac{d\,f}{n^2\,f_1\,f_2}\right). \tag{10}$$

Dieser Abstand ist für nicht extrem große Linsendicken d stets positiv und wird bei kleinen Dicken, wo der Subtrahend zu vernachlässigen ist, gleich $d\,\dfrac{n-1}{n}$, d. h. für gewöhnliches Glas ($n = 1{,}5$) etwa $d/3$. Hieraus ergibt sich, daß für den Fall gleicher Krümmung $r_1 = r_2$, d. h. symmetrische Verhältnisse, auch die beiden Scheitelabstände x und x' nahezu $d/3$ sein müssen.

Aus (7) und (7a) folgt in Verbindung mit (8) noch die einfache Beziehung

$$\frac{x}{x'} = \frac{f_2}{f_1} = \frac{r_2}{r_1}. \tag{11}$$

Zur Berechnung von f und x bzw. x' ist es nicht notwendig, die Ausdrücke für f_1 und f_2 aus (8) in (6) und (7) einzusetzen. Die Beziehungen werden dadurch nur weniger übersichtlich. Hingegen ist es für manche Zwecke doch wünschenswert, die Formeln auch direkt in Funktion von r_1, r_2 und n ausgedrückt zu besitzen. Wir fügen diese daher noch bei. Man erhält

$$\frac{1}{f} = (n-1)\left(\frac{1}{r_1} + \frac{1}{r_2} - \frac{(n-1)\,d}{n\,r_1\,r_2}\right), \tag{12}$$

ferner

$$x = -\frac{d\,r_2}{n\,(r_1 + r_2) - (n-1)\,d} \tag{13}$$

$$x' = \frac{d\,r_1}{n\,(r_1 + r_2) - (n-1)\,d}. \tag{13a}$$

Bei kleinen Linsendicken wird man (13) und (13a) durch Streichen des Sutrahenden im Nenner vereinfachen dürfen. Als Spezialfälle seien nur zwei erwähnt:

1. Dünne Linse, d. h. $d = 0$. Man erhält die gewöhnliche Linsengleichung mit $x = x' = 0$.

2. Glaskugel als Linse, d. h. $r_1 = r_2$ und $d = 2\,r$. Man findet

$$\frac{1}{f} = \frac{2\,(n-1)}{n\,r} \quad \text{und} \quad x = x' = r,$$

d. h. die Brechkraft beträgt $1/n$ von der einer dünnen Bikonvexlinse derselben Krümmung, und die beiden Hauptpunkte liegen, wie bei einer dünnen Linse, im Mittelpunkt vereinigt.

Aufgabe. Zwischen $d = 0$ und $d = 2\,r$ liegt demnach ein Maximum für a. Man zeige, daß dieses dann vorhanden ist, wenn

$$d = \frac{2\,r}{1 + \dfrac{1}{\sqrt{n}}}$$

und den Wert hat

$$a = 2\,r\,\frac{\sqrt{n}-1}{\sqrt{n}+1}.$$

§ 37. Beziehung zwischen Fernrohr und Mikroskop.

Bau und Funktionsweise von Fernrohr und Mikroskop sind grundsätzlich gleich. Beide Instrumente bestehen im Prinzip aus zwei hintereinander geschalteten Sammellinsen, wobei die erste (das Objektiv) ein reelles Bild des Gegenstandes erzeugt und die zweite (das Okular) als Lupe zur Betrachtung dieses Bildes dient. Eine Sammellinse kann also sowohl als Objektiv als auch als Okular dienen; ja, sie kann beide Funktionen gleichzeitig ausüben. Man hat nur hinter das Objektiv einen Planspiegel zu stellen, der die Strahlen auf das Objektiv, das nun als Okular wirkt, zurückwirft, und man hat ein einlinsiges Mikroskop[1].

Je nach dem Abstande zwischen Objektiv und Okular kann man ferne oder nahe Gegenstände betrachten, so daß ein Instrument prinzipiell sowohl als Fernrohr wie als Mikroskop zu gebrauchen ist. Nur kann es nicht gleichzeitig starke Vergrößerung für ferne und nahe Gegenstände geben. Daher besteht zwar kein qualitativer, wohl aber ein bedeutender quantitativer Unterschied zwischen Fernrohr und Mikroskop. Dieser läßt sich etwa so kennzeichnen: um ferne Gegenstände vergrößert zu sehen, muß das Objektiv schwach, um nahe vergrößert zu sehen, stark sein. Das Okular ist dasselbe. Um nun wirklich ein und dasselbe Instrument als Fernrohr und Mikroskop gebrauchen zu können, müßte man daher das Objektiv austauschen können. Es ließe sich ein Fernrohr auch allmählich in ein Mikroskop verwandeln, wenn man die Brechkraft des zunächst schwachen Objektivs immer größer und größer machen könnte. Man ersieht hieraus, daß eine scharfe Grenze zwischen beiden Instrumentenformen nicht besteht, wohl aber vermutet man, daß die Vergrößerungen eines Fernrohrs und eines Mikroskops in einer einfachen Beziehung zueinander stehen.

Um eine solche zu deduzieren, muß erst die Definition der Vergrößerung in beiden Fällen gegeben sein. Die Winkelvergrößerung eines Fernrohrs ist das Verhältnis der Winkel, unter dem ein Gegenstand im Fernrohr und von bloßem Auge erscheint. Gegenstand und Bild sind dabei im selben Abstand zu betrachten. Normalerweise wählt man unendlich große Entfernung. Die Vergrößerung eines Mikroskops und auch die einer Lupe wird

---

[1] Helv. Phys. Acta 14, 554 (1941).

ebenfalls durch das Verhältnis dieser Winkel bestimmt. Gegenstand und Bild sind hier aber nicht im selben Abstand miteinander zu vergleichen. Dies würde sonst zu einem den Tatsachen nicht entsprechenden, unendlich großen Wert für die Vergrößerung führen. Da nämlich die Bilder im Mikroskop und in der Lupe bei Betrachtung mit dem unangestrengten Auge in unendlicher Entfernung erscheinen, so wäre auch der (kleine) Gegenstand zum Vergleich in unendliche Entfernung zu rücken. Dies würde aber einen verschwindend kleinen Gesichtswinkel liefern, so daß das Winkelverhältnis ungeheuer groß würde. Man muß daher für den Gegenstand einen passenden Vergleichsabstand wählen. Es läge nahe, als solchen einfach den Abstand

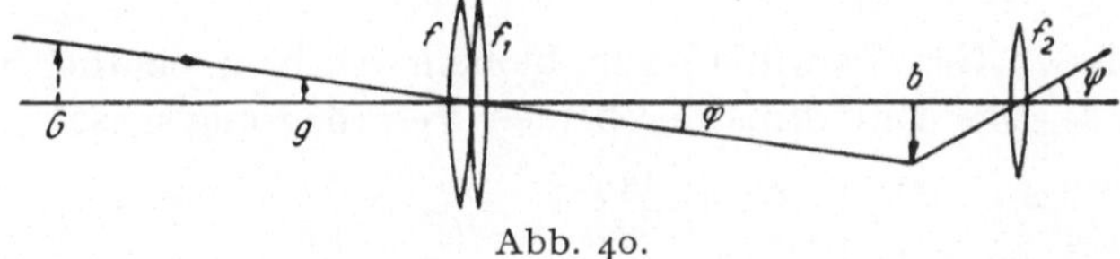

Abb. 40.

festzusetzen, wie er gerade bei Betrachtung des Gegenstandes durch das Instrument vorliegt. Allein das wäre unzweckmäßig, da dieser Abstand mit der Tubuslänge variiert. Auch würde dies den Tatsachen wiederum, wie aus dem Fall der Lupe unmittelbar ersichtlich ist, nicht gerecht werden. Betrachtet man nämlich durch eine ans Auge gehaltene Lupe einen Gegenstand und nimmt die Lupe weg, so erscheint der Gegenstand unter demselben Winkel. Als Vergrößerung käme also immer 1 heraus. Nun kann man aber einen Gegenstand gar nicht in Lupenabstand betrachten, da man auf so kurze Entfernung nicht akkommodieren kann. Um einen tatsächlichen Vergleich zu erhalten, muß man daher den Gegenstand ohne Lupe unbedingt in einen größeren Abstand bringen. Als solchen hat man allgemein die deutliche Sehweite von 25 cm festgesetzt.

Um nun den Vergleich der Vergrößerung von Fernrohr und Mikroskop durchzuführen, wird man z. B. vom Fernrohr ausgehen (Abb. 40) und einen unendlich fernen Gegenstand G abbilden. Es werden dann die parallel auf die Objektivlinse (Brennweite f_1) auffallenden Strahlen zu einem Bild b vereinigt. Nun bringt man einen kleinen Gegenstand g in die Nähe des Objektivs und wählt dessen Größe g und Abstand γ so, daß die Winkel φ

bzw. ψ dieselben sind. Damit g sich nun in b abbildet, muß vor die Objektivlinse des Fernrohrs eine passende Linse (Brennweite f) geschaltet werden. f muß gerade gleich γ sein. Denn in diesem Falle treten von g ausgehende Strahlen $\parallel$ aus der vorgesetzten Linse f aus und treffen also auch $\parallel$ auf die Objektivlinse f_1 auf. Das Instrument ist aber so eingestellt, daß $\parallel$ auf f_1 auffallende Strahlen sich zu einem Bilde in b vereinigen.

Wir schreiben nun die Vergrößerung für Fernrohr und Mikroskop v_f und v_m an.

Es ist

$$v_f = \frac{\psi}{\varphi} \asymp \frac{\operatorname{tg}\psi}{\operatorname{tg}\varphi}$$

und

$$v_m = \frac{\psi}{\varphi_s} \asymp \frac{\operatorname{tg}\psi}{g/s}.$$

φ_s sei der Gesichtswinkel von bloßem Auge in deutlicher Sehweite s. Das Verhältnis der beiden Vergrößerungen ist

$$\frac{v_m}{v_f} = \frac{\operatorname{tg}\varphi}{g/s} = \frac{b/\beta}{g/s} = \frac{b\,s}{g\,\beta}.$$

Da $\dfrac{b}{g} = \dfrac{\beta}{\gamma}$, so ist auch

$$\frac{v_m}{v_f} = \frac{s}{\gamma}, \tag{1}$$

was unter Berücksichtigung von $\gamma = f$ auch geschrieben werden kann

$$\frac{v_m}{v_f} = \frac{s}{f}. \tag{1a}$$

Diese Beziehung erlaubt eine einfache Deutung. s/f bedeutet nämlich nichts anderes als die normale Vergrößerung v_l einer Lupe der Brennweite f, so daß man hat

$$v_m = v_f \cdot v_l, \tag{2}$$

d. h. aber, die Vergrößerung eines Mikroskops ist gleich der eines Fernrohrs, multipliziert mit der Lupenvergrößerung der Vorsatzlinse, die das Fernrohr zum Mikroskop macht. Hieraus ersieht man auch ohne weiteres, daß bei gleicher Länge ein Mikroskop eine weit stärkere Vergrößerung besitzt als ein Fernrohr.

Gemäß (1) läßt sich nun auch die Vergrößerungsformel des einen Instruments aus der des anderen herleiten. Nehmen wir die einfachere des Fernrohrs als bekannt an $v_f = f_1/f_2$, so haben wir unmittelbar

$$v_m = \frac{f_1\,s}{f_2\,f}. \tag{3}$$

Indessen will man nicht v_m in Abhängigkeit von der Brennweite f der Vorsatzlinse, sondern von der Brennweite des Objektivs haben. Letztere setzt sich aber aus den beiden Brennweiten f und f_1 zusammen. Bezeichnet man die Brennweite des Objektivs mit F, so gilt

$$\frac{1}{F} = \frac{1}{\gamma} + \frac{1}{\beta} \tag{4}$$

und unter Berücksichtigung, daß $\gamma = f$ und $\beta = f_1$, liefert das die bekannte Formel für die Brechkraft einer Doppellinse

$$\frac{1}{F} = \frac{1}{f} + \frac{1}{f_1}. \tag{4a}$$

Wir setzen nun $1/f$ aus (4a) in (3) ein und erhalten

$$v_m = \frac{f_1 \, s}{f_2} \left(\frac{1}{F} - \frac{1}{f_1} \right)$$
$$= \frac{s \, (f_1 - F)}{f_2 \, F}.$$

$f_1 - F$ bedeutet den Abstand der beiden (einander zugewandten) Brennpunkte vom Objektiv und Okular und wird die optische Tubuslänge genannt. Bezeichnen wir diese mit l, so folgt die bekannte Formel fürs Mikroskop

$$v_m = \frac{s \, l}{f_2 \, F}. \tag{5}$$

Aufgabe. Statt vom Fernrohr, das man durch Vorsetzen einer Sammellinse in ein Mikroskop verwandelt, kann man natürlich ebensogut vom Mikroskop ausgehen, dem man eine Zerstreuungslinse vorsetzt. Es gibt nicht mehr Mühe, die Aufgabe auch in dieser Weise durchzuführen.[1]

§ 38. KIRCHHOFFsches Strahlungsgesetz.

Manche Beziehungen lassen sich durch zweckmäßig gewählte Gedankenexperimente gewinnen, so diejenige zwischen Emissions- und Absorptionsvermögen eines Temperaturstrahlers.

Emissionsvermögen e = sekundliche Strahlungsenergie, die von 1 cm² ausgeht,

Absorptionsvermögen a = absorbierter Bruchteil der auf irgendeine Fläche auffallenden Strahlung.

---

[1] Siehe diesbezüglich Helv. Phys. Acta 4, 432 (1931).

Wir denken uns einen Hohlraum in irgendeinem Körper, der sich auf einer konstanten Temperatur T (Abb. 41) befindet. Wir wählen zweckmäßig zylindrische Form mit einem Querschnitt von 1 cm². Die linke Endfläche sei absolut schwarz, reflektiere also nichts, die rechte sei beliebig. Ferner sei die Zylinderwand ideal spiegelnd, absorbiere also nichts. Es stellt sich ein stationärer Zustand ein (Prevostsches Strahlungsgleichgewicht), bei dem durch einen beliebigen Querschnitt von links nach rechts und von rechts nach links gleichviel Strahlung hindurchtritt. Dabei rührt alle Strahlung von den beiden End-flächen her, und die Zylinderwand hat nur dafür zu sorgen, daß alle Strahlung von der schwarzen Fläche nach der beliebigen gelangt und umgekehrt. Die Strahlung von links besteht nur aus schwarzer

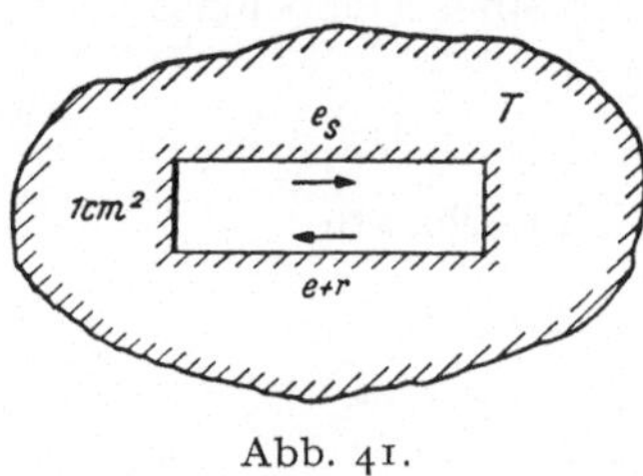

Abb. 41.

Strahlung, diejenige von rechts sowohl aus der aus der rechten Fläche emittierten und der von dieser reflektierten Strahlung. Bezeichnen wir das Emissionsvermögen der schwarzen und der beliebigen Fläche mit e_s bzw. e, ferner die reflektierte Strahlung mit R, so gilt also

$$e_s = e + R. \tag{1}$$

Anderseits wird nun die Strahlung e_s durch die Fläche rechts zum Teil reflektiert, zum Teil absorbiert. Nennen wir den letz-teren Anteil A, so gilt also auch

$$e_s = A + R. \tag{2}$$

Aus (1) und (2) folgt

$$e = A. \tag{3}$$

Das Absorptionsvermögen a ist definitionsgemäß

$$a = \frac{A}{e_s}, \tag{4}$$

so daß (3) sich schreibt

$$e = a\, e_s$$

oder

$$e_s = \frac{e}{a}. \tag{5}$$

Bei der Ableitung war stillschweigend vorausgesetzt, daß die Seitenwand des zylindrischen Hohlraumes selbst keine Strahlung aussendet. Im Falle einer ideal reflektierenden Wand ist das aber auch nicht der Fall, wie ebenfalls ein einfaches Gedankenexperiment beweist. Man denke sich einen Hohlraum in einem auf der Temperatur T befindlichen Körper, der überall vollkommen spiegelt. Würde nun die Wand strahlen, so würde sich die Strahlung im Hohlraum fortwährend verstärken, da die Wände ja nichts absorbieren. Ein in den Hohlraum hineingebrachter Körper würde sich demnach von selbst auf eine beliebig hohe Temperatur erwärmen. Dies widerspricht aber dem 2. Hauptsatz der Wärmelehre.

V. Elektrizität und Magnetismus.

A. Magnetostatik.

§ 39. Feld eines Stabmagneten in der 1. und 2. Hauptlage.

1. Hauptlage: Punkt P (Abb. 42) auf der Verbindungslinie der beiden Pole (Achse des Magneten).

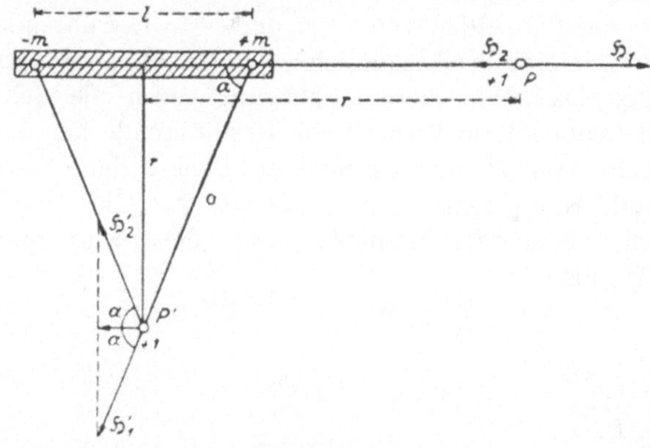

Abb. 42.

Die Kraftwirkung auf den Einheitspol in P entspricht der Differenz der Abstoßung von $+ m$ und der Anziehung von $- m$. Das heißt, das resultierende Feld $\mathfrak{H}$ ist gleich der Differenz der Einzelfelder $\mathfrak{H}_1$ und $\mathfrak{H}_2$. Da diese gleiche Richtung haben, können wir algebraisch addieren

$$\mathfrak{H} = \mathfrak{H}_1 - \mathfrak{H}_2.$$

Um beide Pole gleichmäßig zu berücksichtigen, rechnen wir die Abstände von der Mitte zwischen $+m$ und $-m$. Nach dem Coulombschen Gesetz haben wir nun

$$\mathfrak{H} = \frac{m}{(r - l/2)^2} - \frac{m}{(r + l/2)^2}.$$ (1)

Auf gleichen Nenner gebracht, folgt

$$\mathfrak{H} = \frac{2\,m\,l\,r}{(r^2 - l^2/4)^2}.$$

Da $m\,l$ das magnetische Moment $\mathfrak{M}$ bedeutet, so ist dies

$$\mathfrak{H} = \frac{2\mathfrak{M}\,r}{(r^2 - l^2/4)^2}.$$ (2)

Für größere Abstände $r \gg l/2$ kann der Subtrahend im Nenner weggelassen werden, und das Resultat vereinfacht sich zu

$$\mathfrak{H} = \frac{2\,\mathfrak{M}}{r^3}.$$ (2a)

2. Hauptlage: Punkt P' auf der $\perp$ durch die Magnetmitte gehenden Schnittebene.

Hier sind die beiden von $+m$ und $-m$ herrührenden Felder $\mathfrak{H}_1$ und $\mathfrak{H}_2$ gleich groß, nämlich m/a^2, haben aber verschiedene Richtung. Da beide dieselbe Neigung gegen die Schnittebene besitzen (Abb. 42), so verläuft die Resultierende horizontal. Der waagerecht von P' aus gezeichnete Pfeil bedeutet sowohl die horizontale Komponente von $\mathfrak{H}_1$ als von $\mathfrak{H}_2$. Diese beiden Komponenten, zueinander addiert, geben die resultierende Feldstärke $\mathfrak{H}'$, also

$$\mathfrak{H}' = \mathfrak{H}_1{}' \cos \alpha + \mathfrak{H}_2{}' \cos \alpha$$

oder

$$\mathfrak{H}' = 2\,\frac{m}{a^2} \cos \alpha.$$ (3)

Nun ist

$$\cos \alpha = \frac{l/2}{a},$$

also

$$\mathfrak{H}' = \frac{m\,l}{a^3} = \frac{\mathfrak{M}}{a^3}.$$ (4)

Für größeren Abstand ist praktisch $r = a$ und somit

$$\mathfrak{H}' = \frac{\mathfrak{M}}{r^3}.$$ (4a)

Es folgt das bekannte Resultat, daß in gleichen Abständen $\mathfrak{H} = 2\,\mathfrak{H}'$. In beiden Lagen nimmt das Feld mit r^3 ab.

Bemerkung. Es ist charakteristisch, daß in den Formeln (2a) und (4a) nur das magnetische Moment $\mathfrak{M}$ und nicht die Polstärke m auftritt. Dies entspricht der Tatsache, daß Pole überhaupt nur eine Fiktion darstellen, welche zur Berechnung des Feldes in größerem Abstand vom Magneten zulässig ist, und welche die Magnetostatik gewissermaßen in Parallele zur Elektrostatik zu setzen erlaubt. Für kleinere Abstände muß aber der Polbegriff durch den Begriff des magnetischen Flusses Φ (§ 41) ersetzt werden. Auch entspricht es besser der Wirklichkeit, wenn das magnetische Feld $\mathfrak{H}$ nicht durch die Kraftwirkung pro Polstärke, sondern durch die magnetische Wirkung im Inneren einer Stromspule definiert wird.

§ 40. Feld eines Dipols.

Zwei Magnetpole von der Stärke $+ m$ und $- m$ oder zwei elektrisch geladene Punkte mit den Ladungen $+ e$ und $- e$ befinden sich in einem Abstand l voneinander (Abb. 43).

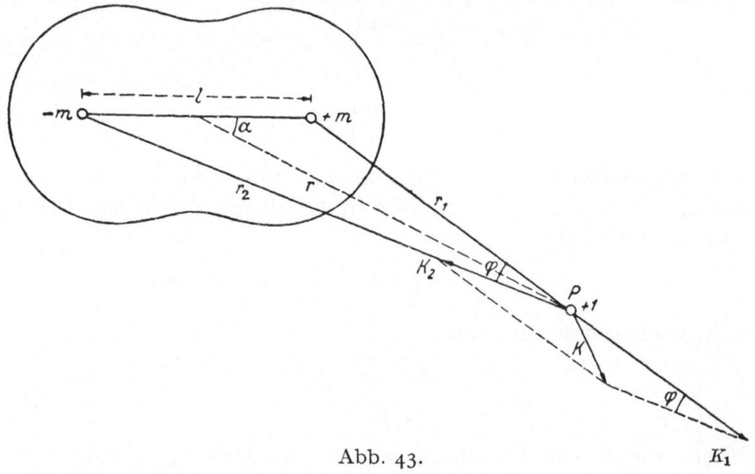

Abb. 43.

Frage: Wie groß ist die Kraft K auf einen Einheitspol in irgendeinem Punkte P, d. h. die Feldstärke?

Das Resultat wird in beiden Fällen gleich lauten, da das Coulombsche Gesetz sowohl für magnetische als elektrische

Ladungen gilt. Die Aufgabe bildet eine Verallgemeinerung der in § 39 behandelten. Die Lage des Punktes P ist relativ zum Magneten durch zwei Koordinaten bestimmt. Man wird etwa r_1 und r_2 wählen oder, analog wie in § 39, den Abstand r von der Stabmitte bis zum Punkt P und wird dann etwa noch den Winkel α hinzunehmen.

Das Vorgehen ist vorgezeichnet: Man setzt die beiden Kräfte K_1 und K_2 zur resultierenden zusammen. Zur Berechnung dient der Kosinussatz

$$K^2 = K_1{}^2 + K_2{}^2 - 2\,K_1\,K_2\cos\varphi. \tag{1}$$

Für φ haben wir ebenfalls nach dem Kosinussatz die Beziehung

$$l^2 = r_1{}^2 + r_2{}^2 - 2\,r_1\,r_2\cos\varphi. \tag{2}$$

Indem man $\cos\varphi$ aus (2) in (1) einsetzt, erhält man das fertige Resultat. Es ist aber sehr unübersichtlich. Vor allem tritt das Abstandsgesetz nicht explicite hervor. Daher ersetzen wir r_1 und r_2 durch r und α. Hierzu dient wiederum dasselbe Mittel: Der Kosinussatz. Schreiben wir diesen der Reihe nach für die Dreiecke $r\,r_1\,l/2$ und $r\,r_2\,l/2$ an, so haben wir

$$r_1{}^2 = \left(r^2 + \frac{l^2}{4}\right) - r\,l\cos\alpha \tag{3}$$

und

$$r_2{}^2 = \left(r^2 + \frac{l^2}{4}\right) + r\,l\cos\alpha, \tag{4}$$

letzteres in Berücksichtigung, daß $\cos(180 - \alpha) = -\cos\alpha$. Ersetzen wir zunächst $r_1{}^2$ und $r_2{}^2$ in (2) durch die Werte aus (3) und (4), so folgt

$$l^2 = 2\left(r^2 + \frac{l^2}{4}\right) - 2\,r_1\,r_2\cos\varphi,$$

d. h. nach $\cos\varphi$ aufgelöst

$$\cos\varphi = \frac{r^2 - \dfrac{l^2}{4}}{r_1\,r_2}. \tag{5}$$

Wenn wir dies in (1) einsetzen und berücksichtigen, daß

$$K_1 = \frac{m}{r_1{}^2} \quad \text{und} \quad K_2 = \frac{m}{r_2{}^2}, \tag{6}$$

so finden wir

$$\frac{K^2}{m^2} = \frac{1}{r_1{}^4} + \frac{1}{r_2{}^4} - 2\,\frac{r^2 - \dfrac{l^2}{4}}{r_1{}^3\,r_2{}^3}. \tag{7}$$

Zwecks Ausrechnung wird man auf gleichen Nenner bringen:

$$\frac{K^2}{m^2} = \frac{r_1^4 + r_2^4 - 2\,r_1\,r_2\left(r^2 - \frac{l^2}{4}\right)}{r_1^4\,r_2^4}. \tag{7a}$$

Man beachte, daß r_1^2 und r_2^2 die Form $x - y$ und $x + y$ haben, daß also bei der Addition von $r_1^4 + r_2^4$ die Doppelprodukte wegfallen. Ferner stellt sich auch $r_1\,r_2$ dar in der Form $\sqrt{x^2 - y^2}$. Somit hat man

$$\frac{K^2}{m^2} = \frac{2\left(r^2 + \frac{l^2}{4}\right)^2 + 2\,r^2 l^2 \cos^2\alpha - 2\sqrt{\left(r^2 + \frac{l^2}{4}\right)^2 - r^2 l^2 \cos^2\alpha}\cdot\left(r^2 - \frac{l^2}{4}\right)}{r_1^4\,r_2^4}. \tag{8}$$

Eine Vereinfachung des Ausdrucks kann man nur erwarten, wenn man sich auf größere Abstände r beschränkt. Es sei also $r \gg l/2$. Man wird dementsprechend, um die Näherungsrechnung durchzuführen, das Verhältnis l/r einführen. Das geschieht durch Ausklammern von r^4 im Zähler:

$$\frac{K^2}{m^2} = \frac{2\,r^4}{r_1^4\,r_2^4}\left[\left(1 + \frac{l^2}{4\,r^2}\right)^2 + \frac{l^2}{r^2}\cos^2\alpha - \left(1 - \frac{l^2}{4\,r^2}\right)\sqrt{\left(1 + \frac{l^2}{4\,r^2}\right)^2 - \frac{l^2}{r^2}\cos^2\alpha}\right]. \tag{8a}$$

Indem man höhere Potenzen als die zweite von l/r nicht berücksichtigt, ist der Radikand der Wurzel

$$1 + \frac{l^2}{2\,r^2} - \frac{l^2}{r^2}\cos^2\alpha$$

und die Wurzel daraus nach einer bekannten Näherungsformel

$$1 + \frac{l^2}{4\,r^2} - \frac{l^2}{2\,r^2}\cos^2\alpha.$$

Dies ist gemäß (8a) mit $\left(1 - \frac{l^2}{4\,r^2}\right)$ zu multiplizieren, so daß sich unter Weglassung der Glieder mit $(l/r)^4$ ergibt

$$1 - \frac{l^2}{2\,r^2}\cos^2\alpha.$$

Die Klammer [ ] in (8a) wird also

$$1 + \frac{l^2}{2\,r^2} + \frac{l^2}{r^2}\cos^2\alpha - \left(1 - \frac{l^2}{2\,r^2}\cos^2\alpha\right)$$

oder

$$\frac{l^2}{2\,r^2} + \frac{3\,l^2}{2\,r^2}\cos^2\alpha = \frac{l^2}{2\,r^2}\left(1 + 3\cos^2\alpha\right).$$

Somit wird aus (8a)

$$K^2 = \frac{m^2\,l^2\,r^2\,(1 + 3\cos^2\alpha)}{r_1^4\,r_2^4}.$$

Da für $r_1\,r_2 = r^2$ gesetzt werden darf, und da $m\,l$ das magnetische Moment $\mathfrak{M}$ bedeutet, so erhalten wir schließlich

$$K = \frac{\mathfrak{M}}{r^3}\sqrt{1 + 3\cos^2\alpha}. \tag{9}$$

Die Abhängigkeit des Feldverlaufs von α bei konstantem Abstand r gibt die in Abb. 43 eingezeichnete Kurve wieder. Hier ist der Betrag der Feldstärke auf den Radien abgetragen.

Aufgabe. Eine Vereinfachung der ziemlich umständlichen Rechnung läßt sich erzielen, wenn man den indirekten Weg über das magnetische Potential einschlägt.[1] Aber auch bei direkter Berechnung läßt sich der Weg wesentlich abkürzen, wenn man gleich anfangs gewisse Vernachlässigungen einführt, deren Zulässigkeit zum vornherein allerdings nicht sichersteht; nämlich, daß man setzt $\cos\alpha = \dfrac{r_2 - r_1}{l}$, ferner $\sphericalangle\, r_2\,r = \sphericalangle\, r_1\,r$ und $\cos\dfrac{\varphi}{2} = 1$. Man bilde dann die Komponenten von K_1 und K_2 in Richtung von r. Ihre Differenz sei D. Ferner rechne man die Komponenten von K_1 und $K_2 \perp$ zu r aus. Ihre Summe sei S. Die Resultante K berechnet sich dann aus

$$\sqrt{D^2 + S^2}.$$

§ 41. Magnetisches OHMsches Gesetz.

Der magnetische Induktionslinienfluß (der „Flux"), der durch den Querschnitt q (Abb. 44) eines homogenen Magnetfeldes $\mathfrak{H}$ hindurchtritt, ist

$$\Phi = q\,\mu\,\mathfrak{H}. \tag{1}$$

Unter der Zunahme des magnetischen Potentials verstehen wir die Arbeit, die man am magnetischen Einheitspol auf der betreffenden Strecke leisten muß. Betrachten wir den Flux zwischen irgend zwei Ebenen im Abstand l und bewegen wir einen solchen Pol von P_2 nach P_1, so ist diese Arbeit bzw. die Potentialzunahme

$$V_1 - V_2 = \mathfrak{H}\,l. \tag{2}$$

---

[1] Grimsehl: Lehrbuch der Physik, Bd. 2, Teil 1, S. 91.

Aus (1) und (2) ergibt sich eine Beziehung zwischen Φ und $V_1 - V_2$, indem man $\mathfrak{H}$ eliminiert. Man erhält

$$V_1 - V_2 = \Phi\, \frac{l}{\mu\, q}. \tag{3}$$

Dies entspricht völlig dem elektrischen Ohmschen Gesetz

$$V_1 - V_2 = J\, W_e. \tag{4}$$

Dem elektrischen Widerstand $W_e = \dfrac{l}{\varkappa\, q}$ entspricht der magnetische

$$W_m = \frac{l}{\mu\, q}. \tag{5}$$

$\varkappa$ bedeutet die elektrische, μ die magnetische Leitfähigkeit (die Permeabilität), $\mathfrak{H}\, l$ nennt man die magnetische Spannung. Sie ist gleich der Abnahme des Potentials in Richtung $\mathfrak{H}$ bzw. l, d. h.

$$\mathfrak{H}\, l = -(V_2 - V_1). \tag{6}$$

Oder die Zunahme des Potentials auf dem Wege l beträgt $-\mathfrak{H}\, l$. Ist $\mathfrak{H}$ längs einer Strecke nicht konstant, d. h. ändert es sich der

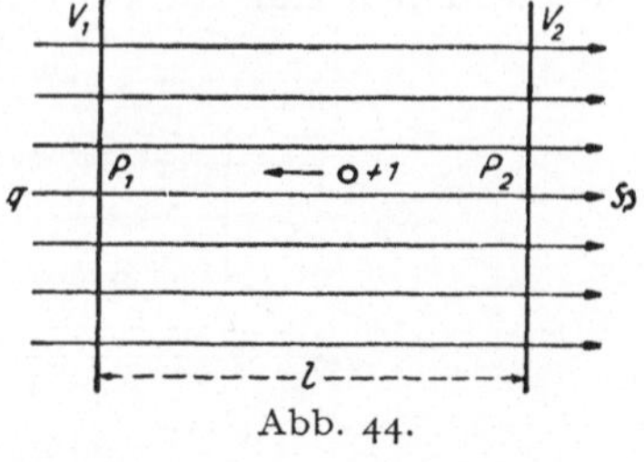

Abb. 44.

Größe und der Richtung nach, so berechnet sich die magnetische Spannung V oder gemäß (6) die Abnahme des Potentials als Summe

$$-(V_2 - V_1) = \int_1^2 \mathfrak{H}_x\, dx. \tag{7}$$

Hierbei bedeutet $\mathfrak{H}_x$ die Komponente des Feldes in der jeweiligen Wegrichtung dx. Erstreckt man das „Linienintegral" über eine geschlossene Kurve, so erhält man das, was man Randspannung oder Umlaufsspannung nennt. Diese ist unabhängig vom gewählten Wege $= 0$, d. h. man kehrt immer wieder zum selben Potentialwert zurück.

Eine Ausnahme tritt nur ein, wenn der geschlossene Weg um einen elektrischen Strom herum führt. Dann wirkt auf dem Umfang eine Potentialdifferenz von $0{,}4\, \pi\, J$, wenn J in Ampere ausgedrückt wird (siehe Berechnung § 45). Man sagt, der magnetische Kreis besitze eine „magnetomotorische Kraft". Es ist dies eine Bezeichnung, die man in Analogie zur elektromotorischen Kraft in galvanischen Elementen gewählt hat, die aber nicht sehr glücklich ist, da es sich in beiden Fällen nicht um Kräfte, sondern um Energien pro Einheitsladung handelt.

§ 42. Der Entmagnetisierungsfaktor.

Magnetisierung J und magnetische Induktion $\mathfrak{B}$ sind Funktionen der magnetischen Feldstärke $\mathfrak{H}$. Für irgendeinen Punkt eines magnetisierten Materials läßt sich J und $\mathfrak{B}$, falls die Feldstärke am betreffenden Ort des Materials $\mathfrak{H}$ ist, darstellen durch

$$J = \varkappa\,\mathfrak{H} \quad \text{und} \quad \mathfrak{B} = \mu\,\mathfrak{H}, \tag{1}$$

$$\varkappa = \text{Suszeptibilität}, \quad \mu = \text{Permeabilität},$$

wo $\varkappa$ und μ nur für paramagnetische Substanzen konstant, für

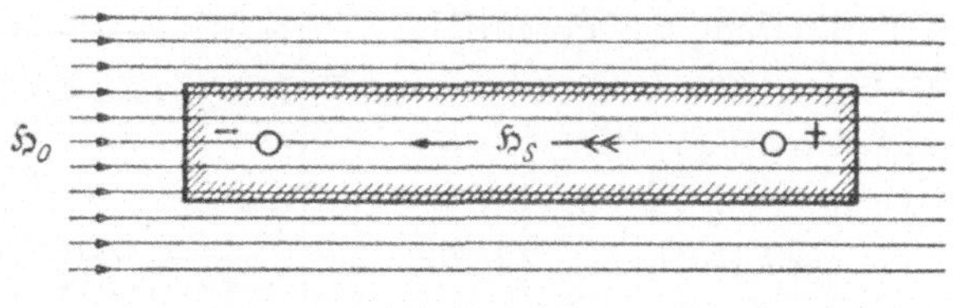

Abb. 45.

ferromagnetische aber selbst wieder Funktionen von $\mathfrak{H}$ sind. Auf alle Fälle ist zur Berechnung von J und $\mathfrak{B}$ an irgendeinem Punkt die Kenntnis der dort herrschenden Feldstärke $\mathfrak{H}$ nötig. Es erhebt sich nun die Frage, wie groß ist das Feld an irgendeinem Punkt im Innern, wenn ein Körper in ein homogenes Magnetfeld $\mathfrak{H}_0$ hineingebracht wird?

Durch die erzeugte magnetische Induktion (Influenz) wird dieses Feld $\mathfrak{H}_0$ in charakteristischer Weise verändert, und zwar sowohl außerhalb als innerhalb des Körpers. Die Änderungen sind bedingt 1. durch die Größe von $\varkappa$ und μ, 2. durch die Form des Körpers. Hier soll uns vor allem die Abhängigkeit des innern Feldes $\mathfrak{H}$ von der Form interessieren. Denn die Kenntnis dieses Feldes ist es, die für magnetische Messungen wichtig ist. Ganz allgemein kann man sagen, daß das innere Feld stets kleiner ist als das Feld, in welches das Material gebettet ist. Formell kann man dies so verstehen: an den Enden des Körpers entstehen induzierte Pole (Abb. 45), die nun ihrerseits ein sekundäres

Feld $\mathfrak{H}_s$ erzeugen. Das resultierende Feld $\mathfrak{H}$ ist demnach überall die vektorielle Summe von $\mathfrak{H}_0$ und $\mathfrak{H}_s$. Im Innern des Materials ist $\mathfrak{H}_s$ von rechts nach links gerichtet, schwächt also $\mathfrak{H}_0$, so daß $\mathfrak{H} < \mathfrak{H}_0$. Die Schwächung wird in einem gegebenen Fall um so beträchtlicher sein, je größer die Polstärke, bzw. die Magnetisierung J, so daß man an jeder Stelle des Materials ansetzen kann

$$\mathfrak{H} = \mathfrak{H}_0 - \alpha\, J. \tag{2}$$

α hat die Bedeutung eines Schwächungskoeffizienten. Man nennt ihn den Entmagnetisierungsfaktor, da das zweite Glied von (2) im Sinne einer Vernichtung der Magnetisierung wirkt. Nimmt man nämlich das induzierende Feld $\mathfrak{H}_0$ weg, so bleibt nur das entgegengesetzte Feld $\mathfrak{H}_s$ wirksam und zerstört das entstandene Feld $\mathfrak{H}$, sofern nicht eine innere magnetische Kraft, Koerzitivkraft genannt, für die teilweise Aufrechterhaltung von $\mathfrak{H}$ sorgt (remanenter Magnetismus). Den Grund für die Entmagnetisierungstendenz bilden also die Pole bzw. die freien Magnetismusmengen. Will man die entmagnetisierende Kraft beseitigen, so wird man die Pole genügend weit auseinander oder, noch besser, ganz zum Verschwinden bringen. Dies kann sehr weitgehend erreicht werden, indem man einen langgestreckten Körper wählt oder dann für einen geschlossenen magnetischen Kreis sorgt. Dieser Fall liegt vor bei einem Eisenring, den man durch eine Stromspule magnetisiert, oder einem Hufeisenmagneten, dessen Pole man durch einen Weicheisenanker schließt.

Man kann daher einen Elektromagneten zu einem Permanentmagneten machen. Das läßt sich leicht mit Hilfe eines Transformators zeigen, dessen magnetischer Schluß sich öffnen läßt. Man magnetisiert den Kern, indem man Gleichstrom durch die eine Spule hindurchschickt. Hernach verbindet man diese Spule z. B. mit einer kleinen Glühlampe. Öffnet man nun rasch den magnetischen Kreis, so leuchtet diese einen Moment auf, da die entstandenen freien Pole die Magnetisierung plötzlich zerstören.

Schreibt man (2) in der Form

$$\alpha = \frac{\mathfrak{H}_0 - \mathfrak{H}}{J}, \tag{2a}$$

so hat man die Definitionsgleichung für den Entmagnetisierungsfaktor α. Zu bedenken ist, daß $\mathfrak{H}_0$ und $\mathfrak{H}$ im allgemeinen verschiedene Richtung besitzen und daher $\mathfrak{H}_0 - \mathfrak{H}$ vektoriell zu bilden ist. J besitzt anderseits gemäß (1) die Richtung von $\mathfrak{H}$, so daß α der Quotient aus zwei verschieden gerichteten Vektoren, also ein sogenannter Tensor, ist. α hängt einerseits von der Gestalt des Körpers ab und ist anderseits von Ort zu Ort verschieden. Dieser allgemeine Fall hat indessen keine praktische Bedeutung. Denn einmal läßt sich α nicht berechnen, und dann sind solche Versuchskörper, eben aus diesem Grunde, für magnetische Messungen nicht zu gebrauchen.

Es gibt nun aber besonders ausgezeichnete Fälle, wo α 1. räumlich konstant ist, 2. eine für die betreffende Körperform berechenbare Größe besitzt. Das ist immer dann der Fall, wenn sich ein Körper, der in ein homogenes Feld gebracht wird, auch

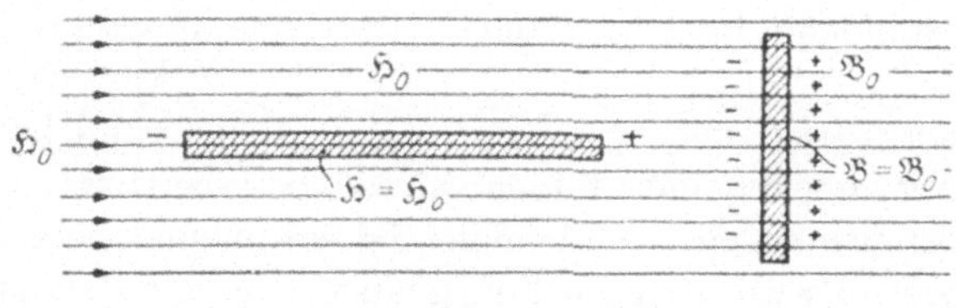

Abb. 46.

homogen magnetisiert. In diesem Falle hat dann α die Bedeutung eines für die Form charakteristischen Zahlenfaktors.

Zunächst interessieren hier zwei theoretisch interessante Grenzfälle, die dadurch ausgezeichnet sind, daß der eine den kleinsten, der andere den größten möglichen Wert für α ergibt. Diese sind in Abb. 46 nebeneinander schematisch dargestellt. Wir denken uns ein homogenes Feld $\mathfrak{H}_0$ hergestellt. wie es z. B. im Innern einer langen Stromspule entsteht. Nun bringen wir einmal einen Fe-Stab, der sehr lang im Verhältnis zu seiner Dicke sei, und einmal ein Fe-Blech, das sehr dünn im Verhältnis zu seinem Durchmesser sei, in der gezeichneten Lage hinein.

Im ersten Fall wird das Feld $\mathfrak{H}_0$ gar nicht gestört. Die Kraftlinien verlaufen nach wie vor im Innern und außen horizontal, und da die tangentielle Komponente der Feldstärke stets stetig ist, so ist $\mathfrak{H} = \mathfrak{H}_0$. Dies ergibt aber für α gemäß (2a) den Wert 0, wenigstens an allen Stellen, die von den Enden genügend weit entfernt sind. In fast idealer Weise wird dieser Fall realisiert durch einen Eisenstab, den man zu einem geschlossenen kreisförmigen Ring um- und zusammenbiegt und den man gleichmäßig bewickelt.

Im zweiten Fall des „magnetischen Blattes" wird ebenfalls das Feld außerhalb des Probestückes nicht geändert, wohl aber im Innern im Verhältnis μ reduziert. Denn da die Kraftlinien $\perp$ zur Trennungsfläche verlaufen, ist die Größe $\mathfrak{B}$ stetig. Es ist $\mathfrak{B} = \mathfrak{B}_0$ oder $\mathfrak{H} = \dfrac{\mathfrak{H}_0}{\mu}$. Infolgedessen wird aus (2a) unter Berücksichtigung von (1) und von $\mu = 1 + 4\,\pi\,\varkappa$

$$\alpha = \frac{\mathfrak{H}_0 - \dfrac{\mathfrak{H}_0}{\mu}}{\varkappa\,\mathfrak{H}} = \frac{\mathfrak{H}_0 - \dfrac{\mathfrak{H}_0}{\mu}}{\varkappa\,\dfrac{\mathfrak{H}_0}{\mu}} = \frac{\mu - 1}{\varkappa} = 4\,\pi.$$

α kann also innert der Grenzen 0 und $4\,\pi$ variieren.

Es liegt nahe zu fragen, wie stellen sich die Verhältnisse dar, wenn man die Rolle des Fe und der Luft vertauscht? Die in Abb. 46 schraffierten Teile stellen also jetzt den Luftraum in Fe dar. Dann entstehen an denselben Stellen wie früher die freien magnetischen Ladungen. Nur müssen wir die —- und $+$-Zeichen miteinander vertauschen. Ferner bedeutet jetzt $\mathfrak{H}_0$ das Feld in Fe und $\mathfrak{H}$ dasjenige in Luft. Im Falle der dünnen „Luftröhre" haben wir wieder $\mathfrak{H} = \mathfrak{H}_0$ und damit $\alpha = 0$. Im Falle der dünnen „Luftplatte" ist wegen der Stetigkeit von $\mathfrak{B}$: $\mathfrak{H} = \mu\,\mathfrak{H}_0$, und ferner wegen der umgekehrten Magnetisierung $J = -\varkappa\,\mathfrak{H}_0$. Aus Beziehung (2a) wird also für diesen Fall

$$\alpha = \frac{\mathfrak{H}_0 - \mu\,\mathfrak{H}}{-\varkappa\,\mathfrak{H}_0} = \frac{1 - \mu}{-\varkappa} = 4\,\pi.$$

Der Fall des Luftkanals und des Luftschlitzes ist aus zwei Gründen bemerkenswert. 1. ersieht man, daß das Feld im ersten Falle gleich dem Feld in Fe, im zweiten gleich der Induktion in Fe ist. Ganz allgemein hängt die magnetische Wirkung in einem Luftraum von dessen Form ab. 2. Der Fall der entgegengesetzten Magnetisierungsrichtung entspricht einem diamagnetischen Verhalten. Man versteht daher, daß ein diamagnetischer Körper genau denselben Entmagnetisierungsfaktor besitzt wie ein ferro- oder paramagnetischer Körper derselben Form. Daß auch in diesem Fall eine entmagnetisierende Wirkung vorhanden ist, ist leicht einzusehen, da nach Wegnahme des induzierenden Feldes auch das diamagnetische Material von selbst wieder in den unmagnetischen Zustand zurückkehrt.

Nun kommen wir zu den praktisch wichtigen Fällen, wo ein Körper beschränkter Größe sich gleichmäßig magnetisiert. Es ist dies eine Aufgabe der mathematischen Physik, und wir geben nur das Resultat wieder: Gleichmäßige Magnetisierung bekommen wir bei einem drehrunden Körper, dessen Profil einen Kegelschnitt aufweist. In erster Linie kommen in Frage das Rotationsellipsoid und der Spezialfall der Kugel. Für die Kugel erhält man den einfachen Ausdruck $\alpha = \dfrac{4\pi}{3}$. Für das Ellipsoid sind die Ausdrücke wesentlich komplizierter. Es gibt aber Tabellen, die α für jedes Achsenverhältnis angeben.

Zum Schluß führen wir noch die Formeln an, welche $\mathfrak{H}$, J und $\mathfrak{B}$ in einem Material zu berechnen gestatten, wenn das homogene Feld $\mathfrak{H}_0$ bekannt ist. Um sie zu finden, setzen wir in (2) den Wert $J = \varkappa\,\mathfrak{H}$ ein und erhalten

$$\mathfrak{H} = \mathfrak{H}_0 - \alpha\,\varkappa\,\mathfrak{H}$$

und hieraus

$$\mathfrak{H} = \frac{\mathfrak{H}_0}{1 + \alpha\,\varkappa}. \tag{3}$$

Unter Benützung dieses Ausdruckes folgt dann

$$J = \frac{\varkappa\,\mathfrak{H}_0}{1 + \alpha\,\varkappa} \tag{4}$$

und

$$\mathfrak{B} = \frac{\mu\,\mathfrak{H}_0}{1 + \alpha\,\varkappa}$$

oder durch Ersatz von μ durch $\varkappa$

$$\mathfrak{B} = \frac{(1 + 4\,\pi\,\varkappa)\,\mathfrak{H}_0}{1 + \alpha\,\varkappa}. \tag{5}$$

Genau dieselben Betrachtungen und Formeln gelten nun auch für die Polarisation der Dielektrika. Hier bedeutet dann $\varkappa$ die Elektrisierungskonstante k, J und $\mathfrak{B}$ die Elektrisierungsstärke oder Polarisation $\mathfrak{P}$ bzw. die elektrische Induktion $\mathfrak{D}$, α die Entelektrisierungskonstante. Besonders wichtig ist hier der Fall der elektrisierten Kugel, da man ihn auf die Polarisation der Moleküle übertragen kann. Bringt man eine elektrisierbare Kugel in ein elektrisches Feld $\mathfrak{E}_0$, so herrscht in der Kugel das Feld

$$\mathfrak{E} = \mathfrak{E}_0 - \frac{4\,\pi}{3}\,\mathfrak{P}, \tag{6}$$

oder es ist

$$\mathfrak{E} = \frac{\mathfrak{E}_0}{1 + \dfrac{4\pi}{3}\,k}. \tag{7}$$

Zweckmäßigerweise führt man statt k die Dielektrizitätskonstante ε ein, indem man die zu $\mu = 1 + 4\pi\varkappa$ analoge Beziehung $\varepsilon = 1 + 4\pi k$ benützt. So erhält man den Ausdruck

$$\mathfrak{E} = \frac{3\,\mathfrak{E}_0}{2 + \varepsilon}. \tag{8}$$

B. Elektromagnetismus.

§ 43. Magnetische Wirkung stromumflossener ebener Flächen.

Zur Berechnung der magnetischen Stromwirkung wird gewöhnlich das Laplacesche (Biot-Savartsche) Elementargesetz in der Form angewendet

$$\Delta K = \frac{m\ J\,\Delta l\,\sin\varphi}{r^2}.$$

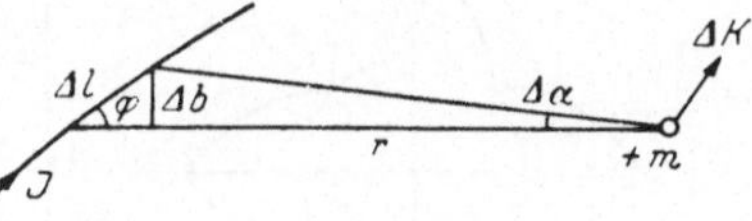

Abb. 47.

(Abb. 47). Hierbei ist J elektromagnetisch gemessen, und der Beitrag der magnetischen Feldstärke, der vom Leiterelement Δl herrührt, ist dementsprechend

$$\Delta\mathfrak{H} = \frac{\Delta K}{m} = \frac{J\,\Delta l\,\sin\varphi}{r^2}. \tag{1}$$

Häufig lohnt es sich, den Ausdruck eines Gesetzes auf die Möglichkeit verschiedener Formulierungen hin zu untersuchen. Einmal wird sich einem dann auch der Inhalt unter verschiedenen Gesichtspunkten darbieten, dann aber ist es für die Lösung praktischer Aufgaben wichtig, sich der geeigneten Form zu bedienen. So läßt sich Formel (1) an Hand der Abb. 47 leicht eine andere Fassung geben. Der Übersichtlichkeit wegen ist dort r nicht von der Mitte von Δl, sondern vom unteren Ende aus gezeichnet. Dies ist wegen der differentiellen Kleinheit von Δl ohne weiteres zulässig. Man erkennt, daß $\Delta l \sin\varphi$ die Strecke Δb bedeutet. Ferner, daß, wieder wegen der Kleinheit aller mit Δ bezeichneten Größen, Δb praktisch gleich dem Bogenstückchen ist, das zum Winkel $\Delta\alpha$ gehört. Es gilt dann

$$\Delta b = r\,\Delta\alpha.$$

Infolgedessen geht die Formel (1) über in

$$\Delta\mathfrak{H} = \frac{J\,\Delta b}{r^2} = \frac{J\,\Delta\alpha}{r}. \tag{2}$$

In dieser Form kommt ohne weiteres zum Ausdruck, daß das Biot-Savartsche Gesetz ein Abstandsgesetz mit der Potenz 1 ist. Für den Fall, daß alle Δl in derselben Ebene liegen, haben auch alle Beiträge $\Delta\mathfrak{H}$ dieselbe Richtung, und man findet die resultierende Feldstärke durch algebraische Summation:

$$\mathfrak{H} = J \int \frac{\Delta\alpha}{r}. \tag{3}$$

Damit lassen sich auch alle Fälle, die einfach zu berechnen sind, angeben: Es muß $r = f(\alpha)$ bekannt und von einfacher Form

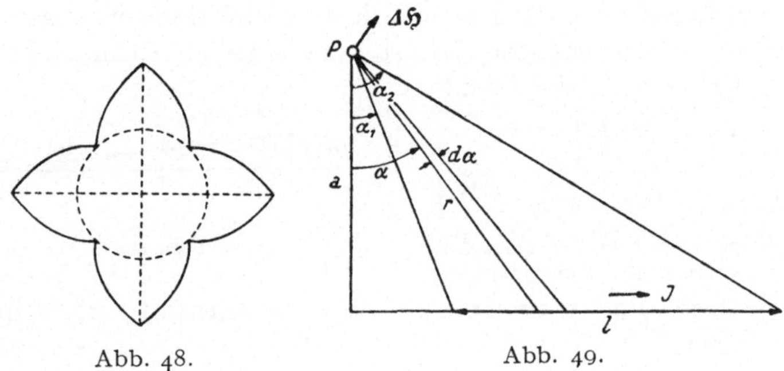

Abb. 48.   Abb. 49.

sein. So eignet sich jede Funktion $r = k\,\alpha^n$ zur Berechnung. Wir beschränken uns hier auf die archimedische Spirale

$$r = k\,\alpha.$$

Hierfür erhält man

$$\mathfrak{H} = J \int_{\alpha_1}^{\alpha_2} \frac{d\alpha}{k\alpha} = \frac{J}{k} \log \alpha \Big]_{\alpha_1}^{\alpha_2},$$

d. h.

$$\mathfrak{H} = \frac{J}{k} \log \frac{\alpha_2}{\alpha_1}. \tag{4}$$

Stellt man etwa eine Rosette gemäß Abb. 48 her mit acht Bogenstücken von $\alpha_1 = 45°$ bis $\alpha_2 = 90°$, so erhält man als Feldstärke

$$\mathfrak{H} = 8\,\frac{J}{k} \log 2. \tag{4a}$$

Einfach ist unter Verwendung von (3) auch die magnetische Wirkung eines geraden Stromleiters zu berechnen. Bezeichnet man mit a (Abb. 49) den senkrechten Abstand des Punktes P vom Stromleiter der Länge l, so besteht die Beziehung

$$a = r \cos \alpha,$$

also ist

$$\mathfrak{H} = J \int_{\alpha_1}^{\alpha_2} \frac{d\alpha}{a} \cos \alpha$$

$$= \frac{J}{a} (\sin \alpha_2 - \sin \alpha_1). \tag{5}$$

Befindet sich der Punkt P gerade über dem linken Ende von l, so ist $\alpha_1 = 0$ und

$$\mathfrak{H} = \frac{J}{a} \sin \alpha.$$

Dehnt sich das Stück rechts bis ins Unendliche aus, so wird $\alpha = 90°$ und $\mathfrak{H} = \frac{J}{a}$. Für ein beidseitig beliebig ausgedehntes gerades Stück folgt dementsprechend das bekannte Resultat

$$\mathfrak{H} = 2 \frac{J}{a}. \tag{5a}$$

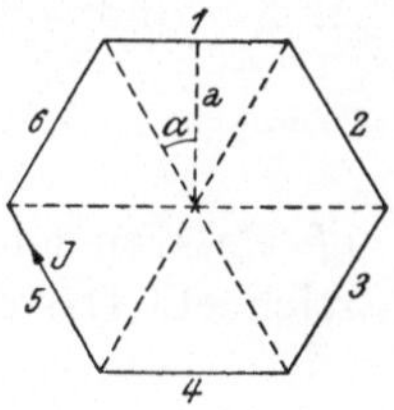

Einfach ist nun die Anwendung auf das regelmäßige Vieleck. Der Beitrag der Seite 1 (Abb. 50) ist

$$2 \frac{J}{a} \sin \alpha.$$

Abb. 50.

a ist hier die Mittelsenkrechte. Also ist für das n-Eck

$$\mathfrak{H} = 2 \frac{J}{a} n \sin \alpha,$$

und da $\alpha = \frac{2\pi}{2n}$, so erhält man schließlich

$$\mathfrak{H} = \frac{2J}{a} n \sin \frac{\pi}{n}. \tag{6}$$

Für $n = \infty$ geht das Vieleck in den Kreis über. Da dann $\sin \frac{\pi}{n} = \frac{\pi}{n}$, so folgt aus (6) die bekannte Formel für den Kreisstrom

$$\mathfrak{H} = \frac{2\pi J}{a}. \tag{7}$$

Aufgabe 1. Man rechne $\mathfrak{H}$ aus für $r = a\,\alpha + b$ und eine aus vier Stücken ($\alpha_1 = 0°$, $\alpha_2 = 90°$) bestehende Fläche.

Aufgabe 2. Wie groß ist die Feldstärke in der Mitte eines stromumflossenen Rechtecks? Wann ist diese bei gegebenem Umfang (fixer Drahtlänge) ein Minimum?

Aufgabe 3. Man zeige, daß das Feld $\mathfrak{H}$ in der Mitte eines stromumflossenen regelmäßigen Vielecks vom Umfang u den Wert besitzt

$$\mathfrak{H} = \frac{4 \, J \, n^2}{u} \sin \frac{\pi}{n} \, \mathrm{tg} \, \frac{\pi}{n},$$

und beweise, daß $\mathfrak{H}$ für eine unendlich große Seitenzahl n, d. h. den Kreis, minimal wird.

§ 44. Magnetfeld eines Kreisstroms und eines Solenoides.

Alle Leiterelemente Δl eines vom Strom J durchflossenen Kreisrings (Abb. 51) liefern denselben Beitrag ΔK zur Kraftwirkung K auf einen Magnetpol m, der auf der Achse liegt. Da $\Delta l \perp a$ und somit $\sin (\Delta l, a) = 1$, so ist

$$\Delta K = \Delta l \, \frac{J \, m}{a^2}$$

(J elektromagnetisch gemessen). a ist in der Papierebene gezeichnet. Das dazu gehörende Δl steht dann $\perp$ dazu. Da ander-

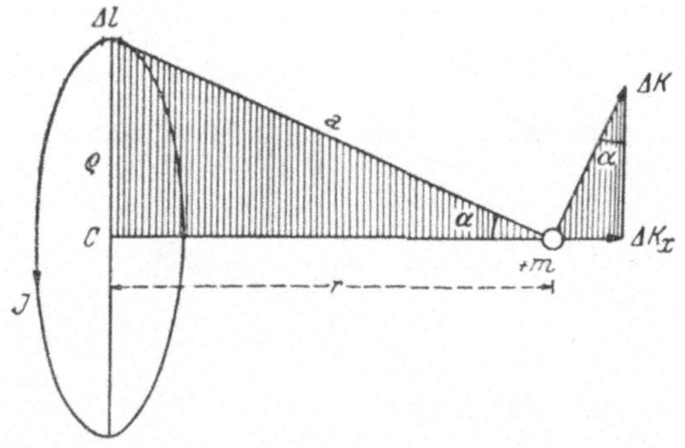

Abb. 51.

seits ΔK wiederum $\perp$ zur Ebene Δl, a wirkt, so liegt es seinerseits auch in der Papierebene und ist $\perp a$ einzuzeichnen. Aus Symmetriegründen liegt die Resultante aller Teilkräfte ΔK in der Achse. Nur die Komponenten ΔK_a in dieser Richtung geben also einen Beitrag zur Resultanten. Das heißt, man hat, um K zu finden, nur die algebraische Summe $\Sigma\, \Delta K_\alpha$ zu bilden. Nun ist $\Delta K_\alpha = \Delta K \sin \alpha$. Daher, wenn wir die Summierung über den geschlossenen Kreis mit $\oint$ bezeichnen:

$$K = \oint \Delta K \sin \alpha = \oint \Delta l\, \frac{J\, m \sin \alpha}{a^2}. \tag{1}$$

Da der Faktor von Δl konstant ist für die Summation, so ist

$$K = \frac{J\, m \sin \alpha}{a^2} \oint \Delta l = \frac{J\, m \sin \alpha}{a^2}\, 2\,\pi\, \varrho.$$

Berücksichtigt man, daß $\sin \alpha = \dfrac{\varrho}{a}$, so ist dies auch

$$K = \frac{J\, m}{a^3}\, 2\,\pi\, \varrho^2. \tag{2}$$

Für $\pi\, \varrho^2$ die Kreisfläche f gesetzt, heißt dies, daß die magnetische Feldstärke $\mathfrak{H} = \dfrac{K}{m}$ den Wert besitzt:

$$\mathfrak{H} = \frac{2\, f\, J}{a^3}. \tag{3}$$

Für große Entfernungen, d. h. für $\varrho \ll a$ darf auch gesetzt werden

$$\mathfrak{H} = \frac{2\, f\, J}{r^3}. \tag{3a}$$

Die Kraftwirkung entspricht also ganz der eines kurzen Magnetstabes in der 1. Hauptlage (siehe § 39). Dort wurde gefunden

$$\mathfrak{H} = \frac{2\, \mathfrak{M}}{r^3}.$$

Die Stromschlinge ist somit bei größeren Abständen gleichwertig einem Stabmagneten mit dem magnetischen Moment

$$\mathfrak{M} = f\, J. \tag{4}$$

Man sieht sofort ein, daß man in der Formel (3) die Grundlage für die Berechnung der magnetischen Wirkung eines Solenoides, d. h. einer Stromspule, gefunden hat. Denn es liegt nahe, eine enggewickelte Spirale als eine Hintereinanderschaltung von Kreisströmen aufzufassen. Die Gesamtwirkung auf irgendeinen Punkt der Achse wäre dann die vektorielle Summe der Wirkung der einzelnen Kreise. Die Addition kann dabei wiederum algebraisch vorgenommen werden, da die Resultante aus Symmetriegründen in der Achse liegt, und daher von jeder Windung nur die Komponente längs der Achse berücksichtigt zu werden braucht. Man hat dann eine Reihe von n Gliedern, wenn n Windungen vorhanden sind, zu summieren.

Diese Aufgabe bildet nun ein hübsches Beispiel dafür, wie unter Umständen die Summierung von vielen Gliedern, deren Zahlenwert sich in kleinen Stufen ändert, in eine bequeme Integration verwandelt werden kann. Dies gelingt immer, wenn man die Reihe einer endlichen Anzahl von stufenweise sich ändernden Gliedern ersetzen kann durch eine unendliche Anzahl von Gliedern differentiell kleinen Unterschieds. Dies ist hier möglich. Ersetzt man beispielsweise eine Spule von n Windungen und der Strom-

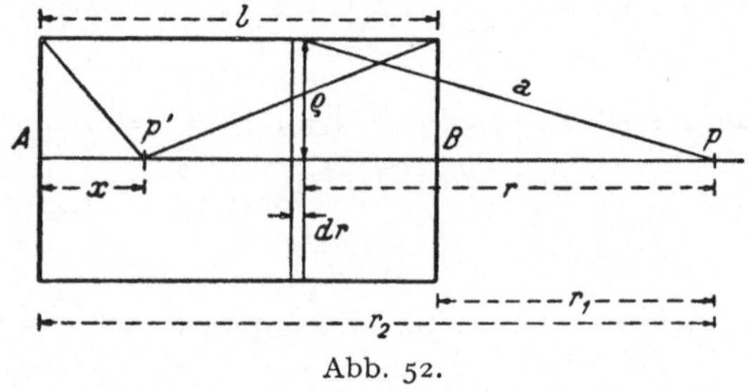

Abb. 52.

stärke J durch eine gleich lange von $2\,n$ Windungen mit der Stromstärke $J/2$, so erhält man praktisch dieselbe magnetische Wirkung. Und letzten Endes kann man die Spule überhaupt durch einen metallenen Hohlzylinder, der in allen Teilen gleichmäßig von Strom umflossen ist, ersetzen, wenn man den Gesamtstrom gleich $n\,J$ wählt. Den Metallzylinder kann man sich dabei ∞ dünn denken, und von einem Durchmesser, der dem Durchmesser der Spule, von Drahtmitte zu Drahtmitte gerechnet, entspricht. Fließt pro 1 cm Breite der Strom i, so fließt durch ein dr breites Stück der Strom $i\,dr$, und dieses übt auf einen Achsenpunkt P (Abb. 52) die Wirkung aus

$$\varDelta\mathfrak{H} = \frac{i\,d\,r}{a^2}\,2\,\pi\,\varrho.$$

Die axiale Komponente erhält man durch Multiplikation mit $\sin\alpha = \dfrac{\varrho}{a}$:

$$\varDelta\mathfrak{H}_r = \frac{i\,dr\,\varrho}{a^3}\,2\,\pi\,\varrho = 2\,\pi\,\varrho^2\,i\,\frac{d\,r}{a^3},$$

und die Feldstärke $\mathfrak{H}$ ist die Summe von r_1 bis r_2, also

$$\mathfrak{H} = \Sigma\, \varDelta \mathfrak{H}_r = 2\,\pi\,\varrho^2\,i \int\limits_{r_1}^{r_2} \frac{dr}{a^3}. \tag{5}$$

Da $a^2 = r^2 + \varrho^2$, so ist

$$\mathfrak{H} = 2\,\pi\,\varrho^2\,i \int\limits_{r_1}^{r_2} \frac{dr}{(r^2 + \varrho^2)^{3/2}}. \tag{6}$$

Der Wert dieses Integrals findet sich in vielen Sammlungen angegeben.[1] Er ist

$$\frac{r}{\varrho^2 \sqrt{r^2 + \varrho^2}}.$$

Die Grenzen r_1 und r_2 eingesetzt, ergibt das Resultat

$$\mathfrak{H} = 2\,\pi\,i\left(\frac{r_2}{\sqrt{r_2{}^2 + \varrho^2}} - \frac{r_1}{\sqrt{r_1{}^2 + \varrho^2}}\right). \tag{7}$$

Der Gesamtstrom im Zylinder $i \cdot l$ muß nun gleich $J\,n$ sein. Es ist also $i = J \cdot \dfrac{n}{l} = J\,n_1$, wenn man mit n_1 die Windungsdichte (Windungszahl pro 1 cm) bezeichnet. Daher

$$\mathfrak{H} = 2\,\pi\,J\,n_1\left(\frac{r_2}{\sqrt{r_2{}^2 + \varrho^2}} - \frac{r_1}{\sqrt{r_1{}^2 + \varrho^2}}\right). \tag{8}$$

Damit können wir auch das Feld im Innern einer Spule berechnen. Für einen Punkt P' zwischen A und B (Abb. 52) kann die Wirkung des links und rechts davon befindlichen Spulenteils einzeln nach (8) angegeben werden. Sei der Abstand $P'\,A = x$ und demgemäß $P'\,B = l - x$, so ist für die linke Spulenhälfte zu setzen $r_2 = x$ und $r_1 = 0$, und für die rechte $r_2 = l - x$ und $r_1 = 0$. So findet man in zweimaliger Anwendung der Formel (8) für die Summe $\mathfrak{H}_x + \mathfrak{H}_{l-x}$

$$\mathfrak{H} = 2\,\pi\,J\,n_1\left(\frac{x}{\sqrt{x^2 + \varrho^2}} + \frac{l - x}{\sqrt{(l - x)^2 + \varrho^2}}\right). \tag{9}$$

Das Feld am Ende der Spule ($x = 0$ bzw. $x = l$) ergibt sich zu

$$\mathfrak{H}_e = \frac{2\,\pi\,J\,n_1\,l}{\sqrt{l^2 + \varrho^2}} = \frac{2\,\pi\,J\,n_1}{\sqrt{1 + (\varrho/l)^2}}. \tag{10}$$

---

[1] Siehe z. B. F. Kohlrausch: Praktische Physik, S. 939. 1935.

Für die Mitte der Spule $x = \dfrac{l}{2}$ findet man

$$\mathfrak{H}_m = \frac{2\,\pi\,J\,n_1\,l}{\sqrt{l^2/4 + \varrho^2}} = \frac{2\,\pi\,J\,n_1}{\sqrt{1/4 + (\varrho/l)^2}}. \tag{11}$$

Ist ϱ/l sehr klein (lange Spule), so erhält man den bekannten Ausdruck

$$\mathfrak{H}_m = 4\,\pi\,J\,n_1. \tag{12}$$

Formeln (8) und (9) gestatten eine einfache Interpretation. Benützt man die Bezeichnungen der Abb. 53, so können beide Ausdrücke dargestellt werden durch

$$\mathfrak{H} = 2\,\pi\,J\,n_1\,(\cos\alpha_2 \mp \cos\alpha_1), \tag{8a, 9a}$$

wo das obere Vorzeichen für P, das untere für P' gilt. In dieser

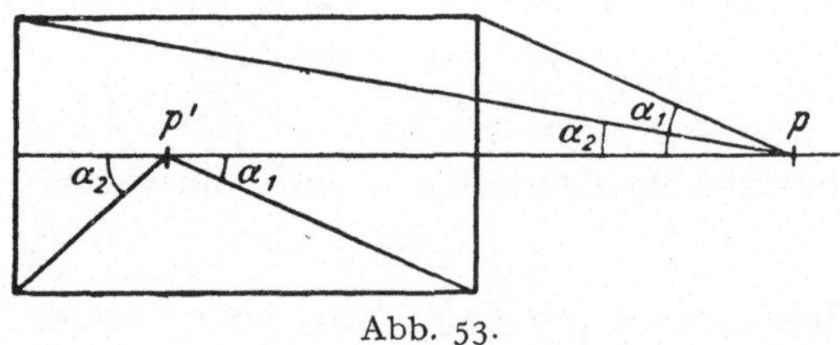

Abb. 53.

Form erlaubt die Formel auch eine einfache Abschätzung des Fehlers, den man gegebenenfalls durch Anwendung der zumeist gebrauchten Formel (12) begeht.

§ 45. Feld eines Elektromagneten.

Um diese Aufgabe behandeln zu können, muß folgende Eigenschaft der Stromspulen bekannt sein: Die Arbeit, die ein Magnetpol entgegen dem magnetischen Felde einer solchen Spule zu leisten hat, hängt nur von der Stromstärke und der Windungszahl ab. Bewegt man einen Einheitspol durch eine Stromspule hindurch und schließt den Weg außen herum, indem man zum Anfangspunkt zurückkehrt, so beträgt die geleistete Arbeit

$$A = 0{,}4\,\pi\,J\,N \ \text{Joule/Polstärke}. \tag{1}$$

$J\,N$ nennt man die Zahl der Amperewindungen. Weder Form und Größe der gewählten Umlaufskurve, noch die Umgebung der Stromwindungen (ob Luft oder Eisen) spielen eine Rolle. Dieser

Satz läßt sich auf Grund der Tatsache, daß alle magnetischen Kraftlinien geschlossen um einen Stromleiter herumlaufen, folgendermaßen beweisen.

1. Zunächst ist einzusehen, daß man von einem gegebenen Punkt P ausgehend (Abb. 54), stets dieselbe Arbeit leisten muß, auf welcher Kurve man auch einen Magnetpol um einen Leiter herumführt. Denn wäre auf Kurve K_1 die Arbeit größer als auf Kurve K_2, so ließe sich ein Perpetuum mobile konstruieren. Man würde dann auf Kurve K_2 Arbeit gegen das Feld leisten und auf Kurve K_1 Arbeit vom Feld leisten lassen, indem man diese Kurve in umgekehrter Richtung durchlaufen läßt.

2. Auch auf zwei Kurven, z. B. K_1 und K_3, die keinen gemeinsamen Punkt besitzen, muß sich aus demselben Grund dieselbe Arbeit ergeben. Denn man kann von jeder Kurve zur andern ohne Arbeitsleistung gelangen, indem man dafür sorgt, daß der Verbindungsweg W die Kraftlinien senkrecht durchschneidet.

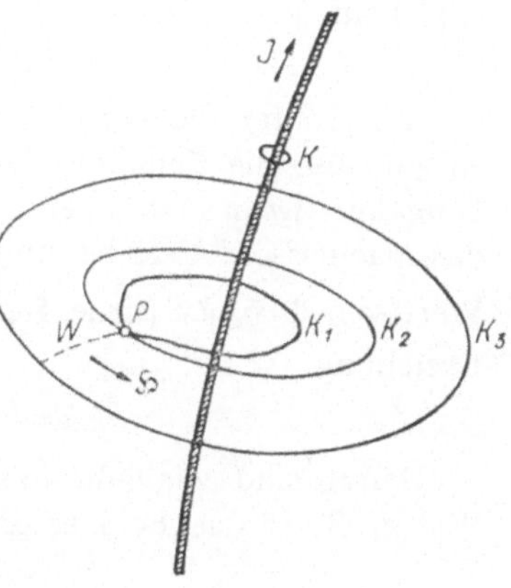

Abb. 54.

3. Um den Arbeitswert selbst zu berechnen, wählt man eine Kreiskurve K, die den Leiter eng umschließt. Nimmt man zunächst an, der Leiter sei sehr dünn und damit der Kreis sehr klein, dann rührt die magnetische Wirkung praktisch ganz nur von dem kurzen Leiterstück her, das vom Kreise gerade umschlossen wird. Welches nun auch die Form des Leiters sei, dieses winzige Stückchen darf immer als geradlinig angesehen werden.[1] Somit dürfen wir die Formel anwenden für die Arbeit an einem Einheitspol, der um einen unendlich langen geraden

---

[1] Weder der Leiterteil, der noch als geradlinig angesehen werden kann, noch der Durchmesser des umschließenden Kreises sind im mathematischen Sinne ∞ klein. Sie müssen immer noch so groß angenommen werden, daß die strukturelle Beschaffenheit des Leiters und der Elektrizität keine Rolle spielt. Hingegen ist Voraussetzung, daß der Durchmesser des Kreises gegenüber dem Leiterelement klein sei.

Leiter auf einem Kreis herumbewegt wird. Diese lautet aber

$$A_1 = 0{,}4\,\pi\,J.$$

4. Diese Formel gilt nach 1 und 2 für eine beliebig weite Kurve, die den dünnen Stromleiter umschließt. Sie gilt daher auch für einen massiven Stromleiter, den man sich aus einem Bündel solcher dünnen Stromleiter zusammengesetzt denken kann.

5. Umschließt die Kurve statt eines Stromleiters deren N, so ist die Arbeit das N-fache für einen Strom, und wir erhalten allgemein

$$A = 0{,}4\,\pi\,J\,N.$$

A bedeutet die bei einem Umlauf am Einheitspol geleistete Arbeit, also die Zunahme des magnetischen Potentials bei einem Umgang. Dies stellt aber gleichzeitig auch die Arbeit dar, die das magnetische Feld bei umgekehrtem Verlauf hergibt, d. h. den Wert von $\oint \mathfrak{H}_x\,dx$ (siehe § 41). Wir haben daher die allgemeine Beziehung

$$\oint \mathfrak{H}_x\,dx = 0{,}4\,\pi\,J\,N. \tag{2}$$

Damit sind wir nun imstande, folgende Aufgabe zu lösen: Wie groß ist das Feld eines Elektromagneten in Funktion des Polabstandes? Wir wählen als Beispiel einen Ringmagneten mit Flachpolen, auf den N Stromwindungen aufgebracht sind (Abb. 55). Infolge des Luftschlitzes (Breite b) tritt eine beträchtliche Streuung des Induktionsflusses ein. Der von der Stromspule ausgehende Flux tritt gegen die Pole hin immer mehr und mehr seitlich zum Eisenring heraus in die Luft. Das magnetische Feld im Ring $\mathfrak{H}_i$ ist daher in der Spulenmitte am größten und nimmt gegen die Polenden hin allmählich ab. Ist die Spule einigermaßen lang, so beträgt das Feld in der Mitte, unabhängig vom Polabstand, $0{,}4\,\pi\,J\,n$, wo n die Windungszahl pro Zentimeter bedeutet. Auch auf der Luftstrecke wird die Feldstärke $\mathfrak{H}_a$ um so weniger konstant sein, je größer b ist. Betrachten wir die Verhältnisse auf der Mittellinie des Ringes und nehmen an, daß das

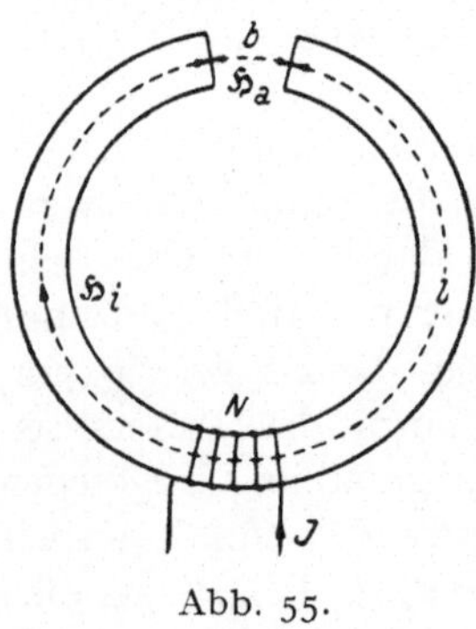

Abb. 55.

Feld annähernd längs dieser Linie verläuft, so wäre in Anwendung von (2) zu berechnen

$$\int_0^l \mathfrak{H}_i\, dx + \int_0^b \mathfrak{H}_a\, dx = 0{,}4\,\pi\, J\, N. \tag{3}$$

Da der Verlauf von $\mathfrak{H}_i$ und $\mathfrak{H}_a$ nicht bekannt ist, sind wir auf die Verwendung von Mittelwerten angewiesen. Bezeichnen wir diese nun ihrerseits mit $\mathfrak{H}_i$ und $\mathfrak{H}_a$, so hätten wir

$$\mathfrak{H}_i\, l + \mathfrak{H}_a\, b = 0{,}4\,\pi\, J\, N. \tag{4}$$

Dabei gilt stets

$$\mathfrak{H}_i = \frac{\mathfrak{H}_a}{\mu}.$$

Dies in (4) eingesetzt, ergibt, wenn man nach $\mathfrak{H}_a$ auflöst,

$$\mathfrak{H}_a = \frac{0{,}4\,\pi\, J\, N}{\dfrac{l}{\mu} + b}. \tag{5}$$

Die Abhängigkeit von der Schlitzbreite b erhalten wir, wenn wir den unveränderlichen Umfang $L = l + b$ einführen.

Es wird dann aus (5)

$$\mathfrak{H}_a = \frac{0{,}4\,\pi\, J\, N\,\mu}{L + (\mu - 1)\, b}. \tag{5a}$$

Hieraus ersieht man zunächst, daß $\mathfrak{H}_a$ um so größer ist, je kleiner der Luftschlitz b. Die Feldstärke, die man in einem unendlich schmalen Schlitz messen würde, ergibt den größten Wert. Denn setzen wir $b = 0$, so folgt

$$\mathfrak{H}_a{}' = \frac{0{,}4\,\pi\, J\, N\,\mu}{L}. \tag{6}$$

Für das Verhältnis von $\mathfrak{H}_a / \mathfrak{H}_a{}'$ erhält man

$$\frac{\mathfrak{H}_a}{\mathfrak{H}_a{}'} = \frac{L}{L + (\mu - 1)\, b}. \tag{7}$$

Nimmt man als Beispiel $L = 100$ cm, $b = 1$ cm, $\mu = 3000$, so beträgt der Quotient schon nurmehr $^1/_{31}$, d. h. aber, das Feld besitzt nur noch 3% des Maximalwertes.

§ 46. Energieaufnahme einer Stromspule.

Die Energieaufnahme irgendeines elektrischen Verbrauchers, also auch einer Stromspule, ist, wenn man den Strom J (Ampere) und die Spannung V (Volt) als konstant voraussetzt, gegeben durch das Produkt $J\,V\,t$. Falls J und V variabel sind und nur während einer kleinen Zeit dt als konstant betrachtet werden dürfen, ist jedoch der allgemeine Ausdruck anzusetzen

$$E = \int\limits_0^t J\,V\,dt.$$

Diese Energie findet sich nun zum Teil wieder im magnetischen Felde (E_m), das in der Spule erzeugt wird, zum Teil in der Stromwärme (E_w) im Leitungsdraht.

Aufgabe. Es sollen diese beiden Teile berechnet werden.

Für den Spezialfall, daß es sich um ein langgestrecktes Solenoid handelt, könnte man folgendermaßen vorgehen. 1. Zur Berechnung von E_m geht man davon aus, daß man für das homogene Feld in der Spule ansetzen kann $\mathfrak{H} = 0{,}4\,\pi\,J\,\dfrac{N}{l}$ (§ 44), ferner, daß die Energiedichte (Energie pro 1 cm³) $\dfrac{\mu\,\mathfrak{H}^2}{8\,\pi}$ beträgt. E_m ergibt sich dann als Produkt Energiedichte × Volumen. Der so erhaltene Ausdruck ließe sich dann schließlich noch wesentlich vereinfachen, wenn man die Formel für die Selbstinduktion L als bekannt voraussetzt (§ 59). 2. Zur Berechnung von E_w hat man unmittelbar das JOULEsche Gesetz, wonach ist $E_w = \int\limits_0^t w\,J^2\,dt$ (w = Leitungswiderstand).

Die Aufgabe läßt sich aber einfacher und dabei zugleich für den allgemeinen Fall behandeln, wenn man vom OHMschen Gesetz ausgeht. Bei dessen Anwendung hat man allerdings zu bedenken, daß irgend einer angelegten Spannung, sofern diese variabel ist, immer eine induzierte Gegenspannung entgegenwirkt. Es ist also ähnlich wie beim Betrieb eines Elektromotors oder einer galvanischen Zelle, wo der angelegten Spannung eine Polarisationsspannung entgegen wirkt.

Man muß daher schreiben

$$V - V' = w\,J, \tag{1}$$

wo V' die induzierte Gegenspannung bedeutet. Nun ist

$$V' = L\,\frac{dJ}{dt} \tag{2}$$

(L = Selbstinduktion), so daß aus (1) wird

$$V = L\,\frac{dJ}{dt} + w\,J. \tag{3}$$

Hieraus soll nun eine Energiegleichung gebildet werden, welche die obengenannten Ausdrücke, insbesondere $\int_0^t J V\, dt$, enthält. Man erhält sie unmittelbar, indem man (3) mit $J\, dt$ erweitert. Es ist

$$\int_0^t J V\, dt = \int_0^t L J\, dJ + \int_0^t w\, J^2\, dt. \tag{4}$$

Ohne Kenntnis des Stromverlaufs läßt sich der 1. und 3. Teil dieses Ausdrucks nicht angeben, wohl aber der 2., welcher der magnetischen Energie entspricht. Nehmen wir an, daß zu Beginn ($t = 0$) der Strom J auch 0 sei, so ist die magnetische Energie

$$E_m = \int_0^t L J\, dJ = L \int_0^t J\, dJ = L \frac{J_t^2}{2}, \tag{5}$$

wo J_t den Stromwert nach Ablauf der Zeit t bedeutet. Wir können jetzt schreiben

$$\int_0^t J V\, dt = L \frac{J_t^2}{2} + \int_0^t w\, J^2\, dt. \tag{4a}$$

Man sieht, daß der Anteil E_m, so lange auch Strom fließen möge, nicht beliebig weit anwachsen kann. Seine Größe ist einfach durch den Stromwert zur Zeit t bestimmt. Es ist auch gleichgültig, wie dieser Stromwert erreicht wird, so daß (5) überhaupt den allgemeinen Ausdruck für die magnetische Energie einer Stromspule für irgend einen gegebenen Stromwert J darstellt. Anders die Joulesche Wärme E_w. Ihr Betrag nimmt fortwährend zu und wächst mit der Zeit ins Unendliche, und damit nimmt natürlich auch der gesamte Energieverbrauch E unbegrenzt zu.

Als Beispiel möge uns der Fall eines sinusförmigen Wechselstromes dienen. Dann ist, wenn wir eine beliebige, aber ganze Zahl von Perioden ins Auge fassen, der Energieverbrauch

$$E = J_e\, V_e \cos \varphi \cdot t,$$

wo J_e, V_e die Effektivwerte und φ die Phasenverschiebung bedeuten. Ferner ist Ausdruck (5), da J nach jeder Periode wieder 0 ist, ebenfalls gleich 0, und aus E wird, wenn man w als vom Strom (d. h. der Stromwärme) unabhängig annimmt,

$$E_w = w \int_0^t J^2\, dt = w\, J_e^2 \cdot t.$$

Also folgt nach (4a)

$$J_e V_e \cos \varphi = w J_e{}^2. \tag{6}$$

Diese Beziehung kann man zur Bestimmung von $\cos \varphi$ bzw. φ benützen. Es ist, nach $\cos \varphi$ aufgelöst, $\cos \varphi = \dfrac{w J_e}{V_e}$, und da $\dfrac{V_e}{J_e}$ den Wechselstromwiderstand W bedeutet,

$$\cos \varphi = \frac{w}{W}.$$

Aufgabe 1. Schließt man eine Batterie über einen Widerstand w, der die Selbstinduktion L besitze, so wächst der Strom auf den stationären Endwert J_0 nach der Formel an:

$$J = J_0 \left(1 - e^{-\frac{wt}{L}} \right).$$

Man beweise die Richtigkeit dieses Ausdrucks, entweder, indem man ihn in (3) einsetzt und diese Formel so verifiziert, oder indem man ihn aus (3) durch Integration ableitet. Der Einfachheit halber nehme man den inneren Widerstand der Batterie als vernachlässigbar klein an.

Aufgabe 2. Man beweise an Hand der Formel für J in Aufgabe 1 und von (4) bzw. (4a), daß

$$L = \frac{2}{3} \, w \, t \left(1 - \frac{\int\limits_0^t J^2 dt}{J_0{}^2 \cdot t} \right),$$

falls t so groß gewählt wird, daß $e^{-\frac{wt}{L}} \ll 1$. L läßt sich daher durch Messung des Verhältnisses zweier Wärmemengen bestimmen.

Aufgabe 3. Man rechne den Spannungs- bzw. Stromverlauf in einem Schwingungskreis aus unter Benützung des Energiesatzes, wonach die Summe aus der Ladungsenergie des Kondensators $\dfrac{e^2}{2C}$ und der Stromenergie der Spule $\dfrac{L J^2}{2}$ stets gleich groß bleiben muß. Unter Berücksichtigung, daß $J = \dfrac{de}{dt}$ ist, kommt man durch eine einfache Integration zum Ziel.

C. Elektrostatik.

§ 47. Die Potentialwaage.

Diese besteht aus einem Plattenkondensator (Abb. 56), dessen obere geerdete Platte an einem Waagebalken hängt und deren untere isoliert und fest montiert ist und auf ein Potential V aufgeladen wird. Die Waage befindet sich bei ungeladenem Kondensator im Gleichgewicht. Nach Aufladung der unteren Platte entsteht eine Anziehungskraft K, die nun durch Auflegen eines Übergewichtes gemessen wird. Die Beziehung zwischen K und V wird gewöhnlich auf eine der beiden folgenden Arten abgeleitet.

Nach der ersten greift man auf die Formel für den elektrostatischen Druck zurück (siehe § 50). Dies ist die mechanische Kraft, die auf jede elektrisch geladene Oberfläche in Richtung des elektrischen Feldes wirkt und die $2\,\pi\,\sigma^2$ pro 1 cm² Oberfläche

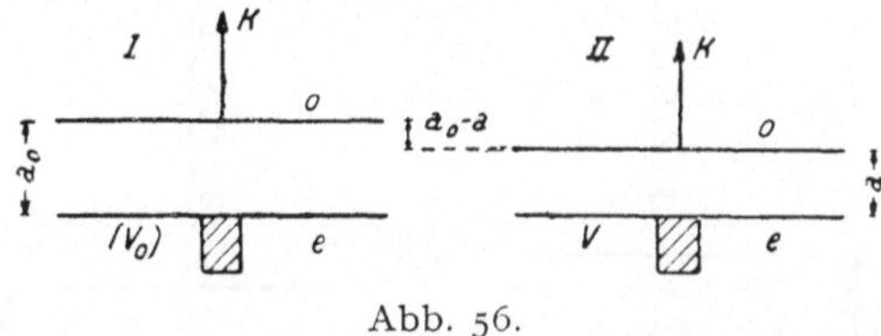

Abb. 56.

beträgt, wobei σ die Ladungsdichte, d. h. die Ladung pro 1 cm² bedeutet. Besitzt eine Kondensatorplatte die Oberfläche f cm², so ist daher die gesamte Anziehungskraft $K = 2\,\pi\,\sigma^2\,f$. Da nun die Ladung e eines Kondensators, von der Randwirkung abgesehen (diese soll in der Folge überhaupt außer Betracht gelassen werden), gleichmäßig verteilt ist, so ist $\sigma = \dfrac{e}{f}$ und

$$K = \frac{2\,\pi\,e^2}{f}. \tag{1}$$

Um V an Stelle von e einzuführen, sind die Beziehungen zu benützen

$e = C\,V$ ($C =$ Kapazität) und $C = \dfrac{f}{4\,\pi\,a}$ ($a =$ Plattenabstand),

und man erhält dann die bekannte Thomsonsche Formel

$$K = \frac{f\,V^2}{8\,\pi\,a^2}. \tag{2}$$

Nach der zweiten Art benützt man das Prinzip der virtuellen Arbeiten, was auf die Verwendung des Energiesatzes hinausläuft.

Statt dessen kann aber auch die gewöhnliche Anwendung des Energieprinzips zum Ziele führen. Wir wollen diesen Weg hier beschreiten, zumal er auch für die spätere Behandlung des Quadrantelektrometers richtunggebend sein wird.

Wir schreiben zu diesem Zweck die Energie eines Plattenkondensators in der Lage der Abb. 56 I an und lassen nun den Kondensator Energie abgeben, indem wir die elektrische Anziehungskraft durch eine gleich große nach oben gerichtete Kraft überwinden und durch Herabbewegen der oberen Platte auf den Abstand a (Abb. 56 II) Arbeit leisten lassen. Hierbei bleibt die Ladung der unteren Platte unverändert. Die Ladungsenergie verringert sich in diesem Falle einzig und allein durch die Vergrößerung der Kapazität. Die mechanische Arbeit ist nun aller-

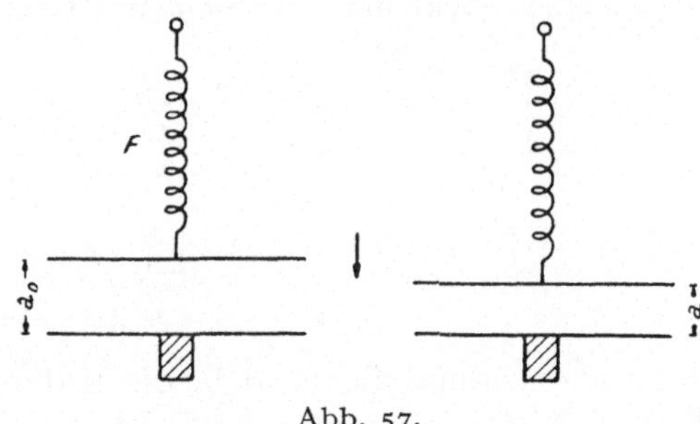

Abb. 57.

dings nur berechenbar, wenn K als Funktion des Plattenabstandes bekannt ist. Hier müssen wir als bekannt voraussetzen, daß gemäß (1) K für jeden Abstand gleich groß ist (eine Voraussetzung, die wir bei Anwendung des Prinzips der virtuellen Arbeiten nicht machen müssen!). Wir sind dann in der Lage anzusetzen: Abnahme der Ladungsenergie = geleistete Arbeit oder

$$\frac{e^2}{2\,C_0} - \frac{e^2}{2\,C} = K\,(a_0 - a). \tag{3}$$

Da

$$C_0 = \frac{f}{4\,\pi\,a_0} \quad \text{und} \quad C = \frac{f}{4\,\pi\,a},$$

so folgt hieraus

$$\frac{e^2}{2}\left(\frac{4\,\pi\,a_0}{f} - \frac{4\,\pi\,a}{f}\right) = K\,(a_0 - a),$$

d. h.

$$\frac{2\,\pi\,e^2}{f}\,(a_0 - a) = K\,(a_0 - a),$$

oder wieder wie oben

$$K = \frac{2\,\pi\,e^2}{f}. \tag{1}$$

Man könnte versucht sein, das Energieprinzip auch noch in anderer Weise anzuwenden. Daß hierbei aber Vorsicht geboten ist, möge folgendes Beispiel zeigen. Man denke sich die obere Platte etwa gewichtslos und an einer Feder F aufgehängt (Abb. 57). Der Abstand betrage bei ungespannter Feder a_0. Nun lade man die untere Platte auf, indem man zunächst die obere Platte festhält. Hierauf lasse man die obere Platte los. Dem neuen Gleichgewichtszustand entspreche der kleinere Abstand a. Die Ladungsenergie nimmt dabei wiederum von $\dfrac{e^2}{2\,C_0}$ auf $\dfrac{e^2}{2\,C}$ ab. Setzt man jetzt fälschlicherweise: Abnahme der Ladungsenergie = gewonnene elastische Energie bei der Verlängerung der Feder um $a_0 - a$, so erhält man für K das Doppelte des richtigen Wertes!

Aufgabe. Man weise den begangenen Fehler nach und stelle ihn richtig. Eventuell lese man hierzu die Ausführungen des § 48.

§ 48. Das Quadrant-Elektrometer.

In Abb. 58 sind je die Hälfte der Quadrantenpaare Q_1 und Q_2 und die Elektrometernadel N, letztere in der Nullage, angedeutet.

Frage. Um welchen Winkel α dreht sich die Nadel, wenn an den Zuleitungsklemmen die Potentiale V_1, V_2 und V_n angelegt werden?

Wir können ähnlich vorgehen, wie bei der Potentialwaage. Wir halten erst die Nadel in der Ruhelage fest und erteilen den Quadranten Q_1, Q_2 und der Nadel N die den Potentialen V_1, $V_2\ V_n$ entsprechenden Ladungen. Nun lassen wir die Nadel los. Dann verwandelt sich ein Teil der Ladungsenergie infolge der Drehung der Nadel (da diese Geschwindigkeit annimmt und der Faden sich tordiert) in mechanische Energie. Hierauf läßt sich nun der Energiesatz anwenden.

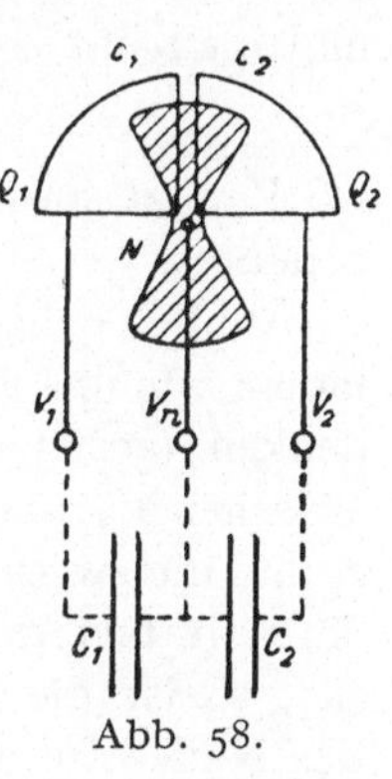

Abb. 58.

Wir betrachten zunächst ganz allgemein die Änderung der Ladungsenergie eines Kondensators. Vergrößern wir die Kapazität c um Δc bei unveränderter Ladung, so beträgt die Zunahme der Ladungsenergie

$$\Delta E = \frac{e^2}{2\,(c + \Delta c)} - \frac{e^2}{2\,c} = \frac{-e^2\,\Delta c}{2\,c\,(c + \Delta c)},$$

oder, da $\dfrac{e}{c}$ das Potential V vor der Änderung und $\dfrac{e}{c + \Delta c}$ das jenige V' nach der Änderung bedeutet, so ist die Energiezunahme

$$\Delta E = \frac{-VV'}{2}\,\Delta c. \tag{1}$$

Man erhält also ΔE als Funktion eines mittleren Potentials $\overline{V} = \sqrt{VV'}$, d. h.

$$\Delta E = \frac{-\overline{V}^2}{2}\,\Delta c. \tag{1a}$$

Nun soll man aber die Ablenkung α des Quadrantenelektrometers nicht für solche mittleren Potentiale, sondern für die Potentiale, wie sie bei der abgelenkten Nadel vorhanden sind, berechnen. Dies bedeutet natürlich eine Komplikation, die sich aber durch einen Kunstgriff spielend beheben läßt. Man schaltet einfach einen beliebig großen Kondensator parallel zum Meßgerät! Beträgt die Kapazität desselben C und die des letzteren c, so gilt dann analog wie vorhin

$$\Delta E = \frac{e^2}{2\,(c + \Delta c + C)} - \frac{e^2}{2\,(c + C)} = \frac{-e^2\,\Delta c}{2\,(c + C)\,(c + \Delta c + C)}.$$

Da nun $\Delta c \lll c + C$, so sind V und V' praktisch gleich groß, und man hat

$$\Delta E = \frac{-V^2}{2}\,\Delta c, \tag{2}$$

wo V jetzt sowohl das Potential vor als nach Drehung der Nadel bedeutet.

Ähnlich gehen wir nun auch beim Quadrantenelektrometer vor, indem wir uns an die Klemmen zwei Kondensatoren angeschaltet denken (gestrichelt gezeichnet). Bezeichnen wir die Kapazität zwischen C_1 und dem dort hineinreichenden Teil der Nadel mit c_1 und die zwischen Q_2 und Nadel mit c_2, ferner die entsprechenden Kapazitätsvergrößerungen bei Drehung der Nadel mit Δc_1 und Δc_2, so ist die Zunahme der Ladungsenergie bei einer Drehung der Nadel aus der Ruhelage gegeben durch

$$\Delta E_l = -\frac{(V_n - V_1)^2}{2}\,\Delta c_1 - \frac{(V_n - V_2)^2}{2}\,\Delta c_2. \tag{3}$$

Nun gilt es noch, die Zunahme der mechanischen Energie bei abgelenkter Nadel zu berechnen. Diese sei ΔE_m. Haben wir diese berechnet, können wir dann die algebraische Summe aller Energieänderungen $= 0$ setzen. Das heißt

$$\Delta E_l + \Delta E_m = 0. \tag{4}$$

Nun ist zu bedenken, daß die Nadel nach Loslassen aus der Ruhelage schwingt. Es entsteht also sowohl elastische Energie des verdrehten Fadens als auch kinetische Energie der schwingenden Nadel. Es wird bei der Bewegung im allgemeinen auch Reibungsarbeit geleistet werden. Es steht einem aber frei, den Fall bei ungedämpfter Nadel zu behandeln. Dann schwingt die Nadel durch die neue Gleichgewichtslage (α) hindurch, um nach Erreichung des doppelten Ausschlages $2\,\alpha$ zurückzuschwingen. In diesem Moment besteht nun die ganze mechanische Energie nur aus Torsionsenergie. Diese läßt sich aber leicht angeben, so daß man Gleichung (4) am besten für diese Nadelposition anwendet. Bezeichnen wir das Direktionsmoment des Aufhängefadens mit D, so stellt sich die elastische Energie bei Verdrillung um den Winkel $2\,\alpha$ dar durch $D/2 \cdot (2\,\alpha)^2$. Wir haben also

$$\Delta E_m = \frac{D}{2}\,(2\,\alpha)^2. \tag{5}$$

Nun muß auch ΔE_l für den Winkel $2\,\alpha$ angeschrieben werden. Wenn wir die Kapazitätsänderungen Δc_1 und Δc_2 proportional dem Winkel ansetzen dürfen und annehmen, daß die Nadel sich nach rechts (Abb. 58) bewege, so haben wir zunächst

$$\Delta c_1 = -k\,(2\,\alpha) \quad \text{und} \quad \Delta c_2 = +k\,(2\,\alpha) \tag{6}$$

und damit

$$\Delta E_l = -\frac{(V_n - V_1)^2}{2}\,(-2\,\alpha\,k) - \frac{(V_n - V_2)^2}{2}\,(2\,\alpha\,k). \tag{7}$$

Durch Gleichsetzen von ΔE_m (5) und $-\Delta E_l$ (7) folgt

$$\frac{(V_n - V_1)^2}{2}\,(-2\,\alpha\,k) + \frac{(V_n - V_2)^2}{2}\,(2\,\alpha\,k) = \frac{D}{2}\,(2\,\alpha)^2. \tag{8}$$

Dies ist die gesuchte Beziehung zwischen α und den Potentialen, der wir nun, nach α aufgelöst, verschiedene Formen geben können. Einmal hat man

$$\alpha = \frac{k}{2\,D}\,[(V_n - V_2)^2 - (V_n - V_1)^2]. \tag{9}$$

Dann läßt sich dies aber auch weiter entwickeln, so daß man erhält

$$\alpha = \frac{k}{2\,D}\,(-2\,V_n\,V_2 + V_2{}^2 + 2\,V_n\,V_1 - V_1{}^2)$$

$$= \frac{k}{2\,D}\,[2\,V_n\,(V_1 - V_2) - (V_1{}^2 - V_2{}^2)]$$

und schließlich

$$\alpha = \frac{k}{D}\,(V_1 - V_2)\left(V_n - \frac{V_1 + V_2}{2}\right). \tag{10}$$

Dies ist die bekannte MAXWELLsche Formel.

Auf die verschiedenen Schaltungsmöglichkeiten treten wir nicht ein. Hingegen sei darauf hingewiesen, daß man große Empfindlichkeit bei großer Apparatkonstanten k/D erhält. Das heißt: Einmal muß die Kapazitätsänderung (k) bei Nadeldrehung groß und dann das Direktionsmoment (D) klein sein (feiner Aufhängefaden).

Aufgabe. Die Behandlung des Quadrantelektrometers kann auch in der Weise geschehen, daß man die Ladungen, wie oben, bei festgehaltener Nadel zuführt, daß man aber vor dem Loslassen derselben dem Aufhängefaden erst eine solche Torsion erteilt, wie sie der neuen Gleichgewichtslage entspricht. Dies geschehe durch Drehen des oberen Fadenendes um den Winkel $-\alpha$. Nun bringt man die Nadel samt dem tordierten Faden langsam in die Endlage, d. h. man drehe oberes und unteres Ende (mit der Nadel) um den Winkel α. Bei diesem Vorgang nimmt die Ladungsenergie ab, und am oberen Fadenende wirkt ein konstantes Kraftmoment, das bei der Drehung entsprechende Arbeit leistet.

§ 49. Potentialfeld einer geladenen Kugel.

Das Potential im Abstand x von einem geladenen Punkt hat den Wert $V = \frac{e}{x}$. Das Potential eines ausgedehnten geladenen Konduktors findet man daher, indem man sich die Oberfläche in lauter kleinste Flächenstückchen zerlegt denkt. Befindet sich auf einem die Ladung Δe und ist der Abstand von dieser Ladung und dem Punkte P gleich x, so ist das Potential durch die algebraische Summe aller $\Delta e/x$ zu finden:

$$V = \sum \frac{\Delta e}{x}. \tag{1}$$

Hierbei ist im allgemeinen Δe und x variabel. Die Aufgabe ist gewöhnlich dadurch kompliziert, daß die Ladungsverteilung auf der Oberfläche zunächst unbekannt ist. Besonders einfach ist nun der Fall einer geladenen Kugel, da die Ladungsdichte überall konstant ist und auch die variable Größe x sich einfach darstellen läßt. Es sei daher das Potential außerhalb und innerhalb einer geladenen Kugelfläche berechnet.

Um die Summation (1) besonders einfach zu gestalten, wird man die Einteilung der Flächenelemente zweckmäßig vornehmen. Man wird also von vornherein etwa alle Elemente, welche dasselbe x besitzen, zusammenfassen. So wird man z. B. die Kugeloberfläche in lauter schmale Riemen zerlegen, indem man Schnitte $\perp$ zu r ausführt. Ein solcher Riemen von der Breite $\varDelta b$

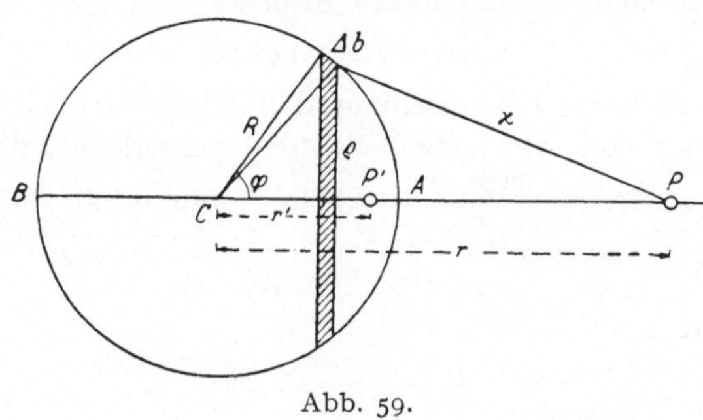

Abb. 59.

ist in Abb. 59 gezeichnet. Der Umfang des Riemens beträgt $2\pi\,\varrho$. Das Flächenstück ist also

$$\varDelta f = 2\,\pi\,\varrho\cdot\varDelta b;$$

da aber

$$\varrho = R\sin\varphi \quad\text{und}\quad \varDelta b = R\cdot\varDelta\varphi,$$

so ist auch

$$\varDelta f = 2\,\pi\,R^2\sin\varphi\cdot\varDelta\varphi. \tag{2}$$

Bedeutet σ die Ladungsdichte, so sitzt auf $\varDelta f$ die Ladung $\sigma\cdot\varDelta f$, und der Beitrag, den der Riemen für das Potential an P liefert, ist demnach

$$\varDelta V = \frac{2\,\pi\,R^2\,\sigma\sin\varphi\cdot\varDelta\varphi}{x}. \tag{3}$$

Der konstante Faktor $2\,\pi\,R^2\,\sigma$ bedeutet offenbar die halbe Kugelladung $e/2$, da $2\,\pi\,R^2$ die Oberfläche einer Halbkugel darstellt. Also ist einfach

$$\varDelta V = \frac{e}{2}\,\frac{\sin\varphi\cdot\varDelta\varphi}{x}. \tag{3a}$$

Zur Summierung muß nun entweder φ durch x oder umgekehrt x durch φ ausgedrückt werden. Nach dem Kosinussatz ist

$$x^2 = R^2 + r^2 - 2\,R\,r\cos\varphi. \tag{4}$$

Es sieht zunächst so aus, als ob der Ersatz von x durch φ einfacher wäre. Ein sicheres Urteil können wir aber erst fällen, wenn wir auch die zweite Variante uns ansehen. φ kann allerdings nicht direkt aus (4) in (3a) eingesetzt werden. Dies ist nur möglich, wenn wir (4) erst differenzieren. Dies liefert, da R und r Konstanten sind, den einfachen Ausdruck

$$x\,\Delta x = R\,r\sin\varphi\cdot\Delta\varphi. \tag{4a}$$

Man sieht zu seiner Überraschung, daß sich tatsächlich (3a) unter Verwendung von (4a) ganz bedeutend vereinfacht, da hier wie dort der Ausdruck $\dfrac{\sin\varphi\cdot\Delta\varphi}{x}$ erscheint. Man erhält unmittelbar:

$$\Delta V = \frac{e}{2}\,\frac{\Delta x}{R\,r} \tag{5}$$

und damit

$$V = \frac{e}{2\,R\,r}\,\Sigma\,\Delta x. \tag{5a}$$

Nun ist der kleinste Wert, den x annehmen kann, $A\,P = r - R$ und der größte $B\,P = r + R$. Die $\Sigma\,\Delta x$ oder die Zunahme von x beträgt also $B\,P - A\,P = 2\,R$, oder für V kommt

$$V = \frac{e}{r}. \tag{6}$$

Auch das Potential im Innern der Kugelfläche findet man durch dieselbe Formel (5a). Für einen Punkt P' (Abb. 59) wächst der Abstand von der Kugelfläche von $P'\,A$ bis $P'\,B$. Also ist jetzt die Zunahme von x, d. h. $\Sigma\,\Delta x = P'\,B - P'\,A$. Bezeichnen wir den Abstand $P'C$ mit r', so ist $P'\,B = r' + R$ und $P'\,A = R - r'$ und daher $\Sigma\,\Delta x = 2\,r'$. Dies ergibt für V nach Formel (5a), in der statt r ebenfalls r' zu schreiben ist,

$$V = \frac{e}{R}. \tag{7}$$

Der Abstand $P'\,C$, d. h. r' spielt also keine Rolle, und das Potential besitzt den festen Wert e/R, wie er auch auf der Oberfläche vorhanden ist.

Bemerkung. Diese Resultate hätte man auch unmittelbar aus dem GAUSSschen Satz gewinnen können. Da von einer mit e geladenen Kugel $4\,\pi\,e$ Kraftlinien ausgehen, ganz ebenso wie von einem mit e geladenen Punkt, und da in beiden Fällen aus Symmetriegründen der Feldverlauf punktsymmetrisch aussehen muß, so ist auch das Kraftfeld und damit auch das Potentialfeld (außerhalb der geladenen Fläche) dasselbe. Das heißt, das Potential in der Nähe einer Kugel ist so, wie wenn man es mit einem geladenen Punkt zu tun hätte, also: $V = \dfrac{e}{r}$. Ferner ist das Innere einer geladenen Kugel feldfrei, also: $\dfrac{\Delta V}{\Delta r} = 0$, oder $V =$ const., d. h. gleich wie an der Oberfläche.

§ 50. Feld in der Nähe einer elektrisch geladenen ebenen Fläche und elektrostatischer Druck.

Wir wollen das Feld direkt, d. h. ohne Zuhilfenahme des Potentialbegriffs, berechnen. Wir denken uns als Idealfall eine unendlich ausgedehnte Ebene mit gleichmäßig verteilter elektrischer Ladung. Auf jedem Quadratzentimeter befinden sich σ elektrostatische Einheiten. Wie groß ist die abstoßende Kraft K, die eine Ladung $+e$ im

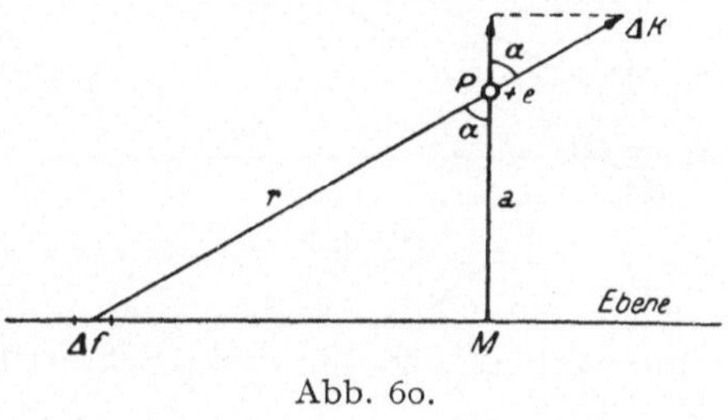

Abb. 60.

Punkt P (Abb. 60) durch die geladene Ebene erfährt; bzw. wie groß ist die Stärke des elektrischen Feldes K/e im Punkt P?

Die Kraftwirkung eines kleinen Flächenstückchens Δf in der Ebene auf $+e$ ist nach dem Coulombschen Gesetz unmittelbar anzugeben. Es ist, da die Ladung auf Δf gleich $\sigma \Delta f$,

$$\Delta K = \frac{\sigma \Delta f\, e}{r^2}. \tag{1}$$

Wir haben also die Ebene in lauter kleinste Flächenstückchen zu zerschneiden, dann die einzelnen ΔK auszurechnen und vektoriell zusammenzuzählen. Nun sieht man aber, daß aus Symmetriegründen die Resultante $\perp$ zur Ebene stehen muß. Es genügt also, alle vertikalen Komponenten von ΔK zu bilden und diese algebraisch zu addieren (alle horizontalen Komponenten zusammen sind ja 0). Also haben wir zu berechnen

$$K = \Sigma\, \Delta K \cos \alpha$$

oder nach (1)

$$K = \sum \frac{\sigma \, \Delta f \, e \cos \alpha}{r^2}. \tag{2}$$

Man wird eine solche Summation dadurch so einfach als möglich gestalten wollen, daß man die Zerschneidung der Ebene in Flächenstückchen zweckmäßig vornimmt. Zweifelsohne wäre da eine Zerteilung in kreisförmige Zonen mit dem Mittelpunkt in M angezeigt, da jedes ringförmige Flächenstück überall denselben Abstand r von P aufweist. Indessen kann man auch erst

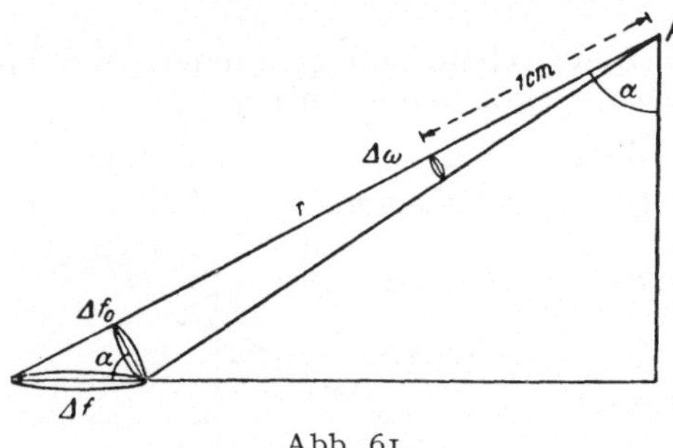

Abb. 61.

einmal prüfen, ob sich der Ausdruck (2) nicht auf eine einfachere Form bringen läßt. Hier bedeutet offenbar $\Delta f \cos \alpha$ eine Flächenprojektion. Man erinnert sich an die Beziehung zwischen den verschiedenen Schnittflächen eines Zylinders. Schneidet man einen solchen einmal $\perp$ und einmal unter einem Winkel α durch, dann verhält sich die erste Schnittfläche f_0 zur zweiten f_α wie $\frac{f_0}{f_\alpha} = \cos \alpha$. Denken wir uns nun einen Kreiskegel mit der Spitze in P (Abb. 61), und wählen wir die Öffnung differentiell klein, so daß wir praktisch einen unendlich dünnen Zylinder haben, so ist

$$\Delta f_0 = \Delta f \cos \alpha,$$

(2) wird dann

$$K = \sum \frac{\sigma \, e \, \Delta f_0}{r^2}. \tag{2a}$$

$\frac{\Delta f_0}{r^2}$ hat aber eine einfache Bedeutung. Schneidet man den Kegel im Abstand 1 cm von $P \perp$ durch, so verhält sich dieses Flächenstück

$$\Delta f_0' : \Delta f_0 = 1^2 : r^2,$$

d. h.

$$\frac{\Delta f_0'}{1^2} = \frac{\Delta f}{r^2}.$$

Nun nennt man dies den räumlichen Winkel (Bezeichnung: $\Delta \omega$).

Er wird gemessen durch das Flächenstück $\Delta f_0'$, das der Kegel aus der Einheitskugel herausschneidet. (2a) gewinnt also die einfache Gestalt

$$K = \Sigma\, \sigma\, e\, \Delta\omega. \tag{3}$$

Da σ und e für alle Winkelelemente gleich groß sind, ist dies auch

$$K = \sigma\, e\, \Sigma\, \Delta\omega. \tag{3a}$$

Diese Beziehung gilt natürlich für beliebige Form der Flächenstückchen Δf. Wenn wir nun zu allen Flächenstückchen der Ebene Δf die entsprechenden räumlichen Winkel bilden und diese gemäß (3a) summieren, so erhalten wir offenbar den räumlichen Winkel einer Halbkugel. Dieser ist $2\,\pi$, und für die Kraft K finden wir somit

$$K = 2\,\pi\,\sigma\,e, \tag{4}$$

d. h. die Feldstärke ist

$$\mathfrak{E} = \frac{K}{e} = 2\,\pi\,\sigma, \tag{4a}$$

unabhängig vom Abstand von der Ebene und gleich groß nach unten und oben.

Dies ist auf den ersten Blick ein überraschendes Resultat; denn die Feldstärke in nächster Nähe jeder geladenen Fläche beträgt bekanntlich $4\,\pi\,\sigma$. Es muß also auch im Falle einer dünnen Metallscheibe die Feldstärke $4\,\pi\,\sigma$ und nicht $2\,\pi\,\sigma$ sein. Die Erklärung liegt darin, daß jede Metallscheibe, sie mag so dünn sein wie sie will (von monomolekularen Schichten abgesehen), zwei geladene Flächen aufweist: eine obere und eine untere. Für jede gilt unser Resultat. Und das, was man tatsächlich beobachtet, ist ein Summationseffekt. Wie aus Abb. 62 unmittelbar ersichtlich, wirkt rechts der Fläche II

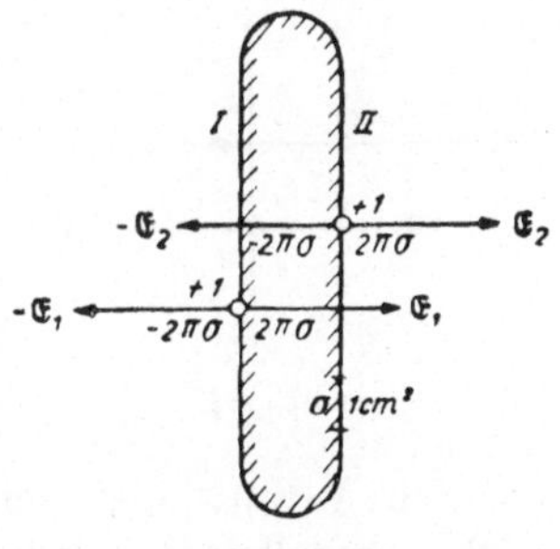

Abb. 62.

die Feldstärke $\mathfrak{E}_1 + \mathfrak{E}_2 = 4\,\pi\,\sigma$ und links von I $-\mathfrak{E}_1 - \mathfrak{E}_2 = -4\,\pi\,\sigma$. Im Zwischenraum ist das resultierende Feld $\mathfrak{E}_1 - \mathfrak{E}_2 = 0$, wie es sein muß, da jeder geladene Körper im Innern feldfrei ist. Diese Überlegung liefert auch leicht den Wert für den elektrostatischen Druck. Die Fläche II (Abb. 62) wird durch die eigene Ladung nicht nach außen getrieben, da ihr Feld nach beiden Seiten gleich stark zieht, wohl aber durch die Ladung von I. Es ist also die Kraftwirkung auf 1 cm² gegeben durch die Ladung von 1 cm² auf II (σ), multipliziert mit dem von I herrührenden Feld $2\,\pi\,\sigma$, also

$$D = 2\,\pi\,\sigma^2. \tag{5}$$

Das Resultat gilt zunächst nur für eine geladene Metallplatte. Es läßt sich aber leicht für beliebige Flächen verallgemeinern.

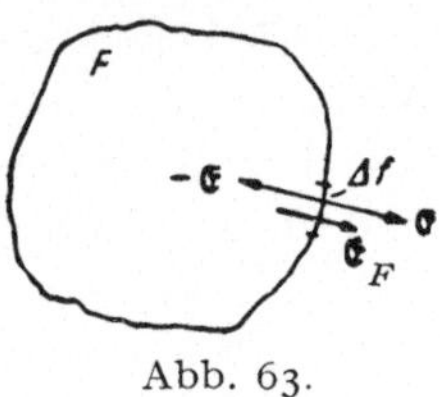

Abb. 63.

Zunächst ist einzusehen, daß je näher ein Punkt P sich an der Ebene befindet (Abb. 61), um so weniger die entfernteren Teile der Ebene einen Beitrag zum Feld an diesem Punkt liefern. Ja, wenn P genügend nahe an der Fläche liegt, so rührt die Wirkung praktisch nur vom gerade gegenüber liegenden Flächenstückchen her, und dieses kann für irgend eine Fläche als eben betrachtet werden. Denken wir uns also ein ebenes Flächenstückchen Δf auf einer beliebigen Fläche F (Abb. 63), so erzeugt dieses nach innen und außen ein Feld von der Größe $2\,\pi\,\sigma$. Die ganze übrige Fläche liefert an der Stelle von Δf auch ein Feld $\mathfrak{E}_F$, und zwar gerade von der gleichen Größe, da ja das resultierende Feld außen an Δf eben $4\,\pi\,\sigma$ beträgt. Daher $\mathfrak{E} + \mathfrak{E}_F = 4\,\pi\,\sigma$, wobei $\mathfrak{E} = 2\,\pi\,\sigma$, d. h. $\mathfrak{E}_F = 2\,\pi\,\sigma$. Nach innen hebt sich $\mathfrak{E}$ und $\mathfrak{E}_F$ auf. Die Kraftwirkung auf Δf ist nun:

Ladung auf $\Delta f \times \mathfrak{E}$ also $\sigma\,\Delta f \cdot 2\,\pi\,\sigma$, d. h. es ist

$$\Delta K = 2\,\pi\,\sigma^2 \cdot \Delta f \tag{6}$$

und der elektrostatische Druck

$$D = \frac{\Delta K}{\Delta f} = 2\,\pi\,\sigma^2.$$

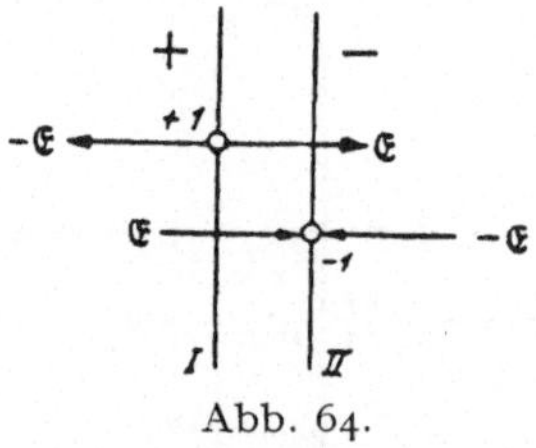

Abb. 64.

Die Verhältnisse bei einem geladenen Kondensator stellen sich ebenfalls sehr einfach dar. Jetzt sind die beiden Flächen ungleichnamig geladen. Die Felder von I und II heben sich nach außen hin auf (Abb. 64), und das ganze Kraftfeld beschränkt sich auf den Zwischenraum mit dem resultierenden Feld $2\,\mathfrak{E} = 4\pi\sigma$. Die Anziehungskraft zwischen den Platten schreibt sich unmittelbar an: Ladung einer Platte $\times$ Feld einer Platte

$$K = f\,\sigma \cdot 2\,\pi\,\sigma = 2\,\pi\,\sigma^2\,f. \tag{7}$$

§ 51. Kraftwirkung einer geladenen Kugel.

1. Auf einen Punkt P_i im Innern der Kugel. Zwei dünne Kegel (Abb. 65), die von P_i diametral ausgehen, schneiden zwei Flächenelemente f_1 und f_2 aus der Kugel heraus. Man zeige, daß die Kraftwirkungen, die von f_1 und f_2 ausgehen, sich im Punkt P_i aufheben.

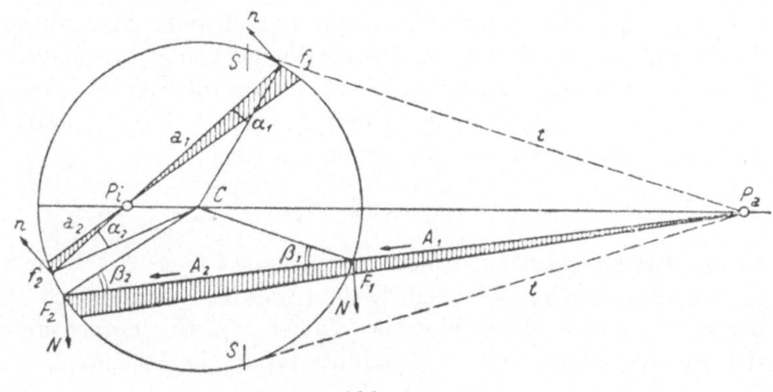

Abb. 65.

Beide Kegel der Länge a_1 bzw. a_2 haben dieselbe Öffnung mit dem räumlichen Winkel ω (siehe § 50). Die von f_1 und f_2 herrührenden Felder sind

$$\mathfrak{E}_1 = \sigma\,\frac{f_1}{a_1{}^2} \quad \text{und} \quad \mathfrak{E}_2 = \sigma\,\frac{f_2}{a_2{}^2}.$$

Man hat nun zu zeigen, daß

$$\frac{f_1}{a_1{}^2} = \frac{f_2}{a_2{}^2}. \tag{1}$$

Falls die Flächen f_1 und f_2 den Kegel $\perp$ abschnitten, so würde sowohl $f_1/a_1{}^2$ als $f_2/a_2{}^2$ einfach den räumlichen Winkel ω bedeuten, und da dieser nach beiden Seiten gleich groß ist, so wäre der Beweis für $\mathfrak{E}_1 = \mathfrak{E}_2$ schon geliefert. Nun schließt aber f_1 mit der Normalen n einen gewissen Winkel ein. Da $n \perp a_1$ und $f_1 \perp$ Radius, so ist dieser Winkel gleich groß wie α_1. Nach einem bekannten Satze der Geometrie ist der senkrechte Kegelschnitt $f_1' = f_1 \cos \alpha_1$. Auf der anderen Seite ist aber ebenfalls der senkrechte Kegelschnitt $f_2' = f_2 \cos \alpha_2$. Also kann man für die Ausdrücke in (1) schreiben

$$\frac{f_1'}{a_1{}^2 \cos \alpha_1} \quad \text{bzw.} \quad \frac{f_2'}{a_2{}^2 \cos \alpha_2},$$

d. h. aber

$$\frac{\omega}{\cos \alpha_1} \quad \text{und} \quad \frac{\omega}{\cos \alpha_2}.$$

Wie aus Abb. 65 hervorgeht, sind jedoch α_1 und α_2 als demselben Zentriwinkel zugehörend gleich groß. Daher folgt, daß die Beziehung (1) zu Recht besteht.

2. **Auf einen Punkt P_a außerhalb der Kugel.** Man wird nun versuchen, auch für diesen Fall dieselbe Betrachtung durchzuführen. Wir lassen durch einen dünnen von P_a ausgehenden Kegel die Flächenstückchen F_1 und F_2 aus der Kugel herausschneiden. Die von F_1 und F_2 herrührenden Felder $\mathfrak{E}_1$ und $\mathfrak{E}_2$ sind jetzt gleichgerichtet. Sie betragen wieder

$$\mathfrak{E}_1 = \sigma \frac{F_1}{A_1{}^2} \quad \text{und} \quad \mathfrak{E}_2 = \sigma \frac{F_2}{A_2{}^2}.$$

In der Tat läßt sich auch hier beweisen, daß $\mathfrak{E}_1 = \mathfrak{E}_2$. Denn es ist zunächst, ähnlich wie oben, $N \perp A_1$ und $F_1 \perp$ Radius, so daß der von F_1 und N eingeschlossene Winkel $= \beta_1$ ist. Ferner ergibt sich für den senkrechten Kegelschnitt bei F_1 die Fläche

$$F_1{}' = F_1 \cos \beta_1,$$

so daß

$$\mathfrak{E}_1 = \sigma \frac{F_1{}'}{A_1{}^2 \cos \beta_1}$$

oder, da wieder $\dfrac{F_1{}'}{A_1{}^2} = \omega$, so ist ebenfalls

$$\mathfrak{E}_1 = \frac{\sigma \omega}{\cos \beta_1} \quad \text{und} \quad \mathfrak{E}_2 = \frac{\sigma \omega}{\cos \beta_2}.$$

Da nun wiederum gemäß Zeichnung $\beta_2 = \beta_1$, so folgt tatsächlich

$$\mathfrak{E}_1 = \mathfrak{E}_2.$$

Das Feld, das die Kugel im Punkt P_a erzeugt, hat aus Symmetriegründen die Richtung $C P_a$. Den Beitrag, den die Flächenstückchen F_1 und F_2 zur Resultanten liefern, erhält man daher, wenn man die Projektion von $\mathfrak{E}_1$ und $\mathfrak{E}_2$ auf die Richtung $C P_a$ bildet. Es sind daher nicht nur $\mathfrak{E}_1$ und $\mathfrak{E}_2$, sondern auch ihre Beiträge gleich groß, da $\mathfrak{E}_1$ und $\mathfrak{E}_2$ ja dieselbe Richtung besitzen.

Alle Elementarkegel, die man von P_a aus gegen die Kugel zielen lassen kann, sind in dem größeren Kegel enthalten, den man erhält, wenn man die Tangenten $t\,t$ an die Kugel zieht. Der Berührungskreis dieses Kegels, d. h. ein Schnitt bei $S\,S$

durch die Kugel, teilt diese also in zwei ungleiche Hälften. Die linke enthält alle Flächenstücke mit dem Index 2, die rechte die mit dem Index 1. Da paarweise die Wirkung zweier entsprechender Flächenstücke 1 und 2 gleich groß ist, so folgt daraus, daß die Kugelhälfte links von $S\,S$ und die rechts davon die gleiche Kraftwirkung in P_a hervorbringen. Je näher der Punkt P_a an die Kugel heranrückt, um so kleiner ist die zugewandte Hälfte, und sie schrumpft auf ein ebenes Miniaturstück zusammen bei allerkleinstem Abstand. Das heißt, das gegenüberstehende Flächenelement besitzt eine ebenso große Wirkung wie die ganze übrige Kugelfläche zusammengenommen. Es läßt sich beweisen, daß dieses Resultat auch für eine beliebig gestaltete, geladene Fläche Gültigkeit besitzt (siehe § 50).

Verlauf des Kraftfeldes an der Oberfläche. Eine ähnliche Betrachtung läßt sich auch für P_i durchführen. Jede Schnittfläche durch P_i teilt die Kugel in zwei Hälften gleicher Wirkung. Wählen wir also beispielsweise wieder einen Schnitt $\perp C\,P_i$ und lassen P_i an die Oberfläche heranrücken, so erhalten wir wiederum das Resultat, daß die Hälfte der Wirkung vom angrenzenden ebenen Flächenelement stammen muß. Für den Sprung, den die Feldstärke zwischen innen und außen macht, bekommt man daher folgende Erklärung:

Auf P_a wirkt von $\varDelta f$ die Feldstärke $\mathfrak{E}/2$, von der übrigen Fläche f ebenfalls $\mathfrak{E}/2$, also in Summa $\mathfrak{E}/2 + \mathfrak{E}/2 = \mathfrak{E}$.

Auf P_i wirken dieselben beiden Feldstärken, hingegen hat die von $\varDelta f$ herrührende umgekehrte Richtung, also ist die Resultierende $\mathfrak{E}/2 - \mathfrak{E}/2 = 0$.

Soweit die Theorie. In Wirklichkeit sind die Verhältnisse aus zwei Gründen etwas anders.

1. Die Kraftwirkung in P_a ist unter der Voraussetzung berechnet, daß ein geladener Punkt in P_a die elektrische Verteilung auf der Kugel nicht durch Influenz störe. Das ist aber immer der Fall. So ist die abstoßende Wirkung einer geladenen Kugel auf einen $+$ Einheitspol stets kleiner als die anziehende auf einen $-$ Einheitspol im selben Abstand. Man kann aber die Störung beliebig klein machen, indem man eine genügend kleine Ladung in P_a anbringt. Immerhin ist man hierin doch beschränkt, da die kleinste zur Verfügung stehende Ladung das Elektron ist. Influenzstörungen lassen sich daher nicht vermeiden, wenn man

in nächste Nähe der Oberfläche, d. h. bis auf molekulare Abmessungen herangeht.

2. Die Oberfläche ist in Wirklichkeit keine mathematische Kugelfläche. Sie ist im Kleinsten rauh und porös. Das Kraftfeld, das ein eindringendes Elektron durchläuft, nimmt daher in unregelmäßiger Weise und allmählich auf o ab und zeigt sogar lebhafte zeitliche Schwankungen infolge der thermischen Bewegungen der Atome. Die Verhältnisse in dieser Übergangsschicht werden von obiger Darstellung nicht erfaßt.

§ 52. Direkte Berechnung des Feldes einer geladenen Kugel.

Der indirekte Weg besteht darin, daß man erst das Potential in der Nähe der Kugel ausrechnet (wie dies in § 49 ausgeführt wurde) und dann bildet $\dfrac{dV}{dr}$. Man erhält, da $V = \dfrac{e}{r}$, sofort

$$\mathfrak{E} = -\frac{dV}{dr} = \frac{e}{r^2}.$$

Der Weg über das Potential ist trotz des Umweges der einfachste. Grund: Potentiale berechnen sich, da sie Skalare sind, in der Form einer algebraischen Summe, während anderseits bei der

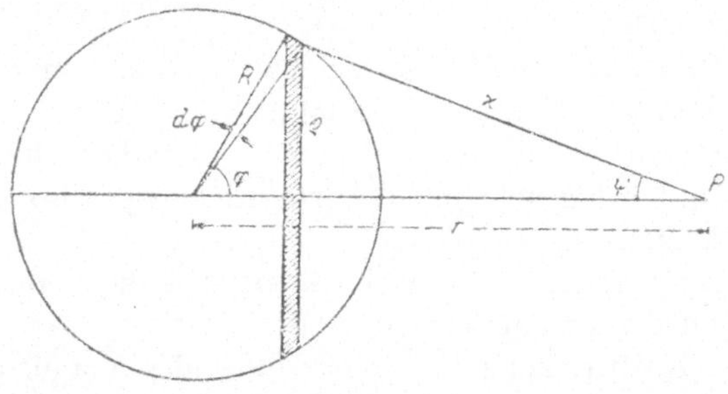

Abb. 66.

direkten Berechnung von Kraftfeldern eine vektorielle Summierung notwendig ist.

Aufgabe. Man zeige, daß selbst für den einfachen Fall einer geladenen Kugel die direkte Berechnung des Feldes umständlicher ausfällt als unter Verwendung des Potentials.

Man wird, wie bei der Berechnung des Potentials, alle Flächenelemente zusammenfassen, die denselben Abstand x vom gewählten Punkt P besitzen (Abb. 66). Während die schmale Kugelzone gemäß § 49 den Beitrag

$$\Delta V = \frac{e}{2} \frac{\sin \varphi \, \Delta \varphi}{x}$$

an das Potential V liefert, ist der Beitrag für $\mathfrak{E}$ entsprechend

$$\Delta \mathfrak{E} = \frac{e}{2} \frac{\sin \varphi \, \Delta \varphi}{x^2}. \tag{1}$$

Man ist nun hier in der glücklichen Lage zu wissen, daß aus Symmetriegründen die Resultierende aller Beiträge $\Delta \mathfrak{E}$ in die Richtung r fällt. Es genügt daher, die Beiträge $\Delta \mathfrak{E}$ in Richtung r auszurechnen und dann diese algebraisch zu addieren, um das resultierende Feld $\mathfrak{E}$ zu finden. Indem wir den Winkel ψ einführen, bekommen wir also

$$\mathfrak{E} = \frac{e}{2} \int_{r-R}^{r+R} \frac{\sin \varphi \, \Delta \varphi}{x^2} \cos \psi. \tag{2}$$

Wie im Falle der Potentialrechnung (§ 49) kann man auch hier $\sin \varphi \, d\varphi$ durch x ersetzen und erhält dann

$$\mathfrak{E} = \frac{e}{2 R r} \int_{r-R}^{r+R} \frac{d x \cos \psi}{x}. \tag{3}$$

Während man aber dort sofort integrieren konnte $\left(\int dx! \right)$ muß man hier erst ψ durch x ausdrücken. Unter Verwendung des Kosinussatzes hat man

$$\cos \psi = \frac{x^2 + r^2 - R^2}{2 x r}. \tag{4}$$

Der Integrand in (3) wird daher

$$\frac{\cos \psi}{x} = \frac{1}{2 r} + \frac{r^2 - R^2}{2 r x^2}, \tag{5}$$

und man erhält

$$\mathfrak{E} = \frac{e}{4 r^2 R} \left[\int dx + (r^2 - R^2) \int \frac{d x}{x^2} \right]_{r-R}^{r+R}. \tag{6}$$

Der Inhalt der [ ] ergibt

$$\left[x + \frac{R^2 - r^2}{x} \right]_{r-R}^{r+R} = r + R - (r - R) + \frac{R^2 - r^2}{r + R} - \frac{R^2 - r^2}{r - R}$$

$$= 2 R + (R - r) + (R + r) = 4 R.$$

Als Resultat findet man schließlich

$$\mathfrak{E} = \frac{e}{4\,r^2\,R}\cdot 4\,R = \frac{e}{r^2}. \tag{7}$$

Aufgabe. Man versuche, die Rechnung etwas eleganter zu gestalten, indem man in (3) substituiert $x \cos \psi = y$ und den Ausdruck $\int \frac{d\,x\cdot y}{x^2} = -\int y \cdot d\left(\frac{1}{x}\right)$ partiell integriert. Man wird dann finden, daß das erste Integral $= 0$ ist, d. h. verschwindet und das zweite $\int \frac{dy}{x}$ sich auf eine sehr einfache Form (ähnlich wie bei der Potentialrechnung in § 49) reduzieren läßt.

§ 53. Kapazitätsänderung eines Kondensators durch eine geerdete Umhüllung.

Bevor wir unser spezielles Problem behandeln, wird es zweckmäßig sein, erst die allgemeinen Grundlagen zu entwickeln. Ein geladener Körper, der sich allein im Raume befindet, besitzt nur freie Ladung. Befinden sich aber in der Nachbarschaft andere geladene oder ungeladene Körper, so tritt zu seiner freien Ladung noch eine Influenzladung, die der Natur nach gebunden ist, hinzu. Man erkennt den Zusammenhang am besten an Hand eines einfachen Beispiels. Nähert man einem geladenen Körper (Abb. 67)

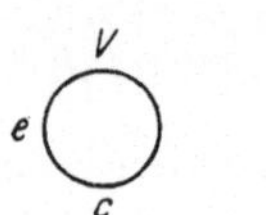

Abb. 67.

einen geerdeten Leiter L, so bleibt die Ladung zwar unverändert, das Potential sinkt aber von V auf V'. Die Kapazität c verwandelt sich also in die größere c', wobei die Beziehung gilt

$$e = c\,V = c'\,V'. \tag{1}$$

Will man daher bei der Annäherung von L das Potential V auf seinem Wert behalten, so muß man dem Körper entsprechend Ladung zuführen. Die Influenzladung werde also bei konstantem Potential V zugeführt. Sie wird um so größer sein müssen, je größer V selbst ist. Man kann für sie daher ansetzen $c_{12}\,V$. Hierbei bedeutet c_{12} den Influenzierungsfaktor, der von der Gestalt der beteiligten Leiter, ihrer Größe und ihrem Abstand abhängt. Man hat somit den Ansatz: die neue Elektrizitätsmenge des geladenen Körpers nach Annäherung von L, d. h. e' ist gegeben durch die Summe

$$e' = e + c_{12}\,V$$

oder gemäß (1) durch

$$e' = c\,V + c_{12}\,V$$

$$= (c + c_{12})\,V. \tag{2}$$

Da wiederum nach (1) e'/V die neue Kapazität c' ist, so folgt

$$c' = c + c_{12}.$$

c und c_{12} werden auch als Teilkapazitäten bezeichnet. Dabei ist c ein Maß für die freie, c_{12} für die gebundene Ladung. c kann auch als Eigenkapazität bezeichnet werden.

Würde man statt L zu erden, dieses selbst bei der Annäherung auf dem Potential V halten, so könnte offenbar keine Influenz eintreten und daher auch keine Kapazitätsänderung erfolgen. Für die Influenzierung kommt also die Potentialdifferenz zwischen Körper und Leiter L in Frage. Ist das Potential von L V_l, so würde der Ausdruck (2) allgemein lauten

$$e' = c\,V + c_{12}\,(V - V_l). \tag{3}$$

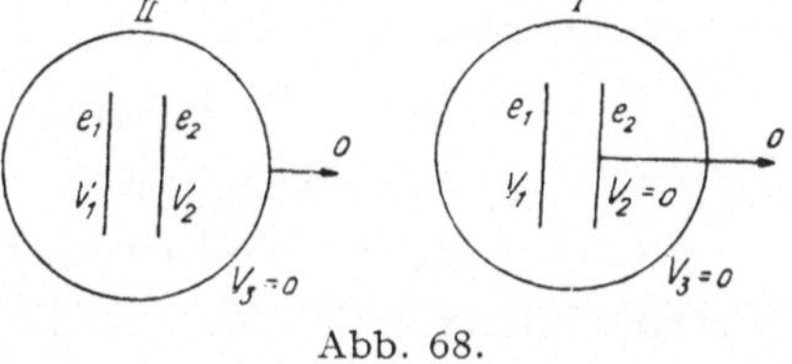

Abb. 68.

So gelangen wir nun zwangsläufig zu dem allgemeinen Ausdruck für die Ladung eines Körpers, der von beliebigen Leitern umgeben ist. Bezeichnen wir Ladung, Potential und Eigenkapazität unseres Körpers mit e_1, V_1, c_1 und die entsprechenden Größen für den zweiten, dritten usw. Körper mit e_2, V_2, c_2, e_3, V_3, c_3 usw., so drückt sich e_1 offenbar folgendermaßen aus

$$e_1 = c_1 V_1 + c_{12}(V_1 - V_2) + c_{13}(V_1 - V_3) + c_{14}(V_1 - V_4) + \cdots. \tag{4a}$$

Hierbei sind c_{12}, c_{13}, c_{14} die Influenzierungskoeffizienten bzw. Teilkapazitäten zwischen 1 und 2, ferner 1 und 3 usw. Analog gilt natürlich auch für den zweiten Körper mit der Eigenkapazität c_2

$$e_2 = c_2 V_2 + c_{21}(V_2 - V_1) + c_{23}(V_2 - V_3) + c_{24}(V_2 - V_4) + \cdots. \tag{4b}$$

Und ähnlich lauten die Ausdrücke für die übrigen. Da die Influenzierungskoeffizienten immer nur die Wechselwirkung zwischen zwei Leitern betreffen, die Influenz von Körper m auf n aber so groß ist, wie von n auf m, so ist jederzeit $c_{mn} = c_{nm}$. Das hindert nicht, daß eine Verschiebung der Lage nur eines der Körper gleichzeitig alle Influenzierungskoeffizienten ändert.

Das Gleichungssystem (4) bildet nun die Grundlage auch für die Behandlung unseres Problems. Ein Kondensator befindet sich in einem geerdeten Faradaykäfig (Abb. 68).

Frage. Wie groß ist die Kapazität:

I. wenn eine Belegung mit dem Käfig verbunden ist,

II. wenn beide Belegungen isoliert sind?

Die beiden Fälle sind in Abb. 68 I und II schematisch dargestellt. Wir haben ein Dreikörperproblem: zwei Kondensatorplatten und die Hülle. Für beide Fälle gemeinsam gilt somit:

$$e_1 = c_1 V_1 + c_{12} (V_1 - V_2) + c_{13} (V_1 - V_3)$$
$$e_2 = c_2 V_2 + c_{21} (V_2 - V_1) + c_{23} (V_2 - V_3) \qquad (5)$$
$$e_3 = c_3 V_3 + c_{31} (V_3 - V_1) + c_{32} (V_3 - V_2).$$

Da $V_3 = 0$ und $c_{mn} = c_{nm}$, so reduziert sich dies auf

$$e_1 = c_1 V_1 + c_{12} (V_1 - V_2) + c_{13} V_1$$
$$e_2 = c_2 V_2 + c_{12} (V_2 - V_1) + c_{23} V_2 \qquad (5\,\text{a})$$
$$e_3 = - c_{13} V_1 - c_{23} V_2.$$

Hiervon interessieren uns nur die Ladungen der Kondensatorplatten e_1 und e_2. e_3, das übrigens gleich 0 ist, haben wir nur der Vollständigkeit halber angeschrieben. Die Glieder $c_1 + c_{13}$ sowie $c_2 + c_{23}$ wird man zusammenfassen. Wir schreiben daher

$$c_1' = c_1 + c_{13} \quad \text{und} \quad c_2' = c_2 + c_{23}.$$

c_1' und c_2' sind die Teilkapazitäten der beiden Kondensatorplatten, wenn sie sich in der geerdeten Hülle befinden. Also schreiben wir

$$e_1 = c_1' V_1 + c_{12} (V_1 - V_2),$$
$$e_2 = c_2' V_2 + c_{12} (V_2 - V_1). \qquad (5\,\text{b})$$

Fall I. $V_2 = 0$. Es ist die Ladung der allein benützten Kondensatorplatte I gemäß (5b)

$$e_1 = c_1' V_1 + c_{12} V_1.$$

Somit ist die Kapazität für diesen Fall

$$C_\text{I} = c_1' + c_{12}. \qquad (6)$$

Fall II. Als Kapazität C_II kann angesehen werden sowohl der Ausdruck $\dfrac{e_1}{V_1 - V_2}$ als $\dfrac{e_2}{V_2 - V_1}$. Weder das eine noch das andere können wir ohne weiteres aus (5b) ausrechnen. Es muß eine bestimmte Annahme gemacht werden, wie der Kondensator „betrieben" werden soll. Je nachdem erhält man die entsprechende „Betriebskapazität". Ist die Anordnung der Kondensatorplatten einigermaßen symmetrisch oder überwiegt c_{12} bei weitem die anderen Koeffizienten, so wird man setzen dürfen $e_2 = -e_1$. In diesem Falle schreibt sich (5 b) folgendermaßen

$$e_1 = c_1' V_1 + c_{12} (V_1 - V_2) \;\Big|\; c_2',$$
$$-e_1 = c_2' V_2 + c_{12} (V_2 - V_1) \;\Big|\; -c_1'. \tag{7}$$

Um $C_{II} = \dfrac{e_1}{V_1 - V_2}$ zu finden, wird man hieraus einen Ausdruck formen müssen, der V_1 und V_2 nicht einzeln, sondern nur in der Kombination $V_1 - V_2$ enthält. Dies geschieht durch Erweiterung der Ausdrücke (7) mit c_2' und $-c_1'$ und Addition. Man erhält

$$e_1 (c_2' + c_1') = c_1' c_2' (V_1 - V_2) + c_{12} c_2' (V_1 - V_2) + c_{12} c_1' (V_1 - V_2),$$

woraus man findet

$$C_{II} = \frac{c_1' c_2' + c_{12} (c_1' + c_2')}{c_1' + c_2'},$$

was man auch schreiben kann

$$C_{II} = c_1' \frac{c_2'}{c_1' + c_2'} + c_{12}. \tag{8}$$

Wir sehen hier, daß c_1' mit einem echten Bruch multipliziert ist. Ein Vergleich von (8) und (6) zeigt daher, daß $C_I > C_{II}$.

D. Elektrodynamik.

§ 54. WHEATSTONEsche Brücke.

Die Widerstandsproportion für die Einstellung der WHEATSTONE-Brücke ist bekanntlich sehr einfach abzuleiten. Wesentlich umständlicher gestaltet sich die Berechnung des Brückenstroms, der auftritt, wenn einer der vier Brückenzweige geändert wird. Die Aufgabe stellt sich aber sehr häufig, so bei Widerstandsänderungen durch Erwärmung (Widerstandsthermometer, Bolometer, Barretter), durch Belichtung (Selenzelle), durch Magnetfelder (Wismutspirale) usw., dann aber auch, wenn man die Meßempfindlichkeit der WHEATSTONE-Brücke beurteilen will. Es soll daher diese Rechnung durchgeführt werden, zumal die Hilfsmittel hierzu fix und fertig vorliegen in den „KIRCHHOFFschen

Regeln". Immerhin bedarf es dazu noch einiger Überlegungen. So wird man bald erkennen, daß die allgemein durchgeführte Rechnung umständlich und unübersichtlich wird, was damit zusammenhängt, daß bei Änderung eines Widerstandes, z. B. von a (Abb. 69) nicht nur der Brückenstrom j, sondern auch der Meßstrom J sich ändert. Nun kann man aber an Stelle der Stromquelle den Strom als primär gegeben ansehen. Denn dieser kann ja mittels eines Regulierwiderstandes beliebig eingestellt werden, ja kann auch wirklich durch Einschaltung eines Strombegrenzers, etwa einer Elektronenröhre, konstant gehalten werden. Auf alle

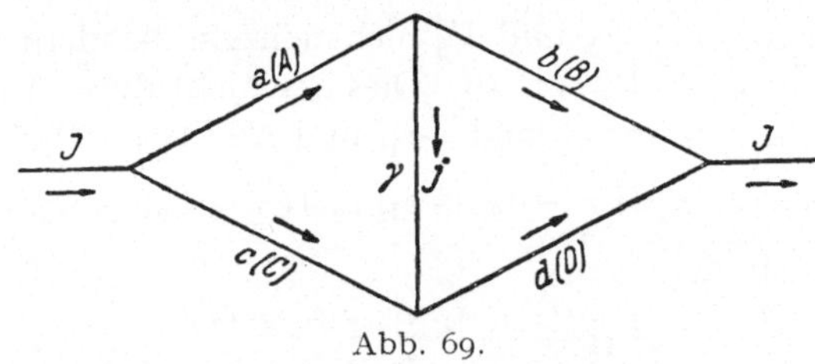

Abb. 69.

Fälle wird man in erster Näherung von seinen Änderungen absehen dürfen und sich mit der Berechnung von j_0/J begnügen. j_0 bedeutet dabei den Brückenstrom, der bei vorgängiger Abgleichung der Brücke nach Störung des Gleichgewichts entsteht.

Man wird nun zunächst einmal ganz allgemein den Brückenstrom bei beliebigen Widerstandsverhältnissen ausrechnen. Bezeichnet man mit a, b, c, d, γ (Abb. 69) die Widerstände, mit A, B, C, D, j die entsprechenden Ströme, so gilt bei der für j angenommenen Richtung nach KIRCHHOFF I:

$$A = B + j, \tag{1}$$

$$D = C + j, \tag{2}$$

$$J = A + C = B + D. \tag{3a, 3b}$$

KIRCHHOFF II:

$$a\,A + \gamma\,j = c\,C, \tag{4}$$

$$d\,D + \gamma\,j = b\,B. \tag{5}$$

Wir stellen zunächst fest, daß hier 5, nicht 6 voneinander unabhängige Gleichungen vorliegen. Denn (3a) und (3b) stellen nur eine Gleichung dar, da $A + C = B + D$ aus (1) und (2) folgt.

Unbekannt sind die Größen $A\,B\,C\,D\,j$. Da es deren fünf sind, so haben wir die für die Berechnung notwendige und hinreichende Zahl von Gleichungen aufgestellt. Die Ausdrücke sind so einfach, daß es nicht lohnt, zur Auflösung die Determinanten heranzuziehen. Wir entnehmen z. B. A und D direkt aus (3a) bzw. (3b) und setzen die Werte in die Gleichungen (1), (2), (4) und (5) ein. Man erhält

$$J - C = B + j, \qquad\qquad (1\,a)$$

$$J - B = C + j, \qquad\qquad (2\,a)$$

$$a\,(J - C) + \gamma\,j = c\,C, \qquad\qquad (4\,a)$$

$$d\,(J - B) + \gamma\,j = b\,B. \qquad\qquad (5\,a)$$

Man kann nun B aus (5a) und C aus (4a) ausrechnen, und in (2a) oder (1a), die ja identisch sind, einsetzen. Man erhält, da nach (1a) bzw. (2a) $J - j = B + C$,

$$J - j = \frac{\gamma\,j + d\,J}{b + d} + \frac{\gamma\,j + a\,J}{a + c}. \qquad\qquad (6)$$

Um j/J zu berechnen, wird man mit $(b + d) \cdot (a + c)$ erweitern. Nach Sammlung der Glieder mit j auf der einen und J auf der andern Seite der Gleichung ergibt sich

$$\frac{j}{J} = \frac{(a + c)\,(b + d) - d\,(a + c) - a\,(b + d)}{(a + c)\,(b + d) + \gamma\,(a + b + c + d)}$$

oder nach Ausmultiplizieren des Zählers

$$\frac{j}{J} = \frac{b\,c - a\,d}{(a + c)\,(b + d) + \gamma\,(a + b + c + d)}. \qquad\qquad (7)$$

Um nun j_0 zu finden, haben wir erst die Brücke abzugleichen, d. h. $j = 0$ zu machen. Wir erfüllen also die Bedingung $b\,c - a\,d = 0$. Jetzt ändern wir z. B. a in $a + \varDelta a$ und rechnen j_0 nach (7) aus. Es ist

$$\frac{j_0}{J} = \frac{b\,c - (a + \varDelta a)\,d}{(a + \varDelta a + c)\,(b + d) + \gamma\,(a + \varDelta a + b + c + d)}.$$

Dies ergibt unter Berücksichtigung, daß $b\,c - a\,d = 0$,

$$\frac{j_0}{J} = \frac{-\,d \cdot \varDelta a}{(a + c)\,(b + d) + \gamma\,(a + b + c + d) + \varDelta a\,(\gamma + b + d)}. \qquad\qquad (8)$$

Zumeist wird man das Glied mit $\varDelta a$ im Nenner vernachlässigen dürfen und schreiben können

$$\frac{j_0}{J} = \frac{-\,d \cdot \varDelta a}{(a + c)\,(b + d) + \gamma\,(a + b + c + d)}. \qquad\qquad (8\,a)$$

Wählt man, wie häufig, $a = b = c = d$, so vereinfacht sich dies zu

$$\frac{j_0}{J} = \frac{-\Delta a}{4\,(a + \gamma)}. \tag{9}$$

a und γ gehen dann also in gleicher Weise in die Formel ein.

Bemerkung. Die weitere Ausgestaltung und Anwendung der Formel (8) findet man z. B. in F. KOHLRAUSCH: Praktische Physik, S. 551, 1935.

§ 55. Gruppenschaltung von galvanischen Elementen.

Eine gegebene Zahl z von Elementen sei in n Gruppen eingeteilt. Die m Elemente einer Gruppe seien hintereinander, die n Gruppen selbst aber einander parallel geschaltet. In Abb. 70 ist der Fall für $m = 4$ und $n = 3$ dargestellt.

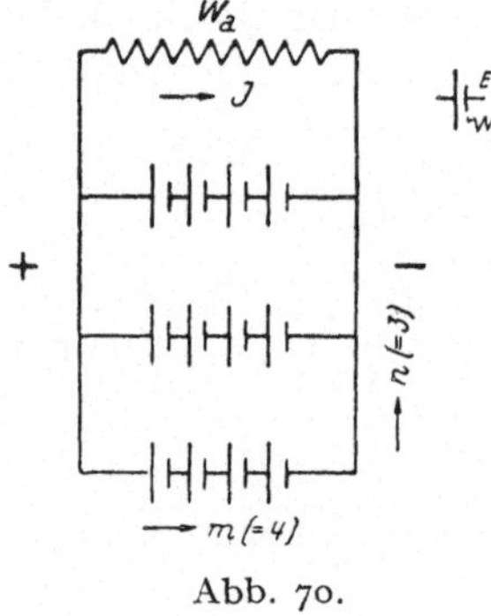

Abb. 70.

Frage. Wie müssen m und n bei gegebenem z gewählt werden, damit der durch den gegebenen äußeren Widerstand W_a fließende Strom einen Maximalwert aufweist?

Zur Berechnung der Stromstärke haben wir das OHMsche Gesetz für einen geschlossenen Stromkreis anzuwenden. Bezeichnen wir die EmK und den inneren Widerstand eines Elementes mit E bzw. W_i, so ist die treibende Kraft der Batterie $m\,E$ und der gesamte innere Widerstand $\frac{m}{n}\,W_i$. Daher haben wir

$$m\,E = J\left(W_a + \frac{m}{n}\,W_i\right). \tag{1}$$

Hierzu kommt die feste Bedingung

$$z = m\,n. \tag{2}$$

(1) kann daher nach Erweiterung mit n und unter Berücksichtigung von (2) auch geschrieben werden

$$z\,E = J\,(n\,W_a + m\,W_i). \tag{1a}$$

Nach Schema f müßte jetzt die eine Variable, m oder n, aus (2) in (1a) eingesetzt werden. Man erhielte dann J entweder als Funktion von m oder n. Dann wäre $\frac{dJ}{dn}$ oder $\frac{dJ}{dm}$ zu bilden und gleich Null zu setzen. Schließlich wäre noch nachzuweisen, daß der so gefundene Grenzwert von J wirklich ein Maximum ist. Das heißt, es wäre zu zeigen, daß entweder $\frac{d^2 J}{dn^2}$ oder $\frac{d^2 J}{dm^2} < 0$.

Die Ausführung bildet durchaus keine mathematischen Schwierigkeiten. Hingegen zeigt sich ein Hindernis anderer Art. Es ist nicht möglich, sich aus Gründen der Zweckmäßigkeit für die Elimination der einen Variablen zugunsten der andern zu entscheiden, da beide in durchaus gleicher Weise in die Ausdrücke (1a) und (2) eingehen. m und n besitzen sozusagen gleichen mathematischen Wert, und dementsprechend haben sie auch Anspruch auf gleichmäßige mathematische Behandlung. Eine solche ist tatsächlich auch möglich, und die Berücksichtigung dieses Moments der mathematischen Gerechtigkeit lohnt sich dadurch, daß es uns in besonders einfacher und übersichtlicher Weise zum Ziele führt. Wir eliminieren daher überhaupt nicht und differenzieren direkt (2) und (1a):

$$0 = m\,dn + n\,dm, \tag{3}$$

ferner

$$0 = J\,(W_a\,dn + W_i\,dm) + (n\,W_a + m\,W_i)\,dJ. \tag{4}$$

Nun setzen wir die Maximumbedingung $dJ = 0$ an. Da $J \neq 0$, so reduziert sich (4) auf

$$0 = W_a\,dn + W_i\,dm. \tag{4a}$$

Aus (3) und (4a) folgt aber unmittelbar

$$n\,W_a = m\,W_i \tag{5}$$

oder

$$W_a = \frac{m}{n} W_i. \tag{5a}$$

Das heißt, der innere Widerstand der Batterie $\frac{m}{n}\,W_i$ muß gleich dem äußeren Widerstand W_a sein, ein Resultat, das von allgemeinerer Bedeutung ist. Denn in jedem Fall, wo an eine stromliefernde Apparatur ein Verbraucher angeschlossen ist, muß dieser an jenen angeglichen sein. Man denke etwa an einen Radioapparat und einen Lautsprecher oder an eine Thermosäule und ein Galvanometer.

Den Wert für das Strommaximum J_m findet man grundsätzlich so, daß man aus (2) und (5) m und n ausrechnet und in (1) bzw. (1a) einsetzt. Bei der Ausführung kann aber wiederum etwas verschieden verfahren werden.

I. m bevorzugt.

Unter Berücksichtigung von (5a) reduziert sich (1) auf

$$m E = 2 W_a J_m.$$

Elimination von n zwischen (2) und (5) ergibt

$$m^2 = z \frac{W_a}{W_i}.$$

Dies oben eingesetzt, führt zu

$$\sqrt{z \frac{W_a}{W_i}} \cdot E = 2 W_a J_m$$

oder

$$J_m = \frac{E}{2} \sqrt{\frac{z}{W_a W_i}}. \qquad (6)$$

II. m und n gleichmäßig behandelt.

Man erweitert (5) einmal mit m und einmal mit n und erhält

$$z W_a = m^2 W_i$$

und

$$n^2 W_a = z W_i.$$

Hieraus folgen die Ausdrücke für m und n, die man nun in (1a) einsetzt, so daß hieraus wird

$$z E = J_m \left(W_a \sqrt{z \frac{W_i}{W_a}} + W_i \sqrt{z \frac{W_a}{W_i}} \right)$$
$$= 2 J_m \sqrt{z W_a W_i},$$

was wiederum liefert

$$J_m = \frac{E}{2} \sqrt{\frac{z}{W_a W_i}} \qquad (6)$$

Der erzielbare Maximalstrom nimmt also mit der Wurzel aus der Zahl der zur Verfügung stehenden Elemente zu. Man bemerke, daß in Wirklichkeit m und n, und damit auch z, stets positive, ganze Zahlen unter Ausschluß der Null bedeuten. In der mathematischen Behandlung sind aber diese Größen als stetige Variable behandelt. Die abgeleiteten Resultate gelten also nur insoweit, als sie sich durch ganzzahlige Werte von m und n realisieren lassen. Die Kombination ist so zu treffen, daß die Abweichungen von den errechneten Resultaten möglichst klein werden. Dies wird sich um so besser erreichen lassen, je größer die Zahl z ist.

Die Frage, ob J_m ein Maximum oder Minimum darstellt, läßt sich ohne Differenziation beantworten, da man festgestellt hat, daß nur ein Extremwert vorhanden ist. Wir müssen nur zeigen, daß für irgendeine Wahl für m oder n ein Stromwert herauskommt, der kleiner als J_m ausfällt. Man wird auch hier wieder die mathematische Gerechtigkeit walten lassen und die Wahl so treffen, daß m und n gleichmäßig berücksichtigt sind. Das ist in idealer Weise der Fall, wenn wir setzen $m = n$. Dann ist $z = m^2$ und (1) schreibt sich

$$\sqrt{z}\,E = J\,(W_a + W_i),$$

woraus für den Strom folgt

$$J = \frac{E\sqrt{z}}{W_a + W_i}. \tag{7}$$

Nun ist leicht zu zeigen, daß $\dfrac{J}{J_m} < 1$. Denn es ist

$$\frac{J}{J_m} = \frac{\sqrt{W_a\,W_i}}{\dfrac{W_a + W_i}{2}}.$$

Da aber das geometrische Mittel $\sqrt{W_a\,W_i}$ stets kleiner ist als das arithmetische $\dfrac{W_a + W_i}{2}$, so ist bewiesen, daß J_m ein Maximum darstellt.

Aufgabe. Der Nachweis, daß der Wert (6) für J_m einem Maximum entspricht, kann in etwas umständlicherer Weise auch unter einseitiger Bevorzugung einer der beiden Größen m und n erfolgen. Man zeige z. B., daß $J_m > J$ für den Fall, daß m oder $n = 1$ gesetzt wird.

§ 56. Leuchttemperatur einer Metallfadenlampe.

Eine Metallfadenlampe mit Zickzackhalterung ist luftleer, und der Faden gibt die elektrische Heizenergie fast vollständig in Form von Strahlung ab. Im stationären Zustand ist also die sekundlich verbrauchte elektrische Energie E gleich der Strahlungsenergie S (Abb. 71). Der Wattverbrauch E ist gewöhnlich

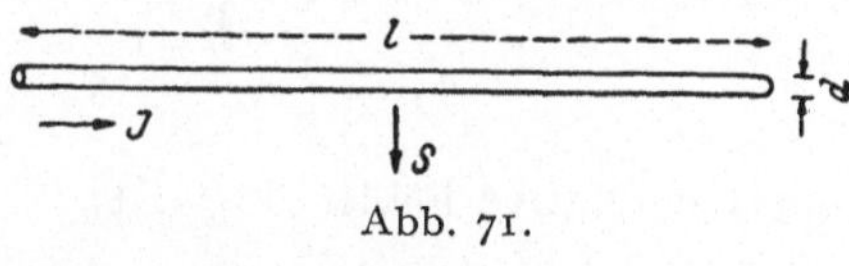

Abb. 71.

an der Lampe angeschrieben. Die Strahlung ist, sofern der Glühdraht (Wolfram) als ein grauer Strahler anzusehen ist, nach STEFAN-BOLTZMANN zu berechnen aus

$$S = \alpha\,c\,f\,T^4 - k\,T_0^4. \tag{1}$$

Das erste Glied ist die vom Faden ausgestrahlte, das zweite die von der Umgebung in den Faden eingestrahlte Energie. T_0 sei die Raumtemperatur, f die strahlende Fläche. c bedeutet die

Strahlungskonstante für den schwarzen Körper. α ist ein echter Bruch, der mit 0,9 angesetzt werden kann. Wenn die Lampe nicht brennt, ist $T = T_0$ und, da dann ebensoviel eingestrahlt als ausgestrahlt wird, ist $S = 0$. Daraus folgt aber, daß $\alpha c f = k$ sein muß. Wir schreiben also

$$S = \alpha c f \, (T^4 - T_0{}^4). \tag{1a}$$

Da T vielmals größer ist als T_0, so verschwindet $T_0{}^4$ praktisch gegenüber T^4 und kann daher vernachlässigt werden. Behalten wir aber T_0 korrekterweise bei und bedenken, daß $S = E$, so folgt aus (1a)

$$T = \sqrt[4]{\frac{E}{\alpha c f} + T_0{}^4}. \tag{2}$$

f berechnet sich aus der Länge l und dem Durchmesser d des Drahtes zu $f = \pi \, l \, d$ cm². Um eine Berechnung von T zu ermöglichen, müßte nun eine Lampe zur Messung von l und d geöffnet werden. Es ist dies aber nicht nötig, sofern man sich mit einer Schätzung begnügt. Auch wenn α, l und d nur ungenau bekannt sind, läßt sich schon ein brauchbarer Wert berechnen, dank der Form der Formel (2). Jede fehlerhafte Schätzung der Größen α, c und f geht nämlich nur mit dem vierten Teil ins Resultat ein. Ist allgemein

$$y = \sqrt[n]{x} = x^{\frac{1}{n}},$$

so beträgt die Abweichung, d. h. das Differential

$$\Delta y = \frac{1}{n} x^{\frac{1}{n} - 1} \Delta x = \frac{1}{n} y \, x^{-1} \Delta x$$

und der relative Fehler $\Delta y / y$ ist

$$\frac{\Delta y}{y} = \frac{1}{n} \frac{\Delta x}{x},$$

d. h. gleich dem $n$ten Teil des relativen Fehlers von x. Setzt man nun schätzungsweise $l = 70$ cm und $d = 0,002$ cm, so kommt $f = 0,44$ cm². Da ferner $c = 5,7_5 \cdot 10^{-12}$ Watt cm^{-2} grad^{-4}, so bekommen wir unter Zugrundelegung einer 50-Watt-Lampe

$$\frac{E}{\alpha c f} = \frac{50}{0,9 \cdot 5,7_5 \cdot 10^{-12} \cdot 0,44} = 22,0 \cdot 10^{12}.$$

Hiergegen beträgt $T_0{}^4 = 300^4$, d. h. nur $81 \cdot 10^8$, ist also zu vernachlässigen. Wir erhalten daher

$$T = 10^3 \sqrt[4]{22,0} = 2170^\circ \text{ abs.,}$$

d. h. eine Temperatur von rund 1900° C.

§ 57. Dissoziationsgrad eines Elektrolyten.

Den Bruchteil der in einem Elektrolyten gelösten Moleküle, welcher dissoziiert ist, nennt man den Dissoziationsgrad. Befinden sich also in einem einfach dissoziierenden, d. h. binären Elektrolyten, wie HCl, je 1 cm^3 N gelöste Moleküle und ist die Zahl der positiven bzw. der negativen Ionen n, so ist der Dissoziationsgrad

$$\alpha = \frac{n}{N}.$$

Dieser beträgt für starke Elektrolyte wie etwa HCl-Lösung nahezu 1. Bei schwachen Elektrolyten, wie bei organischen Säuren, ist er aber von Lösung zu Lösung verschieden und variiert zudem mit der Konzentration.

Frage. Wie hängt α von der Konzentration der Lösung ab?

Daß die Spaltung in Ionen keine vollständige ist, haben wir offenbar so aufzufassen, daß zwar eine dissoziierende Kraft vorhanden ist, daß aber eine zweite Kraft dieser entgegenwirkt. Die dissoziierende Wirkung ist den elektrostatischen Kräften der Dipolmomente des Lösungsmittels zuzuschreiben und ist daher bei solchen mit großer Dielektrizitätskonstanten (wie z. B. Wasser) besonders stark. $+$- und $-$-Ionen suchen sich aber infolge elektrostatischer Anziehung anderseits wieder zu vereinigen. Die Dissoziation des Elektrolyten entspricht also einem stationären Zustand oder einem dynamischen Gleichgewicht, bei dem pro Sekunde gerade so viel gelöste Moleküle in Ionen zerfallen, als von den vorhandenen Ionen sich wieder vereinigen. Nun ist aber die Zahl der pro Sekunde gebildeten Ionen offenbar proportional der Zahl der nichtdissoziierten Moleküle, d. h. gleich $b \cdot (N - n)$, wobei die Konstante b ein Maß für die Stärke der dissoziierenden Kraft ist. Die Zahl der durch Wiedervereinigung zurückgebildeten Moleküle ist sowohl der Zahl der positiven n^+ als der Zahl der negativen Ionen n^- proportional oder, da

$n^+ = n^- = n$, so ist diese Zahl $a\,n^2$, wo die Konstante a ein Maß für die Wiedervereinigungstendenz angibt. Man hat nun einfach gleichzusetzen

$$b\,(N - n) = a\,n^2, \tag{1}$$

und unter Benützung von $n = \alpha \cdot N$ erhält man

$$b\,(N - \alpha\,N) = a\,\alpha^2\,N^2,$$

oder schließlich

$$\frac{b}{a\,N} = \frac{\alpha^2}{1 - \alpha}.$$

N ist nun offenbar proportional der Konzentration c. Setzt man daher $N = k \cdot c$, so schreibt sich

$$\frac{b}{a\,k\,c} = \frac{\alpha^2}{1 - \alpha},$$

oder, indem man $\dfrac{b}{a\,k}$ zu einer Konstanten K zusammenfaßt,

$$\frac{K}{c} = \frac{\alpha^2}{1 - \alpha}. \tag{2}$$

Dies ist das OSTWALDsche Verdünnungsgesetz. K nennt man die Dissoziationskonstante. Deren Zahlenwert hängt naturgemäß davon ab, wie man die Konzentration c definiert. Sie ist im übrigen eine Funktion der Temperatur. Will man nun den Dissoziationsgrad als Funktion von c berechnen, so ist (2) nach α aufzulösen, und man erhält zunächst

$$\alpha = \frac{\sqrt{1 + 4\dfrac{c}{K}} - 1}{2\dfrac{c}{K}}$$

oder nach Erweiterung mit $\left(\sqrt{1 + 4\dfrac{c}{K}} + 1\right)$

$$\alpha = \frac{2}{1 + \sqrt{1 + 4\dfrac{c}{K}}}. \tag{3}$$

Schon aus (2) folgt unmittelbar

1. daß, wenn c gegen o konvergiert, auch der Nenner von (2) $1 - \alpha = 0$ werden muß. Das heißt aber, daß $\alpha = 1$ und somit jeder Elektrolyt bei unendlicher Verdünnung vollständig dissoziiert sein muß;

2. daß bei kleinem c auch $1 - \alpha$ klein sein wird. Dann darf aber α^2 in (2) praktisch $= 1$ gesetzt werden, und es folgt

$$\frac{K}{c} = \frac{1}{1 - \alpha}$$

oder

$$1 - \alpha = \frac{c}{K},$$

was einem linearen Verlauf entspricht;

3. daß bei großem c oder kleinem K α klein wird und der Nenner von (2) praktisch $= 1$ gesetzt werden darf. Dies führt dann zu der Beziehung

$$\alpha \sim \frac{1}{\sqrt{c}}.$$

Das Resultat 1 ermöglicht es, den Dissoziationsgrad eines Elektrolyten aus dessen Äquivalentleitfähigkeit Λ zu finden. Darunter versteht man den Quotienten aus der gewöhnlichen Leitfähigkeit und der Zahl der im Kubikzentimeter vorhandenen Mole gelösten Stoffes. Die Theorie zeigt, daß das Äquivalentleitvermögen

$$\Lambda = 96\,500\,\alpha\,(u^+ + u^-),$$

wo u^+ und u^- die beiden Ionenbeweglichkeiten bedeuten. Nimmt man, wie es die ARRHENIUSsche Theorie tut, an, daß u^+ und u^- nur wenig von der Konzentration abhängen, so gilt für $c = 0$, d. h. für $\alpha = 1$

$$\Lambda_0 = 96\,500\,(u^+ + u^-).$$

Es ist daher

$$\frac{\Lambda}{\Lambda_0} = \alpha.$$

Bei starken Elektrolyten sind die Voraussetzungen grundlegend anders. Hier ist α unabhängig von der Konzentration stets $= 1$, und dafür sind u^+ und u^- Funktionen der Konzentration, was damit zusammenhängt, daß die Ionenbeweglichkeit nicht nur durch die innere Reibung im Lösungsmittel, sondern stark auch durch die Ionenkräfte mitbestimmt ist. Hier darf man nicht mehr annehmen, daß die einzelnen Ionen so weit durch das Lösungsmittel getrennt sind, daß sie sich in ihrer Bewegung gegenseitig nicht beeinflussen.

Das OSTWALDsche Verdünnungsgesetz stellt einen Spezialfall des chemischen Massenwirkungsgesetzes dar. Auch diesem liegt die Vorstellung eines dynamischen Gleichgewichts zwischen Bildung und Zerfall zugrunde. Der dynamischen Betrachtungsweise entsprechend liegt es nun nahe, nicht nur das Gleichgewicht, sondern auch die Veränderung desselben in die Behandlung mit einzubeziehen. So könnte man z. B. versuchen, den zeitlichen Verlauf des Dissoziationsvorganges zu berechnen. Man denke sich etwa in einem gegebenen Moment einem Lösungsmittel den gelösten Stoff gleichmäßig beigemengt. Dann wird zunächst nur die Dissoziation einsetzen, und erst mit dem Anwachsen der Ionenzahl wird immer stärker auch die Wiedervereinigung auftreten. Die Ionenzahl nimmt dann von o an zeitlich bis zu dem Maximum des Gleichgewichtszustandes zu. Es ist nun offenbar die Zunahme dn proportional dem Zeitelement dt und der Differenz der Ausdrücke $b\,(N - n)$ und $a\,n^2$. Also

$$dn = [b\,(N - n) - a\,n^2]\,dt.$$

Da $n = \alpha\,N$ und demzufolge $dn = N \cdot d\alpha$, so erhält man die Beziehung

$$d\alpha = [b\,(1 - \alpha) - a\,N\,\alpha^2]\,dt. \tag{4}$$

Wir geben hier gleich das Resultat der Integration:

$$\alpha = \cfrac{2}{1 + \sqrt{1 + 4\dfrac{c}{K} \cdot \dfrac{1 + q}{1 - q}}} \tag{5}$$

wo abkürzungsweise $q = e^{-bt\sqrt{1 + 4\frac{c}{K}}}$.

Dieser Ausdruck wäre auch anwendbar auf die Ionisierung der Gase, z. B. Röntgenstrahlen. Formel (5) gibt dann die Zunahme der Ionisierung nach Einsetzen der Bestrahlung. a bedeutet in diesem Fall den Wiedervereinigungskoeffizienten und b wäre ein Maß für die Strahlungsintensität.

　　Aufgabe. Man führe die Integration von (4) aus.

§ 58. Elektromotorische Kraft und Energieverbrauch des galvanischen Elements.

Bezeichnet man die EmK mit E und den aus dem Element entnommenen Strom mit J, so ist die abgegebene Leistung $E\,J$ und die in der Zeit t geleistete Arbeit $E\,J\,t$. Oder, da $J\,t$ den Ladungstransport e bedeutet, so ist die Arbeit A auch

$$A = e\,E. \tag{1}$$

Diese besteht, sofern die Pole einfach durch einen Widerstand verbunden sind, aus der Stromwärme im äußeren und im inneren Widerstande des Kreises. Es liegt nahe, anzunehmen, daß die Arbeit gleich ist der beim Stromdurchgang verbrauchten chemischen Energie. Beträgt die Wärmetönung, die dem chemischen Umsatz im Element entspricht, Q cal, so ist diese mit $Q\,M$ einzusetzen, wo M das mechanische Wärmeäquivalent $M=4{,}19$ Joule/cal bedeutet. Man hat also die einfache Beziehung

$$Q\,M = e\,E. \qquad (2)$$

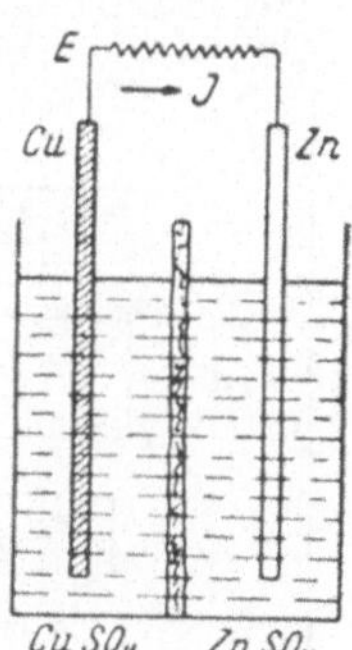

Zur Verdeutlichung dieser Beziehung wählen wir als Beispiel das DANIELLsche Element (Abb. 72). Hier wird durch die Stromentnahme auf der einen Seite Zn aufgelöst, auf der andern Cu abgeschieden. Wenn wir diese Reaktion ohne Zuhilfenahme des elektrischen Stromes bewerkstelligen, dann wird keine elektrische Arbeit geleistet, es wird nur Wärme produziert, und Q bedeutet nun die entsprechende Wärmetönung. Diese rein chemische Reaktion ist sehr einfach auszuführen. Man braucht nur bei einem

Abb. 72.

DANIELL-Element den trennenden Tonzylinder wegzunehmen, so daß $CuSO_4$ und $ZnSO_4$ sich mischen. Dann setzt alsogleich die Auflösung von Zn und die Abscheidung von Cu ein. In Wirklichkeit wird man den Versuch so ausführen: Man wirft in ein Kupferkalorimeter, das mit Kupfersulfatlösung beschickt ist, eine abgewogene Menge Zinkspäne und mißt die Wärmetönung bei der Auflösung. Beträgt diese bei der Auflösung eines Grammäquivalents Q_a cal, dann ist die entsprechende Elektrizitätsmenge e in (2) mit $96\,500$ Coulomb einzusetzen. Man hat also

$$E = \frac{Q_a \cdot 4{,}19}{96\,500} = \frac{Q_a}{23\,000} \text{ Volt}. \qquad (2\,\text{a})$$

Für die Wärmetönung wird pro 1 g Zn etwa 800 cal gefunden. Da das Äquivalentgewicht des Zn $65{,}4/2$ beträgt, so ergibt dies

$$Q_a = 800\,\frac{65{,}4}{2} = 26\,200 \text{ cal}.$$

Man erhält somit für das DANIELLsche Element:

$$E = \frac{26\,200}{23\,000} = 1{,}1_4 \text{ Volt}.$$

Dies stimmt nun mit dem gemessenen Wert recht gut überein. Leider aber versagt das in (2) formulierte, von J. THOMSON aufgestellte Gesetz in sehr vielen Fällen. Häufig wird nur ein Teil der chemischen Energie in elektrische umgewandelt, und ein Teil tritt als Wärmetönung im Elektrolyten in Erscheinung. Auch kommt es sogar vor, daß die gewonnene elektrische Energie größer ist, als der chemischen entspricht. Dann zeigt sich beim Stromdurchgang eine Abkühlung des Elektrolyten. Wie GIBBS und HELMHOLTZ gezeigt haben, stimmt die THOMSONsche Regel immer dann nicht, wenn die EmK temperaturabhängig ist. Die richtige Formel muß nach ihnen lauten

$$E = \frac{Q\,M}{e} + T\,\frac{\Delta E}{\Delta T}.$$

(3)

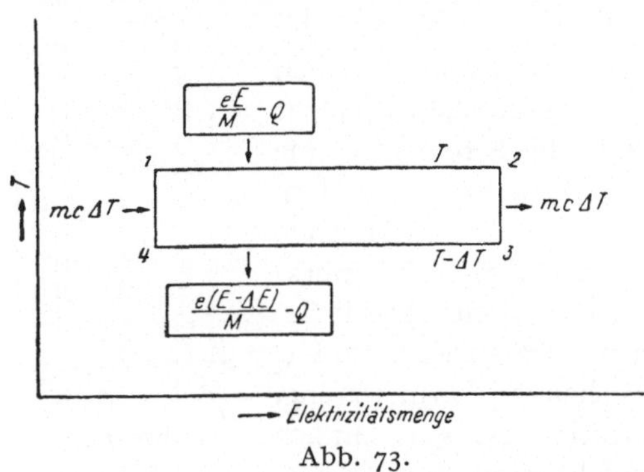

Abb. 73.

Danach ist die elektrische Energie $E\,e$ größer als die chemische $Q\,M$, wenn E mit T zunimmt, und kleiner, wenn E abnimmt. Letzteres ist der seltenere Fall. Verwendet man also Formel (2), so erhält man für die EmK im ersten Fall einen zu kleinen, im zweiten einen zu großen Wert. In Formel (3) treten neben Arbeit und Wärme auch Temperaturen auf. Dies läßt ihren Charakter als thermodynamische Beziehung erkennen. Schreibt man sie etwa in der Form

$$\frac{e\,\Delta E}{e\,E - Q\,M} = \frac{\Delta T}{T},$$

(4)

d. h.

$$\frac{\text{Arbeitsdifferenz}}{\text{Arbeitswert einer Wärme}} = \frac{\text{Temperaturdifferenz}}{\text{Temperatur}},$$

so erkennt man die Form des CARNOTschen Wärmesatzes. Und in der Tat läßt sich (3) auch unter Verwendung eines passend gewählten reversibeln Kreisprozesses ableiten.

Der Anfangszustand des Elementes sei durch Punkt 1 in Abb. 73 dargestellt. Wir schließen das Element durch einen Draht, den wir hochohmig wählen, damit die Vorgänge langsam vor sich gehen. Indem wir eine Elektrizitätsmenge e durch das Element fließen lassen, gelangen wir von Punkt 1 nach 2. Die vom Element geleistete Arbeit beträgt $\dfrac{e\,E}{M}$ cal, die verbrauchte chemische Energie Q cal. Ist $\dfrac{e\,E}{M} - Q$ positiv, dann würde eine Abkühlung des Elementes erfolgen. Wir müssen daher zur Konstanthaltung der Temperatur T (1 und 2 in derselben Höhe!) eine Wärmemenge $\dfrac{e\,E}{M} - Q$ zuführen. Es geschehe dies mit Hilfe eines auf T temperierten Wärmereservoirs. Nun kühlen wir das Element um $\varDelta T$ ab, indem wir eine kleine Wärmemenge in ein gleichtemperiertes Reservoir abführen. Diese Wärme können wir darstellen durch $m\,c\,\varDelta T$, wo m die Masse, c die mittlere spezifische Wärme des Elementes bedeuten. Bei 3 angekommen, schicken wir nun durch das Element in umgekehrter Richtung eine gleiche Elektrizitätsmenge e und machen dadurch den chemischen Vorgang wieder völlig rückgängig. Da die EmK bei der um $\varDelta T$ tieferen Temperatur mit $E - \varDelta E$ anzusetzen ist, so ist die bei dem Vorgang frei werdende Wärmemenge gegeben durch $\dfrac{e\,(E - \varDelta E)}{M} - Q$. Diese werde in ein Wärmereservoir von der konstanten Temperatur $T - \varDelta T$ abgeführt. Wir erwärmen nun schließlich noch, indem wir die Wärme $m\,c'\,\varDelta T$ zuführen und gelangen so von 4 nach 1 zurück. Da angenommen werden darf, daß c und c' nicht merklich voneinander verschieden sind, so heben sich die beiden auf dem Wege $2 \to 3$ und $4 \to 1$ zugeführten bzw. weggeführten Wärmemengen auf. Es ist also bei dem Kreisprozeß die Wärme

$$\frac{e\,E}{M} - Q - \left(\frac{e\,(E - \varDelta E)}{M} - Q \right) = \frac{e\,\varDelta E}{M}$$

als solche verschwunden, d. h. in Arbeit umgesetzt worden. Dabei ist aber die Wärme $e\,E/M - Q$ verbraucht worden, indem diese zum Teil in Arbeit verwandelt, zum Teil in das tiefer temperierte Reservoir übergegangen ist. Der Quotient muß nach dem CARNOTschen Satz der Temperaturdifferenz $\varDelta T$ dividiert durch die Temperatur des höher temperierten Wärmereservoirs sein. Man erhält so die Beziehung

$$\frac{\dfrac{e\,\varDelta E}{M}}{\dfrac{e\,E}{M} - Q} = \frac{\varDelta T}{T}. \tag{4a}$$

Man erkennt sogleich, daß dieser Ausdruck mit (4) identisch ist, woraus dann ohne weiteres auch die Richtigkeit von (3) hervorgeht.

§ 59. Selbstinduktion einer Stromspule.

Die Definitionsgleichung für den Selbstinduktionskoeffizienten lautet

$$L = -\frac{V}{\frac{dJ}{dt}}. \tag{1}$$

Um L zu finden, hat man also die durch eine Stromänderung dJ/dt induzierte EmK V zu berechnen. Nun gilt allgemein

$$V = -\frac{d\Phi}{dt}, \tag{2}$$

wo Φ den Induktionslinienfluß bedeutet. Da man V nach (2) elektromagnetisch erhält, soll auch in (1) und in der Folge dasselbe Maßsystem vorausgesetzt werden. Wir berechnen L für den besonders einfachen Fall eines langgestreckten Solenoides. In diesem Falle ist das Magnetfeld im Innern homogen und hat den Wert

$$\mathfrak{H} = 4\,\pi\,J\,\frac{N}{l} \tag{3}$$

(siehe § 44). Der Fluß durch eine Windung ist also, wenn mit q der Querschnitt der Spule bezeichnet wird, $q \cdot \mu \cdot \mathfrak{H}$, und Φ hat für alle N Windungen zusammen daher den Wert

$$\Phi = N\,q\,\mu\,\mathfrak{H}. \tag{4}$$

Unter Berücksichtigung von (3) wird

$$\Phi = N\,q\,\mu \cdot 4\,\pi\,J\,\frac{N}{l}. \tag{5}$$

Diesen Wert in (2) eingesetzt liefert

$$V = -\frac{4\,\pi\,\mu\,q\,N^2}{l}\,\frac{dJ}{dt}. \tag{6}$$

Hieraus folgt gemäß (1)

$$L = \frac{4\,\pi\,\mu\,q\,N^2}{l}. \tag{7}$$

Dieses Resultat kann auch aus der Energiebeziehung gefunden werden:

$$E = \frac{L}{2}\,J^2. \tag{8}$$

Denn diese stellt eine Integrationsform der Beziehung (1) dar (siehe § 46). Die magnetische Energie E ist, da die Energiedichte eines Magnetfeldes den Wert $\dfrac{\mu\,\mathfrak{H}^2}{8\,\pi}$ besitzt,

$$E = \frac{\mu\,\mathfrak{H}^2}{8\,\pi} \times \text{Volumen} = \frac{\mu\,\mathfrak{H}^2\,q\,l}{8\,\pi}. \tag{9}$$

Indem man $\mathfrak{H}$ aus (3) einsetzt, ergibt sich hierfür

$$E = \frac{\mu\,q\,l}{8\,\pi} \cdot \frac{16\,\pi^2\,J^2\,N^2}{l^2},$$

oder schließlich

$$E = \frac{2\,\pi\,\mu\,q\,N^2}{l} \cdot J^2. \tag{10}$$

Durch Vergleich von (8) und (10) folgt dann wiederum der in (7) angegebene Wert für L.

Formel (7) gilt naturgemäß wegen der Wirkung der freien Enden der Spule nur angenähert, am besten etwa noch für eine Spule, die zu einem Kreisring zusammengeschlossen wird.

Bemerkung. Bei der exakten Berechnung von Selbstinduktionen führt der Umstand, daß in der Nähe eines Stromfadens (linearer Leiter) die magnetische Feldstärke ∞ groß wird, stets zu einer gewissen Komplikation. Diese kann nur dadurch beseitigt werden, daß man die Rechnung für Leitungsdrähte gegebener Dicke durchführt.

E. Elektrotechnik.

§ 60. Energieabgabe einer Stromquelle bei angeschlossenem Elektromotor.

Eine Stromquelle, z. B. eine Batterie, mit der elektromotorischen Kraft E (Abb. 74) sei an den Punkten A und B mit einem Elektromotor verbunden. Die OHMschen Widerstände des Kreises links und rechts von A und B seien W_a und W_i, der Gesamtwiderstand sei W. Somit $W = W_a + W_i$.

Frage. Welches ist der Energieverbrauch der Batterie, und wie ändert sich dieser mit der Belastung bzw. der Tourenzahl des Elektromotors?

Ein laufender Motor wirkt gleichzeitig als Dynamo und liefert daher eine Gegenspannung. Wir wollen sie mit P bezeichnen, da diese Größe durchaus der Polarisationsspannung entspricht, die man erhält, wenn an Stelle des Motors eine elektrolytische Zelle gebracht wird. P hängt offenbar von der Tourenzahl des Motors ab. Je weniger dieser belastet ist, um so größer wird also P. Das OHMsche Gesetz lautet nun

$$E - P = W J. \tag{1}$$

Der Energieverbrauch der Batterie in der Zeiteinheit, d. h. ihre Leistung L, ist

$$L = E J.$$

Entnimmt man J aus (1), so erhält man

$$L = \frac{E (E - P)}{W}. \tag{2}$$

Daraus geht das auf den ersten Blick sonderbar anmutende Resultat hervor, daß der Batterieverbrauch, d. h. die Leistung L, größer ist, wenn der Motor stillgehalten wird, als wenn er (unter Arbeitsleistung) läuft. Denn der Verbrauch bei feststehendem Motor, d. h. bei $P = 0$, ist nach (2)

$$L_0 = \frac{E^2}{W}. \tag{2a}$$

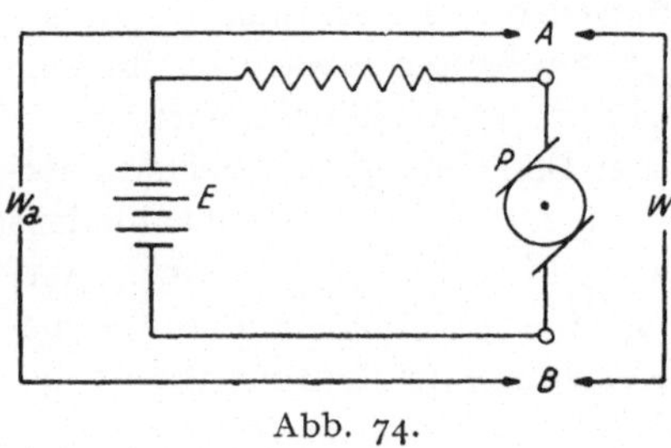

Abb. 74.

In diesem Falle verwandelt sich alles in Wärme. Läßt man aber den Motor laufen, so entsteht zwar ebenfalls Wärme; aber diese zusammen mit der geleisteten mechanischen Arbeit ist kleiner als dem Wert (2a) entspricht.

Zum Vergleich wird man etwa noch das Verhältnis $L : L_0$ anschreiben. Dieses ist nach (2) und (2a)

$$\frac{L_0}{L} = 1 - \frac{P}{E}. \tag{3}$$

Es kann auch bei Freilauf des Motors nicht unterhalb einen durch die Energieverluste im Motor bestimmten Wert herabsinken, da stets $P < E$. Man kann aber durch äußere Arbeitsleistung die Tourenzahl so weit hinauftreiben, daß $P = E$. Dann leistet die Batterie gar keine Arbeit mehr. Und wenn der Motor noch schneller angetrieben wird, so wird $P > E$, und der Batterie wird Energie zugeführt. Dies entspricht etwa dem praktisch wichtigen Fall einer Akkumulatorenbatterie, die aufgeladen wird.

Aufgabe. Um wieviel müßte man das E der Batterie (durch Zusatz von Elementen) vergrößern, damit bei laufendem Motor ebensoviel Energie wie bei stillstehendem verbraucht würde?

§ 61. Leistungsaufnahme eines Elektromotors.

Die Anordnung sei wiederum die der Abb. 74 (§ 60). Wird der Motor völlig gebremst, so nimmt er nur Leistung in Form von Joulescher Wärme in seinem innern Widerstand W_i auf. Läuft er, so konsumiert er nicht nur Stromwärme, sondern noch eine Leistung infolge seiner Rotation. Diese könnte im Idealfall ganz in mechanische Energie umgewandelt werden. In Wirklichkeit aber wird diese ideale Nutzleistung nur zum Teil in mechanische Arbeit umgewandelt, zum Teil wird sie durch Reibung, Hysterese, Wirbelströme usw. im Motor verbraucht und geht so verloren.

Frage. In welcher Beziehung steht die ideale Nutzleistung L' zur Stärke der Stromquelle E? Wie groß ist anderseits die gesamte vom Motor aufgenommene Leistung L''?

Man wird wiederum an die Grundbeziehung des § 60 anknüpfen:

$$E - P = W J. \tag{1}$$

Die Nutzleistung ist offenbar gleich der Batterieleistung, vermindert um die gesamte im Stromkreis verbrauchte Joulesche Wärme, also

$$L' = E J - W J^2.$$

Ein Blick auf (1) zeigt, daß man diesen Ausdruck ohne weiteres gewinnt, wenn man (1) mit J erweitert. Dann folgt nämlich

$$E J - P J = W J^2,$$

d. h.

$$L' = P J. \tag{2}$$

Setzt man nun J aus (1) in (2) ein, so erhält man das Resultat

$$L' = \frac{P(E - P)}{W}. \tag{2a}$$

Die Nutzleistung ist demnach sowohl, wenn $P = 0$, als wenn $P = E$, gleich 0 und ist, wie ohne Rechnung einzusehen, am größten, wenn $P = \dfrac{E}{2}$. Dann ist nach (2a)

$$L'_{max} = \frac{1}{4} \frac{E^2}{W}, \tag{3}$$

also im Hinblick auf § 60 (2a)

$$L'_{\max} = \frac{1}{4} L_0. \tag{3a}$$

Die gesamte vom Motor aufgenommene Leistung L'' erhält man, wenn man zu L' noch die im Motor verbrauchte JOULEsche Wärme hinzufügt

$$L'' = P J + W_i J^2 \tag{4}$$
$$= J (P + W_i J).$$

Indem man das J in der Klammer ersetzt unter Benützung von (1), ist dies auch

$$L'' = J \frac{P W_a + E W_i}{W}. \tag{5}$$

Da die Leistung L'' anderseits $= J \times$ Klemmenspannung am Motor ist, so erkennt man, daß letztere (V) gegeben ist durch

$$V = \frac{P W_a + E W_i}{W}. \tag{6}$$

Es ist zu vermuten, daß L'' (ähnlich wie L') für ein bestimmtes P einen Maximalwert aufweist. Wir ersetzen zunächst in (5) J durch dessen Wert aus (1) und schreiben

$$L'' = \frac{E - P}{W} \, \frac{P W_a + E W_i}{W}.$$

Durch Differenzieren nach P erhalten wir

$$\frac{dL''}{dP} = \frac{(E - P) W_a - (P W_a + E W_i)}{W^2}.$$

Wenn wir diesen Ausdruck gleich o setzen, so folgt für P die Beziehung

$$P = \frac{E}{2} \left(1 - \frac{W_i}{W_a}\right). \tag{7}$$

Ein Maximalwert tritt also hier nur auf, wenn $W_i < W_a$, da nur dann P positiv ausfällt. Beim unteren Grenzfall $W_i = 0$, wo im Motor keine JOULEsche Wärme verbraucht wird, erhält man nach (7) $P = \dfrac{E}{2}$, also dieselbe Bedingung wie oben für L', was nicht zu verwundern, da dann überhaupt L' und L'' identisch werden. Damit ist aber auch gezeigt, daß das Resultat (7), wie im früheren Fall, auch nur einem Maximum und nicht einem Minimum entsprechen kann.

Bemerkung. Zur Demonstration des Maximums von L'' bremse man einen Elektromotor allmählich vom Leerlauf bis zum Stillstand ab. Dann sinkt P von seinem größten Wert auf 0, und man beobachtet bei einer bestimmten Tourenzahl einen Maximalausschlag am angeschlossenen Wattmeter.

Aufgabe. Wie müssen die Elemente einer Akkumulatorenbatterie geschaltet werden, daß diese bei gegebener Stromquelle E möglichst rasch aufgeladen wird? W_i kann in diesem Falle als sehr klein außer Betracht gelassen werden.

§ 62. Addition von Wechselstromgrößen.

Gegeben seien zwei Wechselspannungen

$$V_1 = \overline{V}_1 \sin \omega t$$

und

$$V_2 = \overline{V}_2 \sin (\omega t + \varphi). \tag{1}$$

Hier bedeuten $\overline{V}_1$ und $\overline{V}_2$ die Scheitelspannungen, φ die Phasendifferenz zwischen beiden Spannungen, ω die Kreisfrequenz. Es soll gezeigt werden, wie man geometrisch die Summe $V = V_1 + V_2$ finden kann. Vorausgesetzt ist hier, wie bei allen ähnlichen Fällen, daß ω für beide Summanden gleich groß ist.

Man erkennt, daß die beiden Ausdrücke (1) die Form linearer harmonischer Schwingungen besitzen. Diese können aber immer als Projektion einer gleichförmigen Kreisbewegung aufgefaßt werden. Lassen wir nämlich einen

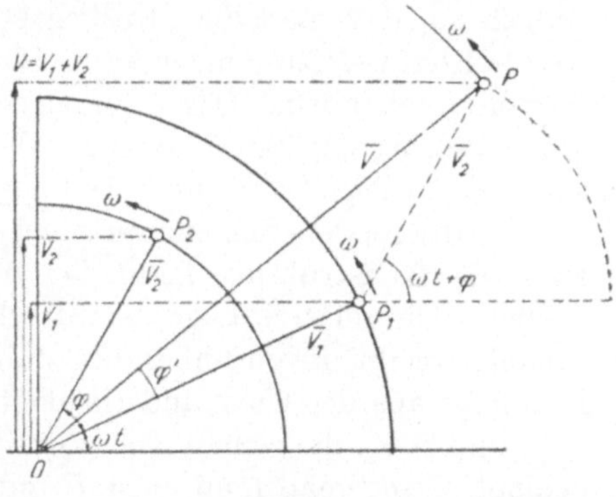

Abb. 75.

Punkt P_1 (Abb. 75) auf einem Kreis mit dem Radius $\overline{V}_1$ mit gleichförmiger Winkelgeschwindigkeit ω rotieren, so hat er in der Zeit t den Winkel ωt überstrichen. Seine Projektion auf den vertikalen Durchmesser des Kreises ergibt die Strecke $V_1 = \overline{V}_1 \sin \omega t$. Für die Projektion des Punktes P_2, der $\omega t + \varphi$ auf dem Kreise mit dem Radius $\overline{V}_2$ überstrichen hat, gilt analog $V_2 = \overline{V}_2 \sin(\omega t + \varphi)$. Die Rotationsbewegung der Punkte P_1 und P_2 läßt sich nun nach dem Prinzip der ungestörten Superposition zusammensetzen. Man nimmt von P_1 aus den Radius $\overline{V}_2$ in den Zirkel und trägt ihn in Richtung $\omega t + \varphi$ auf (ebensogut könnte man natürlich auch, von P_2 ausgehend, die Strecke $\overline{V}_1$ in Richtung ωt auftragen). So gelangt man zu einem Punkt P, dessen Projektion auf die Vertikale die Strecke $V = V_1 + V_2$, d. h. die algebraische Summe der beiden Pfeile V_1 und V_2 ergibt. P repräsentiert daher den Ort, welcher der gleichzeitigen Rotation der Punkte P_1 und P_2 auf ihrem Kreis nach Ablauf der Zeit t entspricht. V erscheint als Projektion der Strecke OP auf die Vertikale, d. h. es ist $V = {}= \overline{OP} \cdot \sin(\omega t + \varphi')$, wenn wir mit φ' den Winkel zwischen OP und OP_1 bezeichnen. Den größten Wert, den V annehmen kann, ist $\overline{OP}$. Letzteres bedeutet daher den Scheitelwert der Spannung, so daß man schreiben kann $V = \overline{V} \sin(\omega t + \varphi')$. Die Summation der Ausdrücke (1) ergibt also eine resultierende Wechselspannung V mit dem Scheitelwert $\overline{V}$ und der Phase $\omega t + \varphi'$. Diese beiden Größen findet man gemäß der Zeichnung einfach so, daß man die Strecken OP_1 und OP_2 vektoriell zur Resultanten OP zusammensetzt. Man darf daher V_1 und V_2 als Vektoren behandeln. Das Argument des Sinus gibt die Richtung an, in welcher der Zahlenwert des Vektors, d. h. der Scheitelwert, aufzutragen ist. Dann gibt die Länge des resultierenden Pfeiles den resultierenden Scheitelwert und dessen Richtung die Phase an. Die Konstruktion kann für beliebige t-Werte ausgeführt werden. Die relative Lage der Strecken OP_1, OP_2 und OP zueinander bleibt davon unberührt, d. h. φ' bleibt zeitlich konstant. Dies folgt aus der Unveränderlichkeit der gegenseitigen Lage von OP_1 und OP_2, die gemäß Konstruktion ein festes Verhältnis zu P bedingt. Demgemäß muß auch P mit derselben Winkelgeschwindigkeit wie P_1 und P_2 rotieren.

Die vektorielle Behandlungsweise von Wechselstromgrößen läßt sich nicht nur geometrisch, sondern auch algebraisch begründen. Wir setzen

$$V = V_1 + V_2 = \overline{V}_1 \sin \omega t + \overline{V}_2 \sin(\omega t + \varphi), \qquad (2)$$

und wollen nun 1. zeigen, daß V wieder eine Wechselspannung mit der Kreisfrequenz ω ist und 2., daß Scheitelwert und Phase

der vektoriellen Zusammensetzung von V_1 und V_2 entsprechen.
Wir setzen also

$$V = \overline{V} \sin (\omega t + \varphi'). \tag{3}$$

Durch Gleichsetzen von (2) und (3) und Entwickeln der Sinus-
glieder erhalten wir

$$\overline{V} \sin \omega t \cos \varphi' + \overline{V} \cos \omega t \sin \varphi'$$
$$= \overline{V}_1 \sin \omega t + \overline{V}_2 \sin \omega t \cos \varphi + \overline{V}_2 \cos \omega t \sin \varphi. \tag{4}$$

Damit diese Gleichung für beliebige Werte von t erfüllt ist, müssen
einerseits die Faktoren von $\sin \omega t$ und anderseits die Faktoren
von $\cos \omega t$ auf der linken Seite der Gleichung gleich denen der
rechten Seite sein. Das heißt, es muß sein

$$\overline{V} \cos \varphi' = \overline{V}_1 + \overline{V}_2 \cos \varphi$$

und

$$\overline{V} \sin \varphi' = \overline{V}_2 \sin \varphi. \tag{5}$$

Hieraus folgt durch Quadrieren und Addieren

$$\overline{V}^2 = \overline{V}_1^2 + \overline{V}_2^2 + 2\,\overline{V}_1\,\overline{V}_2 \cos \varphi, \tag{6}$$

ferner durch Division

$$\operatorname{tg} \varphi' = \frac{\overline{V}_2 \sin \varphi}{\overline{V}_1 + \overline{V}_2 \cos \varphi}. \tag{7}$$

Wir stellen also zunächst fest, daß es möglich ist, $V_1 + V_2$ durch
eine Wechselspannung der Kreisfrequenz ω gemäß (3) darzustellen. Bedingung hierfür ist die Erfüllung der Gleichungen (6)
und (7). (6) sagt aber nichts anderes aus, als daß $\overline{V}$ die Diagonale
eines Parallelogramms mit den beiden Seiten V_1 und V_2 und dem
eingeschlossenen Winkel φ bedeutet. Denn nach Abb. 75 ist
gemäß dem Kosinussatz

$$\overline{V}^2 = \overline{V}_1^2 + \overline{V}_2^2 - 2\,\overline{V}_1\,\overline{V}_2 \cos (180 - \varphi).$$

(7) entspricht der Formel, nach welcher sich der Winkel zwischen
$\overline{V}$ und $\overline{V}_1$ berechnet. Damit ist aber bewiesen, daß man die Summe
zweier Wechselspannungen erhält, wenn man deren Scheitel-
werte vektoriell zusammensetzt. Die Resultante gibt dann den
Scheitelwert und die Phase der resultierenden Spannung.

§ 63. Wechselstromwiderstand eines Schwingungskreises.

Eine Wechselspannung $V = \overline{V} \sin \omega t$ werde an einen Schwingungskreis angelegt (Abb. 76). Dann fließt ein Teil des Wechsel-

stroms durch den Kondensator C mit dem Widerstand W_2 und ein Teil durch die Stromspule mit dem Widerstand W_1, und es ist in jedem Moment

$$i = i_1 + i_2. \tag{1}$$

Bezeichnen wir die Scheitelwerte der Ströme mit $\bar{i}$, $\bar{i}_1$ und $\bar{i}_2$, so folgen die entsprechenden Widerstände W, W_1 und W_2 nach dem Ohmschen Gesetz aus

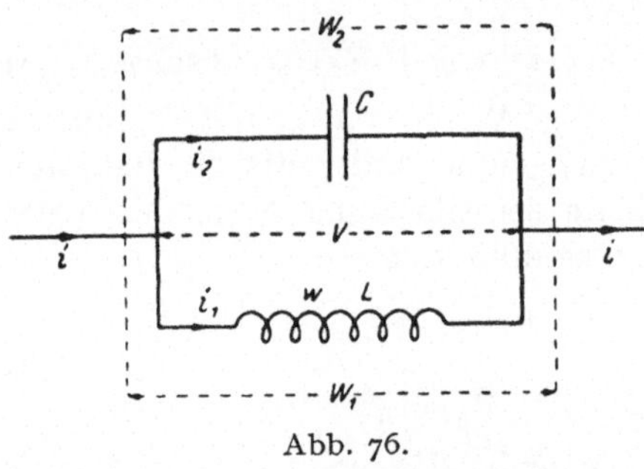

Abb. 76.

$$\frac{1}{W} = \frac{\bar{i}}{\bar{V}}, \quad \frac{1}{W_1} = \frac{\bar{i}_1}{\bar{V}}$$

und $\quad \dfrac{1}{W_2} = \dfrac{\bar{i}_2}{\bar{V}}. \tag{2}$

Da $\bar{V}$ überall als gemeinsamer Faktor auftritt, so sind die Leitwerte $1/W$, $1/W_1$ und $1/W_2$ den Scheitelwerten der Ströme proportional. Das heißt aber, die in der geometrischen Darstellung aufgetragenen Stromwerte stellen bis auf einen konstanten Faktor auch die Leitwerte dar.

Der Strom i_1 in der Stromspule hinkt hinter V nach. Die Phasenverschiebung betrage φ. Dann ist $\bar{i}_1$ unter dem Winkel $-\varphi$ aufzutragen (Abb. 77). i_2 eilt anderseits um $\pi/2$ voraus, also weist $\bar{i}_2$ nach oben. Die Zusammensetzung von $\bar{i}_1$ und $\bar{i}_2$ kann nun so geschehen, daß man $\bar{i}_1$ erst in seine Komponenten $\bar{i}_1 \sin \varphi$ und $\bar{i}_1 \cos \varphi$ zerlegt und die erstere von $\bar{i}_2$ subtrahiert. Dann hat man die Resultante aus dem horizontalen Teil $\bar{i}_1 \cos \varphi$ und dem vertikalen $\bar{i}_2 - \bar{i}_1 \sin \varphi$ zu bilden, was uns liefert

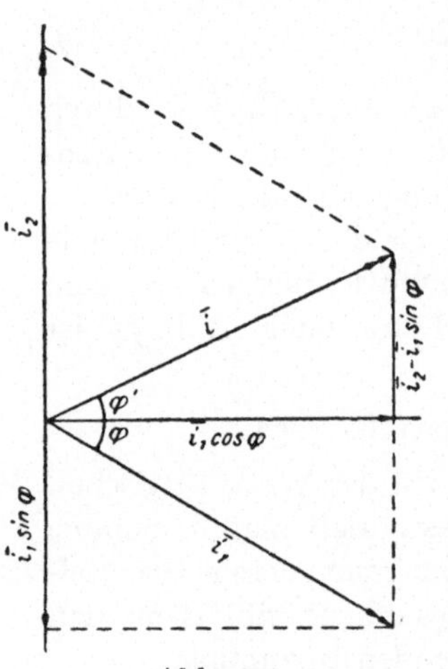

Abb. 77.

$$\bar{i}^2 = (\bar{i}_1 \cos \varphi)^2 + (\bar{i}_2 - \bar{i}_1 \sin \varphi)^2,$$

d. h.

$$\bar{i}^2 = \bar{i}_1{}^2 + \bar{i}_2{}^2 - 2\,\bar{i}_1 \bar{i}_2 \sin \varphi. \tag{3}$$

Dies ergibt unter Berücksichtigung von (2)

$$\frac{1}{W^2} = \frac{1}{W_1^2} + \frac{1}{W_2^2} - \frac{2 \sin \varphi}{W_1 \, W_2}. \tag{4}$$

Nun ist in bekannter Weise der Wechselstromwiderstand

für einen Kondensator $\qquad W_2 = \dfrac{1}{\omega C}$,

für eine Stromspule $\qquad W_1 = \sqrt{w^2 + \omega^2 L^2}$,

ferner ist

$$\operatorname{tg} \varphi = \frac{\omega L}{w} \quad \text{und damit} \quad \sin \varphi = \frac{\omega L}{\sqrt{w^2 + \omega^2 L^2}},$$

also erhält man

$$\frac{1}{W^2} = \frac{1}{w^2 + \omega^2 L^2} + \omega^2 C^2 - \frac{2 \, \omega L \, \omega C}{w^2 + \omega^2 L^2}.$$

Auf gleichen Nenner gebracht, kommt

$$\frac{1}{W^2} = \frac{1 + w^2 \, \omega^2 \, C^2 + \omega^4 \, L^2 \, C^2 - 2 \, \omega^2 \, L \, C}{w^2 + \omega^2 L^2}$$

Das 1., 3. und 4. Glied im Zähler geben ein vollständiges Quadrat, so daß man das Resultat schreiben kann

$$W = \sqrt{\frac{w^2 + \omega^2 L^2}{(1 - \omega^2 L \, C)^2 + \omega^2 \, C^2 \, w^2}}. \tag{5}$$

Die Phasendifferenz zwischen i und V erhält man gemäß Abb. 77 zu

$$\operatorname{tg} \varphi' = \frac{W_1 - W_2 \sin \varphi}{W_2 \cos \varphi} \tag{6}$$

$$= \frac{W_1}{W_2 \cos \varphi} - \operatorname{tg} \varphi$$

$$= \frac{\omega C \sqrt{w^2 + \omega^2 L^2}}{\cos \varphi} - \frac{\omega L}{w}.$$

Wenn man für $\cos \varphi$ noch seinen Wert einsetzt, findet man schließlich

$$\operatorname{tg} \varphi' = \omega C \, w - \frac{\omega L}{w} (1 - \omega^2 L \, C). \tag{7}$$

Aus (5) geht hervor, daß W ein Maximum wird, wenn

$$1 - \omega^2 L \, C = 0, \tag{8}$$

d. h. wenn Stromresonanz vorhanden ist. Es wird dann

$$W = \frac{\sqrt{w^2 + \omega^2 L^2}}{\omega C \, w} \quad \text{oder} \quad W = \frac{W_1 \, W_2}{w}. \tag{9}$$

Ist w verschwindend klein, so stellt der Schwingungskreis praktisch einen Stromunterbruch dar, da $W = \infty$. Für φ' erhält man

$$\operatorname{tg} \varphi' = \omega\, C\, w. \tag{10}$$

Dieser Ausdruck kann vermöge Beziehung (8) auch in der Form geschrieben werden

$$\operatorname{tg} \varphi' = \frac{w}{\omega\, L}. \tag{10a}$$

Man hat daher

$$\operatorname{tg} \varphi'\, \operatorname{tg} \varphi = 1. \tag{10b}$$

φ' ist bei Resonanz stets von Null verschieden, solange $w \neq 0$ ist. Es ist jedoch möglich, φ' unter anderen Bedingungen zu Null zu machen. Indem wir den Ausdruck (7) gleich Null setzen, erhalten wir hierfür die Beziehung

$$\frac{L}{C} = w^2 + \omega^2\, L^2. \tag{11}$$

Allgemeine Bemerkung. Bei Parallel-/Hintereinander- Schaltung sind die Ströme/Spannungen vektoriell zusammenzusetzen. Da die Spannung/der Strom für die einzelnen Teile dieselbe/derselbe ist, so ergibt die Summation den resultierenden reziproken Widerstand/Widerstand.

Aufgabe. Man führe die Rechnung in der hier gezeigten Weise unter der Annahme durch, 1. daß vor den Kondensator ein OHMscher Widerstand gelegt sei, 2. daß parallel zum Kondensator ein OHMscher Widerstand liege. Letzteres repräsentiert das Ersatzschema für den Fall eines mit Verlusten behafteten Kondensators.

VI. Radiologie und Atomphysik.

§ 64. Druck durch bewegte Ionen.

Nicht nur in Elektrolyten, sondern auch in Gasen bewegen sich die Ionen unter Reibung durch das Medium und nehmen daher in einem elektrischen Felde $\mathfrak{E}$ eine gleichförmige Geschwindigkeit v an. Bezeichnet man die Geschwindigkeit im Felde $1\ \mathrm{V/cm}$ mit u, so gilt

$$v = u\, \mathfrak{E}. \tag{1}$$

Die Ionen übertragen dabei fortwährend Impuls auf die Gasmoleküle, und es entstehen Druckdifferenzen, die den elektrischen Wind verursachen.

Frage. Welches sind die durch den Ionenstrom hervorgerufenen Gasdruckänderungen?

Wir wollen, um möglichst einfache Verhältnisse zu bekommen,
der Berechnung eine Anordnung zugrunde legen, bei der nur
Druckänderungen, aber keine Gasströmungen auftreten. Wir
erzeugen z. B. einen Ionenstrom in einem abgeschlossenen
Gasraum. Zwischen zwei Kondensatorplatten P_1 P_2 wird (Abb. 78),
sofern diese genügend groß und
nahe beieinander sind, die Luft
an allen Stellen eines Querschnitts gleich stark nach rechts
bzw. nach links bewegt, kann
aber seitlich nicht ausweichen,
und es entstehen Druckdifferenzen in der Längsrichtung.

Hier liegt nun ein Fall vor,
wo es für die Berechnung und das

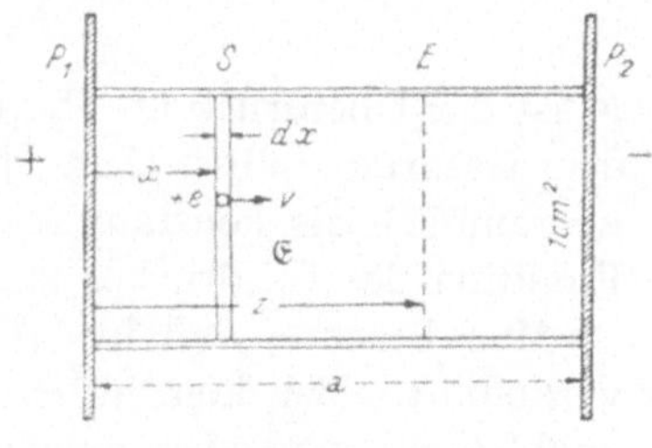
Abb. 78.

Verständnis nötig ist, erst auf den elementaren Vorgang einzu-
gehen und dann den Allgemeinfall sozusagen aus seinen Bestand-
teilen aufzubauen. Wir denken uns einmal ein einzelnes Ion mit
seiner Ladung $+e$ an irgend einer Stelle, z. B. in der Schicht S
entstanden (Abstand x). Auf dieses wirke die Kraft $K = \mathfrak{E} \cdot e$.
Auf einer beliebigen Strecke $S\,E = z - x$ überträgt es an die
Gasmoleküle den Impuls $K \cdot t$, wo t die Laufzeit von S nach E
ist. Da $v = \dfrac{z - x}{t}$, so haben wir für den Impuls

$$K\,t = \mathfrak{E}\,e\,\frac{z - x}{v}.$$

Gemäß (1) ergibt dies, wenn wir die Beweglichkeit für $+$ Ionen
mit u^+ bezeichnen:

$$K\,t = \frac{e\,(z - x)}{u^+}. \tag{2}$$

Starten nun aus der dünnen Schicht S (Dicke dx) pro Sekunde
Z Ionen, so ist der auf die Zwischenschicht S—E pro Sekunde
übertragene Impuls oder die treibende Kraft gegeben durch

$$K_1 = Z\,K\,t = Z\,\frac{e\,(z - x)}{u^+}. \tag{3}$$

Dieser hält nun eine Gegenkraft in Form eines in E gegenüber S erhöhten Gasdruckes p_z das Gleichgewicht. Die Druckerhöhung an E ist daher

$$p_z = Z\,\frac{e\,(z - x)}{u^+}. \tag{3a}$$

Befindet sich die Ionen emittierende Schicht (Oberflächenionisierung) an P_1, so gilt, da $x = 0$,

$$p_z = \frac{Z\,e\,z}{u^+}. \tag{4}$$

Der Druck steigt linear an und beträgt an der Gegenplatte $z = a$

$$p_a = \frac{Z\,e\,a}{u^+}. \tag{4a}$$

p_a ist der Überdruck an P_2 gegenüber P_1 und ist, verglichen mit dem Gasdruck selbst, klein. Daher durfte auch bei der Ableitung u^+ räumlich als konstant angenommen werden, obschon es eine Funktion des Gasdruckes ist.

Man beachte, daß in (4) bzw. (4a) die Feldstärke $\mathfrak{E}$ nicht vorkommt. Bei konstantem Z ist der Ionendruck also ganz unabhängig von der angelegten Spannung. In Wirklichkeit liegen die Verhältnisse allerdings anders. Sendet P_1 z. B. Glühionen aus, dann wird von diesen je nach der angelegten Spannung nur ein mehr oder weniger großer Prozentsatz der pro Sekunde gebildeten Ionen in die Strombahn gezogen. Der Gasdruck p_a wächst also genau nach dem Gesetz an, nach dem der Ionenstrom mit der Spannung ansteigt. Man könnte geradezu die Sättigungskurve manometrisch aufnehmen.

Wir erweitern nun unsere Betrachtung auf den Fall, wo die Ionen nicht nur in einer dünnen Schicht S, sondern im ganzen Zwischenraum erzeugt werden. Damit erhalten wir allerdings die Komplikation, daß immer $+$- und $-$-Ionen gleichzeitig entstehen. Wir können uns aber die Betrachtung dadurch vereinfachen, daß wir annehmen, es sei nur eine Ionensorte vorhanden. Und weiterhin wird man sich auf den einfachsten Fall beschränken, daß die Ionisierung homogen sei, d. h. daß in jedem Kubikzentimeter pro Sekunde N $+$-Ionen gebildet werden. Dann ist die in der Schicht S (Querschnitt $1\ \mathrm{cm}^2$) erzeugte Menge $N \cdot dx$ und die Druckerhöhung, welche diese Ionen erzeugen, ist gemäß (3)

$$\frac{N\,e}{u^+}\,(z - x)\,dx. \tag{5}$$

Nun denken wir uns den ganzen Zwischenraum zwischen P_1 und E in lauter solche Schichten S zerlegt und summieren alle durch (5) wiedergegebenen Einzelwirkungen. So erhalten wir unmittelbar

$$\int\limits_0^z \frac{N\,e}{u^+}\,(z-x)\,dx.$$

Dies ergibt

$$\frac{N\,e}{u^+}\left[z\,x-\frac{x^2}{2}\right]_0^z = \frac{N\,e}{u^+}\left(z\cdot z-\frac{z^2}{2}\right),$$

oder

$$p_z{}^+ = \frac{N\,e\,z^2}{2\,u^+}. \tag{6}$$

Der Druckanstieg ist also quadratisch und hängt wiederum nicht von $\mathfrak{E}$ ab.

In Wirklichkeit kommt nun noch ein entgegengesetzter negativer Ionenstrom hinzu. Dessen Wirkung superponiert sich, so daß wir in derselben Schicht E eine Druckerhöhung in entgegengesetzter Richtung erhalten. An Stelle von u^+ müssen wir jetzt u^- und an Stelle des Abstandes z, den Abstand von P_2, also $a-z$ setzen. Es ist somit

$$p_z{}^- = \frac{N\,e\,(a-z)^2}{2\,u^-}. \tag{7}$$

Den Ionendruck der $+$-Ionen an P_2 erhält man, wenn man in (6) $z=a$ setzt. Somit haben wir

$$p_a{}^+ = \frac{N\,e\,a^2}{2\,u^+}. \tag{6a}$$

Den Ionendruck der $-$-Ionen an P_1 erhalten wir andererseits, wenn wir in (7) $z=0$ setzen. Also ist

$$p_0{}^- = \frac{N\,e\,a^2}{2\,u^-}. \tag{7a}$$

Zum besseren Verständnis tragen wir die beiden Kurven (6) und (7) in

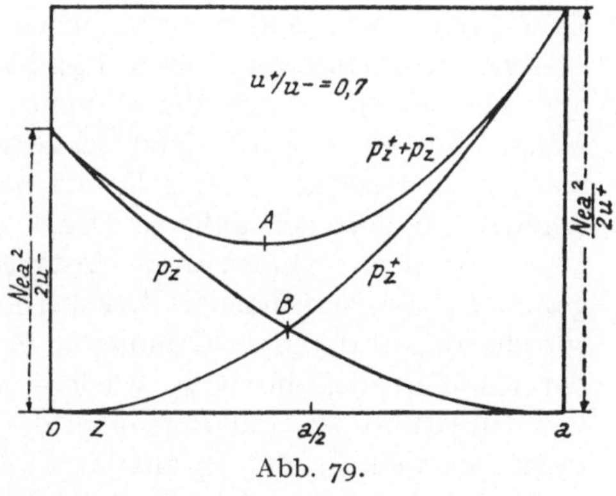

Abb. 79.

Abb. 79 unter der gewöhnlich zutreffenden Voraussetzung, daß $u^+ < u^-$, auf. Die Kurven $p_z{}^+$ und $p_z{}^-$ geben nun den Druckverlauf für die beiden Fälle an, daß je nur eine Ionensorte allein vorhanden sei. Wie ist der Verlauf nun bei gleichzeitiger Wirkung beider Ionen? Die $+$-Ionen erzeugen eine Druckerhöhung nach rechts, die $-$-Ionen nach links. Also hätte man allem Anschein nach einfach eine Differenzwirkung, und der resultierende Verlauf ergäbe sich als Differenz von $p_z^+ - p_z^-$. Wir haben hier aber ein hübsches Beispiel für einen naheliegenden Trugschluß vor uns. Denn es ist gerade umgekehrt. Den resultierenden Druck erhält man durch Addition von p_z^+ und p_z^-. Denn man denke sich erst den positiven Ionenstrom allein. Dann stellt sich der Druckverlauf p_z^+ (Abb. 79) ein. Nun setzen wir den $-$-Ionenstrom zu. Dieser bildet über dieser Druckkurve den seinem p_z^- entsprechenden Druckverlauf aus. Man hat also überall zu den Ordinaten von p_z^+ noch die von p_z^- zu addieren, und erhält dann die in Abb. 79 eingezeichnete muldenförmige Kurve $p_z = p_z^+ + p_z^-$.

Es ist

$$p_z = \frac{N\,e}{2}\left(\frac{z^2}{u^+} + \frac{(a-z)^2}{u^-}\right). \tag{8}$$

Hiernach bzw. aus Abb. 79 ist zu ersehen, daß im ganzen Zwischenraum $P_1\,P_2$ Überdruck herrscht. Diesen kann man sich wiederum aus der Zusammensetzung des Endzustandes aus den Einzeleffekten erklären. Man denke sich zunächst das Gefäß Abb. 78 stromlos. In P_1 befinde sich eine kleine Öffnung, so daß der Druck innen und außen ausgeglichen ist. Nun lasse man den $+$-Ionenstrom einsetzen. Gegen P_2 bildet sich eine Druckerhöhung aus, und es wird durch die Öffnung in P_1 eine entsprechende Menge Luft eingesogen. Jetzt schließen wir diese Öffnung und machen eine solche in P_2. Damit nun keine Luft ausströme, erhöhen wir dort den äußeren Druck um p_a gemäß (6a). Jetzt lassen wir den $-$-Ionenstrom einsetzen. Sogleich entsteht eine gegen P_1 hin zunehmende Druckerhöhung, und es wird entsprechend Luft durch die Öffnung in P_2 nachgesogen. Es entsteht der resultierende, durch p_z wiedergegebene Druckverlauf, der nun den Drucküberschuß gegenüber der Atmosphäre im Zwischenraum zwischen P_1 und P_2 angibt.

Gewöhnlich interessiert die Druckdifferenz zwischen den beiden Platten. Diese ist, wie aus Abb. 79 ohne weiteres ersichtlich,

$$p_{12} = \frac{N\,e\,a^2}{2}\left(\frac{1}{u^+} - \frac{1}{u^-}\right). \tag{9}$$

Für die Lage des Druckminimums zwischen $P_1 P_2$, d. h. für A, findet man aus (8) leicht die Beziehung

$$\frac{a-z}{z} = \frac{u^-}{u^+}. \tag{10}$$

Diese gibt, wie die Ionenlehre zeigt, zugleich die Lage für die neutrale Schicht an, welche die an P_1 liegende —- und an P_2 liegende $+$-Raumladung voneinander trennt. Die größte zwischen P_1 und P_2 auftretende Druckdifferenz liegt offenbar zwischen A und P_2[1]. Die Lage von A stimmt nicht etwa mit der von B, wo $p_z{}^+ = p_z{}^-$ ist, überein. Dieser Punkt ist bestimmt durch

$$\frac{a-z}{z} = \sqrt{\frac{u^-}{u^+}}. \tag{11}$$

Zum Schluß bemerken wir noch ausdrücklich, daß unsere Formeln nur für ein räumlich konstantes N gelten. Hierfür sind zwei Bedingungen zu erfüllen: 1. muß die gebildete Ionenzahl in jedem Kubikzentimeter die gleiche sein, 2. ist für Sättigungsstrom zu sorgen. Mit dem Vorhandensein von Wiedervereinigung ist weder die Ionendichte räumlich konstant, noch ist überhaupt die Zahl der $+$- und —-Ionen an einem gegebenen Ort gleich groß.

Im übrigen läßt sich eine weitere Verallgemeinerung der Formeln für den Fall räumlich variabler Ionisierung und bei Vorhandensein verschiedener Ionensorten unschwer durchführen.[2]

Frage. In einem abgeschlossenen Gefäß (Abb. 78) entsteht durch den Ionenstrom an P_2 ein größerer Gasdruck als an P_1. Warum erfährt das Gefäß trotzdem keine nach rechts treibende Kraft?

Aufgabe. Man rechne die Druckdifferenz zwischen $A P_1$ und $A P_2$ (Abb. 78 u. 79) aus.

§ 65. Bestimmung der Lichtgeschwindigkeit mit Hilfe von Ionenströmen.

Als Umrechnungsfaktor zwischen dem elektrostatischen und dem elektromagnetischen Maßsystem erscheint die „kritische Geschwindigkeit", die mit der Lichtgeschwindigkeit identisch ist. Um diese zu bestimmen, hat man also eine und dieselbe

---

[1] Phys. Z. 19, 188 (1918).
[2] HESS, V. F.: S.-B. Akad. Wiss. Wien, Abt. IIa 129, Heft 6 (1920).

Größe einmal im einen und einmal im andern Maß zu messen. Mit Vorliebe wurde die Kapazitätsmessung angewendet, die sich durch besondere Genauigkeit auszeichnet und den Vorteil hat, daß man die Kapazität elektrostatisch nicht zu bestimmen braucht, sondern aus den Abmessungen des Kondensators sehr genau berechnen kann. In gewisser Hinsicht noch einfacher ist es,[1] die Dielektrizitätskonstante zu benützen. Wählt man als Versuchsobjekt das Vakuum, dann braucht die DK. elektrostatisch überhaupt nicht gemessen zu werden, sie hat den Wert 1. Geeignet erweist sich hier die POISSONsche Gleichung[2]

$$\varepsilon\, \Delta V = -\, 4\,\pi\varrho. \tag{1}$$

Hier bedeutet ΔV in bekannter Weise die Summe der zweiten Ableitungen nach den drei Koordinaten

$$\frac{\partial^2 V}{\partial x^2} + \frac{\partial^2 V}{\partial y^2} + \frac{\partial V^2}{\partial z^2},$$

oder, da die Komponenten der Feldstärke $\mathfrak{E}_x = -\dfrac{\partial V}{\partial x}$ usw. sind,

$$-\left(\frac{\partial \mathfrak{E}_x}{\partial x} + \frac{\partial \mathfrak{E}_y}{\partial y} + \frac{\partial \mathfrak{E}_z}{\partial z}\right) = -\,\mathrm{div}\,\mathfrak{E} \quad (\text{Divergenz von } \mathfrak{E}).$$

ϱ ist die räumliche Ladung im Kubikzentimeter, ε die DK.

Man kann nun (1) für das elektromagnetische und das elektrostatische Maßsystem anschreiben. Mit den entsprechenden Indizes hat man dann

$$\varepsilon_m\, \mathrm{div}\,\mathfrak{E}_m = 4\,\pi\,\varrho_m \tag{1a}$$

und

$$\varepsilon_s\, \mathrm{div}\,\mathfrak{E}_s = 4\,\pi\,\varrho_s. \tag{1b}$$

Dazu kommt noch

$$\varepsilon_m = \frac{\varepsilon_s}{c^2}, \tag{2}$$

wo c die Lichtgeschwindigkeit bedeutet. Besteht nun eine experimentelle Möglichkeit, (1) auf das Vakuum anzuwenden, so wird (1b) zur Messung von ε_s gar nicht benötigt. Man kann in (2)

---

[1] Siehe ausführlicher Z. f. Phys. 10, 63 (1922). — Ionen und Elektronen, S. 52. Teubner 1934.

[2] In der oft gebrauchten Form $\Delta V = -4\,\pi\,\varrho$ gilt die Beziehung nur für das Vakuum und stimmt auch in den Dimensionen nur im elektrostatischen Maßsystem.

$\varepsilon_s = 1$ setzen und unter Verwendung von $\varepsilon_m = \dfrac{1}{c^2}$ wird (1a) dann

$$\frac{1}{c^2}\,\operatorname{div}\mathfrak{E}_m = 4\,\pi\,\varrho_m. \tag{3}$$

Man hat nun im Prinzip an irgendwelchen Raumladungen ϱ_m im Vakuum die div $\mathfrak{E}_m$ zu messen, um aus (3) c zu finden. Solche Raumladungen sind leicht herzustellen, so durch Elektronen. Ja, auch Ionen in Luft und in anderen Gasen können verwendet werden, da man die DK. der Gase immer noch praktisch $= 1$ setzen darf. Hingegen erweisen sich die Größen der Beziehung (3) ungeeignet zur Messung. Nun muß aber auch jede andere Beziehung, die sich aus (3) herleitet, zur Bestimmung von c verwendbar sein. Eine solche ist die Raumladungscharakteristik, d. h. die Beziehung zwischen Strom und Spannung für ein ionisiertes Gas. Besonders einfach sind die Ausdrücke für den Fall der Oberflächenionisierung. Wir weisen hier auf folgende Fälle hin:

1. Elektronenstrom im Vakuum zwischen einer Zylinderelektrode und einem koaxialen Glühdraht (Länge $= l$, Radius $= r$). Für diesen gilt nach SCHOTTKY

$$c^2\,J_m = \frac{2}{9}\sqrt{2\,\frac{e_m}{m}\,\frac{l}{r}}\;V_m^{3/2}. \tag{4}$$

e_m/m bedeutet dabei die spezifische Elektronenladung (Ladung pro Masseneinheit).

2. Ionenstrom in Gasen.

a) Für einen Plattenkondensator (Abstand $= a$, Fläche $= f$, Ionenbeweglichkeit $= u_m$) findet man nach RUTHERFORD

$$c^2\,J_m = \frac{9\,u_m\,f}{32\,\pi\,a^3}\,V_m^2. \tag{5}$$

b) Für zylindrische Anordnung (innerer und äußerer Radius $= a$ bzw. b, Länge $= l$) ist nach GREINACHER[1]

$$c^2\,J_m = \frac{l\,u_m\,V_m^2}{2\,a^2\left(\sqrt{(b/a)^2-1}-\operatorname{arc\,tg}\sqrt{(b/a)^2-1}\,\right)^2}. \tag{6}$$

Praktisch am einfachsten ist die Anwendung der Formel (4).

---

[1] Ionen und Elektronen, S. 31. Teubner 1924.

Wenn wir V_m, I_m und e_m in Volt, Ampere und Coulomb umrechnen, so findet man nach c aufgelöst

$$c = 0{,}997 \cdot 10^6 \sqrt{\dfrac{\dfrac{l}{r} V^{3/2} \sqrt{\dfrac{e}{m}}}{J}}. \qquad (4\,\text{a})$$

Hier liegen nun bereits genügend, allerdings zu anderem Zwecke ausgeführte Messungen vor. Um einen Zahlenwert für c zu finden, können wir daher irgendwelche in der Literatur vorkommende Angaben benützen. So z. B. die von Dushman[1] in Amerika gefundenen Zahlen $J = 0{,}130$ Ampere, $V = 129$ Volt, $r = 1{,}27$ cm und $l = 7{,}62$ cm. Mit diesen finden wir unter Verwendung von

$$\frac{e}{m} = 1{,}76 \cdot 10^8 \text{ Clb/g} \quad c = 2{,}99 \cdot 10^{10} \text{ cm/s}.$$

Bemerkung. Will man e/m nicht von vornherein als bekannt voraussetzen, so läßt sich dieses auch mit derselben zylindrischen Anordnung leicht bestimmen.[2]

§ 66. Kathodenstrahlengeschwindigkeit und Beschleunigungsspannung.

Ein Elektron (Ladung $-e$, Masse m) fliege ungestört von der Kathode K zur Anode A (Abb. 80). Durch die Potentialdifferenz V werde es von der Geschwindigkeit o bis zur Endgeschwindigkeit v beschleunigt. Die dabei geleistete elektrische Arbeit ist $A = eV$. Da diese sich in kinetische Energie umsetzt, haben wir

$$eV = \frac{m}{2} v^2, \qquad (1)$$

woraus in bekannter Weise folgt

$$v = \sqrt{2\,V\frac{e}{m}}. \qquad (2)$$

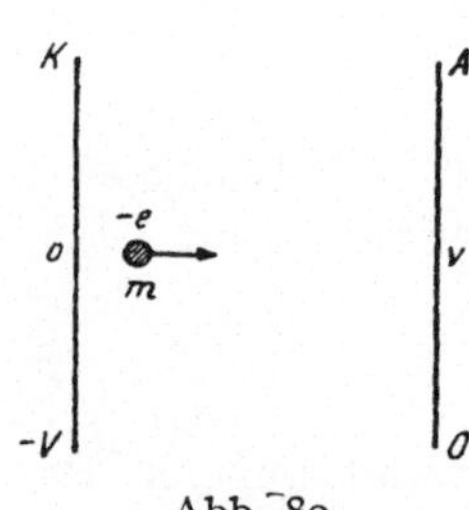

Abb. 80.

Da Kathodenstrahlen aber Geschwindigkeiten annehmen können, die mit der Lichtgeschwindigkeit c vergleichbar sind, kann die klassische Formel (1) nur beschränkte

---

[1] Dushman, S.: Phys. Z. 15, 684 (1914).
[2] Beschrieben in Verh. d. Dtsch. Phys. Ges. 14, 856 (1912). — Einführung in die Ionen- und Elektronenlehre, S. 84. Bern: P. Haupt 1923.

Gültigkeit besitzen. Es ist zu bedenken, daß die Masse eine Funktion der Geschwindigkeit ist (siehe § 8):

$$m = \frac{m_0}{\sqrt{1 - (v/c)^2}}. \tag{3}$$

Um diesem Umstand Rechnung zu tragen, läge es nahe, einfach Ausdruck (3) in (1) einzusetzen. Man erhielte dann eine leicht zu lösende, biquadratische Gleichung in v. Das Resultat wäre aber nicht korrekt, da die Kombination eines „klassischen" Ausdrucks (1) mit einem „relativistischen" (3) nur ein Mittelding zwischen beiden geben kann, also eine Formel mit beschränkter Gültigkeit. Der in (1) verwendete Ausdruck für die kinetische Energie ist aber der klassischen Mechanik entnommen. Um nun den korrekten (allgemein gültigen) Ausdruck zu gewinnen, müssen wir den Satz von der Äquivalenz von Energie und Masse verwenden. Die Energie eines ruhenden Elektrons ist, wenn m_0 seine Ruhemasse bedeutet, $m_0 c^2$, die eines bewegten $m c^2$. Die Zunahme $(m - m_0) c^2$ entspricht der kinetischen Energie. Diese ist also unter Berücksichtigung von (3)

$$m_0 c^2 \left(\frac{1}{\sqrt{1 - (v/c)^2}} - 1 \right). \tag{4}$$

Die Energiegleichung (1) haben wir demgemäß korrekterweise zu schreiben

$$e V = m_0 c^2 \left(\frac{1}{\sqrt{1 - (v/c)^2}} - 1 \right). \tag{5}$$

Die Auflösung nach v ist sehr einfach zu bewerkstelligen. Man findet

$$v = c \sqrt{1 - \frac{1}{\left(1 + \dfrac{e V}{m_0 c^2}\right)^2}}. \tag{6}$$

Maßgebend für die Endgeschwindigkeit ist also das Verhältnis der beiden Energien $e V$ und $m_0 c^2$, d. h. der elektrischen Arbeit und der Eigenenergie des Elektrons. Solange erstere klein, d. h. solange $e V \ll m_0 c^2$, gilt die klassische Formel (1). Denn (6) reduziert sich dann unter Benützung der Näherungsformel $(1 + x)^n = 1 + n x$ folgendermaßen

$$v = c \sqrt{1 - \left(1 + \frac{e V}{m_0 c^2}\right)^{-2}} = c \sqrt{1 - \left(1 - 2 \frac{e V}{m_0 c^2}\right)} = \sqrt{2 V \frac{e}{m_0}}.$$

Für den anderen Grenzfall, wo $eV \gg m_0 c^2$, erhält man anderseits, da das 1 im Nenner zu vernachlässigen ist,

$$v = c \sqrt{1 - \left(\frac{m_0 c^2}{e V}\right)^2}, \tag{7}$$

und schließlich unter Benützung derselben Näherungsformel

$$v = c \left[1 - \frac{1}{2}\left(\frac{m_0 c^2}{e V}\right)^2\right]. \tag{7a}$$

Man wird etwa noch die Zahlenwerte für $\dfrac{e}{m_0} = 1{,}76 \cdot 10^7$ el. magn. E. und $c = 3 \cdot 10^{10}$ cm/s einsetzen, ferner V, statt elektromagnetisch, in Volt angeben, also statt V setzen $V \cdot 10^8$. Man erhält dann für (6)

$$v = c \sqrt{1 - \frac{1}{(1 + 1{,}96 \cdot 10^{-6} V)^2}}. \tag{6a}$$

Hieraus ergibt sich z. B. für

$$V = 1 \text{ Million Volt}: \quad \frac{v}{c} = 0{,}94_1$$

$$V = 2 \text{ Million Volt}: \quad \frac{v}{c} = 0{,}97_9.$$

Wir bemerken, daß diese Formeln von allgemeiner Bedeutung sind, denn sie gelten für alle Ionenstrahlen. Man hat nur die entsprechenden Werte von e/m_0 einzusetzen.

Aufgabe. Wie groß wäre nach (1) die Spannung, um Kathodenstrahlen von Lichtgeschwindigkeit zu erhalten?

§ 67. Magnetische Ablenkung bewegter Ionen. Die Magnetronanordnung.

Wir knüpfen an die bekannte Formel für die ablenkende Kraft, die ein stromdurchflossenes Leiterstück Δl in einem Magnetfeld erfährt, an. Bezeichnet $\mathfrak{B}_n$ die zu Δl normale Komponente der magnetischen Induktion und J die Stromstärke elektromagnetisch, so ist

$$K = \mathfrak{B}_n \, \mathfrak{J} \, \Delta l. \tag{1}$$

Für den speziellen Fall, daß $\mathfrak{H} \perp \Delta l$ und daß die Permeabilität des Mediums $\mu = 1$, hat man also

$$K = \mathfrak{H} \, \mathfrak{J} \, \Delta l. \tag{1a}$$

Ein Ionenstrom kommt nun, da er elektrische Ladung transportiert, einem elektrischen Strom gleich. Durchläuft die Ladung eines Ions e in der Zeit Δt die Strecke Δl, so ist der mittlere Strom $\dfrac{e}{\Delta t}$ und die ablenkende Kraft

$$K = \mathfrak{H}\, \frac{e}{\Delta t}\, \Delta l.$$

Da $\dfrac{\Delta l}{\Delta t}$ die Geschwindigkeit des Ions bedeutet, so findet man somit

$$K = \mathfrak{H}\, e\, v. \tag{2}$$

Da die Kraft K stets $\perp \Delta l$ bzw. v steht, so bewirkt sie niemals eine Änderung des Absolutwertes der Geschwindigkeit, wohl aber eine stete Richtungsänderung. Im Gegensatz dazu kann man ein elektrisches Feld schräg zur Bahn wirken lassen und damit sowohl Größe als Richtung von v ändern.

Die Magnetronanordnung benützt nun die gleichzeitige magnetische und elektrische Ablenkung bei zylindrischer Elektrodenanordnung.

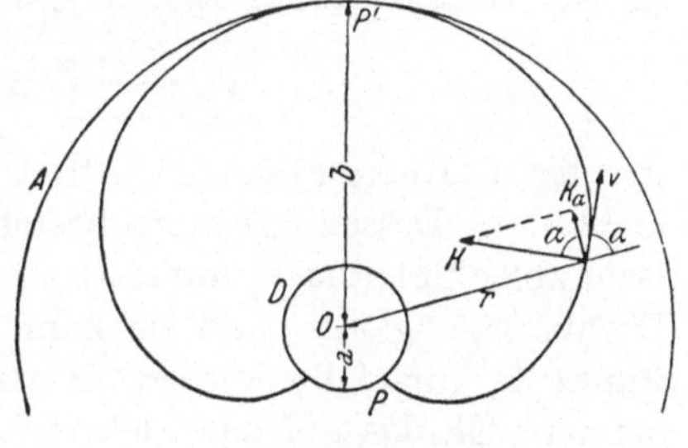

Abb. 81.

Im Vakuum stehen sich ein zylindrisches Metallblech A (Abb. 81) als Anode und koaxial dazu ein Glühdraht D als Kathode gegenüber. Ein von einem Punkt P ausgehendes Elektron wird durch eine Potentialdifferenz V gegen die Anode hin beschleunigt und gleichzeitig durch ein parallel zum Glühdraht wirkendes Magnetfeld $\mathfrak{H}$ fortdauernd abgelenkt. Wählt man $\mathfrak{H}$ genügend hoch, so wird das Elektron so stark abgelenkt, daß es A nicht mehr erreichen kann und zum Draht zurückkehrt. Der Anodenstrom läßt sich also abdrosseln bzw. magnetisch steuern.

Aufgabe. Man leite die Beziehung zwischen V und $\mathfrak{H}$ für den in Abb. 81 gezeichneten Grenzfall ab.

Wir betrachten den Fall eines $\perp$ zum Glühdraht D mit der Anfangsgeschwindigkeit v_0 austretenden Elektrons. An irgend einem Punkt im Abstande r vom Mittelpunkt O (Abb. 81) habe seine Geschwindigkeit v eine um α gegen r geneigte Richtung.

Die $\perp$ dazu wirkende ablenkende Kraft sei K. Die elektrische Kraft hat dabei die Richtung von r. Der übliche Weg zur Behandlung der Aufgabe bestünde nun darin, die Bewegungsgleichungen des Elektrons für die beiden Koordinatenrichtungen X und Y anzuschreiben und sie zu integrieren.[1] Es genügt zwar eine einmalige Integration der Differentialgleichungen zweiter Ordnung. Aber die Behandlung würde über den Rahmen der „Ergänzungen" hinausführen.

Es ist nun möglich, durch eine einfache Betrachtungsweise, die zudem ein hübsches Beispiel für die Anwendung des Impulsmomentensatzes abgibt, zum Ziel zu gelangen. Zunächst einmal kann die Energiegleichung unmittelbar angeschrieben werden. Es ist, wenn V_r das Potential im Abstand r bezeichnet.

$$V_r\, e = \frac{m}{2}\, (v^2 - v_0{}^2).\tag{3}$$

In dieser Energiegleichung tritt naturgemäß das Magnetfeld nicht auf. Dessen Wirkung besteht nur in einer fortwährenden Bahnablenkung nach links. Das Elektron führt also eine Art Drehbewegung aus, und sie kann auch als eine solche um den Punkt O aufgefaßt werden. Es läßt sich unschwer das Kraftmoment $\mathfrak{M}$, das auf das Elektron ausgeübt wird, angeben. Man hat nur die Kraft, die $\perp r$ auf das Elektron wirkt, auszurechnen und mit r zu multiplizieren. Diese Kraft besteht einzig aus der Komponente von $K \perp r$, da die elektrische Kraft als $\parallel r$ keinen Beitrag liefert. Jene hat den Wert $K_\alpha = K \cos \alpha$. Somit ist das Drehmoment

$$\mathfrak{M} = K_\alpha\, r = K \cos \alpha \cdot r.\tag{4}$$

Oder, da $K = \mathfrak{H}\, e\, v$, so ist auch

$$\mathfrak{M} = \mathfrak{H}\, e\, v \cos \alpha \cdot r.$$

$v \cos \alpha$ ist aber die radiale Geschwindigkeit, d. h. $\dfrac{dr}{dt}$. Man hat also

$$\mathfrak{M} = \mathfrak{H}\, e\, r\, \frac{dr}{dt}.\tag{5}$$

Nun läßt sich die Grundgleichung für die Rotationsbewegung anwenden. Diese würde für den starren Körper lauten $\mathfrak{M} = \Theta\, \dfrac{d\omega}{dt}$.

---

[1] Siehe Verh. Dtsch. Physik. Ges. 14, 856 (1912).

In unserem Falle aber nimmt das Trägheitsmoment Θ des Elektrons, d. h. das Produkt $m\,r^2$ fortwährend zu. Es ist daher die allgemeine, für veränderliche Trägheitsmomente gültige Fassung zu verwenden:

$$\mathfrak{M} = \frac{d(\Theta\,\omega)}{dt}. \tag{6}$$

Gleichsetzen von (5) und (6) liefert nun die Beziehung

$$\mathfrak{H}\,e\,r\,\frac{dr}{dt} = \frac{d(m\,r^2\,\omega)}{dt}, \tag{7}$$

woraus man durch Integration erhält

$$\frac{\mathfrak{H}\,e\,r^2}{2} = m\,r^2\,\omega + \text{const.}$$

Da am Ausgangspunkt $r = a$ und $\omega = 0$, so folgt

$$\frac{\mathfrak{H}\,e\,a^2}{2} = \text{const.},$$

und damit

$$\frac{\mathfrak{H}\,e}{2}\,(r^2 - a^2) = m\,r^2\,\omega. \tag{8}$$

Wenden wir nun die Beziehung (3) und (8) auf den Berührungspunkt P' an (Abb. 81). Dort ist $V_r = V$, $r = b$ und $\omega = \frac{v}{b}$. Also haben wir

$$V\,e = \frac{m}{2}\,(v^2 - v_0{}^2) \tag{3a}$$

und

$$\frac{\mathfrak{H}\,e}{2}\,(b^2 - a^2) = m\,b\,v. \tag{8a}$$

Die Beziehung zwischen V und $\mathfrak{H}$ gewinnt man offenbar, wenn man v eliminiert. Man erhält

$$2\,V\,\frac{e}{m} + v_0{}^2 = \left[\frac{e}{m}\,\frac{\mathfrak{H}\,(b^2 - a^2)}{2\,b}\right]^2. \tag{9}$$

Hieraus läßt sich z. B. $\frac{e}{m}$ berechnen. Wir geben das Resultat für den besonders einfachen Fall wieder, daß $v_0 \ll v$ und $a \ll b$. Es lautet

$$\frac{e}{m} = \frac{8\,V}{b^2\,\mathfrak{H}^2}. \tag{9a}$$

Aufgabe 1. Man löse Gleichung (9) nach $\frac{e}{m}$ auf.

Aufgabe 2. Es läßt sich $\frac{e}{m}$ ohne Kenntnis von v_0 finden. Man bestimmt experimentell zwei Wertepaare V, $\mathfrak{H}$ und V', $\mathfrak{H}'$, für welche Gleichung (9) erfüllt ist, und eliminiert v_0 aus den beiden Gleichungen. Wie lautet dann die Formel zur Berechnung von $\frac{e}{m}$?

Aufgabe 3. Wenn man sich in Formel (9) bei gegebenem Elektrodenabstand $\delta = b - a$ die beiden Radien a und b beliebig groß denkt ($a = b = \infty$), so entspricht dies dem Falle eines ebenen Plattenkondensators mit dem Abstand δ. Man zeige, daß, $v_0 = 0$ vorausgesetzt, die schon von J. J. Thomson abgeleitete Formel $\frac{e}{m} = \frac{2\,V}{\delta^2\,\mathfrak{H}^2}$ herauskommt.

§ 68. Röntgenwellen und Materiewellen.

Die Materiewellen, die einem mit der Geschwindigkeit v bewegten Teilchen der Masse m nach DE BROGLIE zuzuordnen sind, haben die Wellenlänge

$$\lambda' = \frac{h}{m\,v}, \tag{1}$$

wo h das PLANCKsche Wirkungsquantum $h = 6{,}6 \cdot 10^{-27}$ erg $\cdot$ sec bedeutet. Dieser winzigen Größe entsprechend sind die Wellen im allgemeinen schon bei geringen Geschwindigkeiten v so klein, daß sie nicht mehr nachweisbar sind. Indessen können doch Elektronen mit ihrer kleinen Masse bereits namhafte Geschwindigkeiten annehmen, ohne daß dies der Fall wäre. In Form der Kathodenstrahlen besitzen sie Wellenlängen, die mit denen der Röntgenstrahlen vergleichbar sind. Dies zeigt sich dann dadurch an, daß sie ähnliche Beugungserscheinungen wie diese hervorrufen können. Es besteht auch keine Schwierigkeit, die Materiewellen einer Kathodenstrahlung durch Wahl der passenden Beschleunigungsspannung an die Wellenlänge irgend einer monochromatischen Röntgenstrahlung anzugleichen. Eine andere Frage ist es, in welchem Verhältnis die Wellen zweier genetisch miteinander verknüpften Röntgen- und Elektronenstrahlen stehen.

Frage. Sind in diesem Falle Materie- und Röntgenwellen stets oder nur für eine bestimmte Entladungsspannung gleich lang oder sind sie stets verschieden groß? Welches ist dann die längere Welle?

Für die kurzwellige Grenze der Bremsstrahlung (weißes Röntgenlicht) hat man die EINSTEINsche Beziehung

$$e\,V = h\,\nu. \tag{2}$$

e = Ladung des Elektrons, V = Entladungsspannung und ν = Frequenz. Die Wellenlänge λ ergibt sich aus der allgemeinen Wellengleichung $c = \lambda\,\nu$ (c = Lichtgeschwindigkeit), so daß man hat

$$\lambda = \frac{h\,c}{e\,V}. \tag{2a}$$

Nun sind λ und λ' nicht unabhängig voneinander, da die Beziehung gilt (siehe § 66)

$$e\,V = c^2\,(m - m_0), \tag{3}$$

wo m_0 die Ruhemasse des Elektrons bedeutet.

Um nun zwei Größen, z. B. λ und λ', miteinander zu vergleichen, kann man entweder die Differenz oder den Quotienten bilden. Im ersten Falle ist zu fragen, ob der Ausdruck $+$ oder $-$, im zweiten ob er $\lessgtr 1$ ist. Das Zweckmäßigere erkennt man sofort, wenn man zunächst einmal den Wert von $e\,V$ aus (3) in (2a) einsetzt. Man erhält

$$\lambda = \frac{h}{c\,(m - m_0)}. \tag{3a}$$

Man wird sich leicht für die Bildung des Quotienten entscheiden, schon da dann h herausfällt, also schreiben

$$\frac{\lambda}{\lambda'} = \frac{m\,v}{c\,(m - m_0)}. \tag{4}$$

In diesem Ausdruck stecken zunächst zwei Variable m und v, und man wird die eine vermittels der Beziehung

$$m = \frac{m_0}{\sqrt{1 - (v/c)^2}} \tag{5}$$

eliminieren müssen. Dies geschieht besonders einfach, wenn man (4) erst in der Form schreibt

$$\frac{\lambda}{\lambda'} = \frac{v/c}{1 - m_0/m}.$$

Mit Rücksicht auf (5) ergibt dies sofort

$$\frac{\lambda}{\lambda'} = \frac{v/c}{1 - \sqrt{1 - (v/c)^2}} = \frac{\beta}{1 - \sqrt{1 - \beta^2}}, \tag{6}$$

wenn wir, wie etwa üblich, abkürzungsweise $\frac{v}{c} = \beta$ schreiben.
Nun ist λ/λ' größer, gleich oder kleiner als 1, also

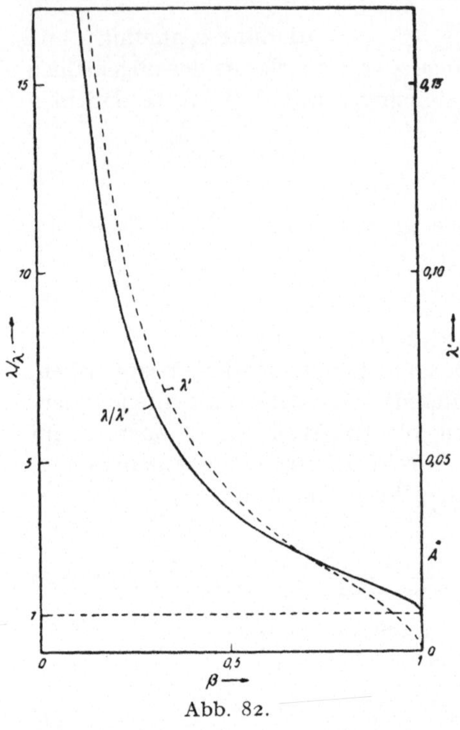

$$\frac{\lambda}{\lambda'} = \frac{\beta}{1 - \sqrt{1 - \beta^2}} \gtreqless 1. \quad (7)$$

Hieraus folgt der Reihe nach

$$\beta \gtreqless 1 - \sqrt{1 - \beta^2},$$

$$\sqrt{1 - \beta^2} \gtreqless 1 - \beta.$$

Man wird beachten, daß
$$1 - \beta^2 = (1 - \beta)(1 + \beta),$$
also

$$\sqrt{1 - \beta}\,\sqrt{1 + \beta} \gtreqless 1 - \beta$$

oder

$$\gtreqless \sqrt{1 - \beta}\,\sqrt{1 - \beta}.$$

Wenn wir in der Annahme, daß $\beta \neq 1$, durch $\sqrt{1 - \beta}$ kürzen, so folgt schließlich

$$\sqrt{1 + \beta} \gtreqless \sqrt{1 - \beta}. \quad (8)$$

Abb. 82.

Da $0 < \beta < 1$, so sieht man unmittelbar, daß das Zeichen $>$ zutreffend ist. Als Resultat ergibt sich daher

$$\frac{\lambda}{\lambda'} > 1, \quad \text{d. h.} \quad \lambda > \lambda'.$$

λ bedeutet dabei die kleinste durch den Elektronenstrahl erzeugte Röntgenwelle. Schon diese ist also größer als λ'. Daher ist sämtliches weißes Röntgenlicht, verglichen mit den Materiewellen der Kathodenstrahlen, langwelliger. Es zeigt sich also eine gewisse Analogie zur STOKESschen Regel für das Fluoreszenzlicht.

Von Interesse sind noch die Werte von λ/λ' für die Grenzfälle $\beta = 0$ und $\beta = 1$. Diese ergeben sich aus (6). Für $\beta = 1$ erhält man unmittelbar $\frac{\lambda}{\lambda'} = 1$. Das heißt, bei Annäherung an die Lichtgeschwindigkeit verschwindet der Unterschied zwischen λ und λ'. Für $\beta = 0$ erhält man zunächst den unbestimmten Wert $\frac{0}{0}$. Dieser läßt sich ohne Differentiation von Zähler und Nenner finden, wenn man $\sqrt{1-\beta^2}$ entwickelt. Es ist

für $\beta \ll 1$
$$\sqrt{1-\beta^2} = 1 - \frac{1}{2}\beta^2,$$

daher
$$\frac{\lambda}{\lambda'} = \frac{\beta}{1-(1-{}^1/_2\,\beta^2)} = \frac{2}{\beta}.$$

λ/λ' wird also für $\beta = 0$ unendlich groß.

Der Verlauf von λ/λ' und vergleichsweise auch für λ' sei in Abb. 82 wiedergegeben.

Aufgabe 1. Wenn man (6) mit $1 + \sqrt{1-\beta^2}$ erweitert, erhält man die Form

$$\frac{\lambda}{\lambda'} = \frac{1 + \sqrt{1-\beta^2}}{\beta}. \tag{6a}$$

Man führe an Hand von (6a) den obigen Beweis durch für $\frac{\lambda}{\lambda'} > 1$, wenn $0 < \beta < 1$ und $\frac{\lambda}{\lambda'} = 1$, wenn $\beta = 1$ und $\frac{\lambda}{\lambda'} = \infty$, wenn $\beta = 0$.

Aufgabe 2. Man zeige durch zweimalige Differentiation von (6a), daß die Kurve einen Wendepunkt bei $\beta = \frac{\sqrt{3}}{2}$ besitzt.

§ 69. Bestimmung der Ruhelage aus Schwingungen.

Den Nullpunkt einer Waage bestimmt man am raschesten und genauesten mittels Schwingungsbeobachtungen. Man liest eine ungerade Zahl von Umkehrpunkten ab, mittelt sowohl die Ablesungen links wie rechts und bildet das Gesamtmittel. Durch Verwendung einer ungeraden Zahl von Ablesungen berücksichtigt man den Umstand, daß die Schwingungen gedämpft sind, d. h. abnehmen. Es soll die Zulässigkeit des Verfahrens geprüft und allgemein die Frage behandelt werden, wie man zu einer genauen Bestimmung des Nullpunktes bei irgendwelchen Schwingungsvorgängen gelangen kann.

Der Weg ist eindeutig vorgeschrieben, wenn man sich auf Schwingungen beschränkt, die durch eine Kraft gedämpft sind, die proportional der Geschwindigkeit des schwingenden Systems ist. Dies gilt z. B. für schwingende Galvanometer u. dgl. Hier ist das Verhältnis zweier aufeinanderfolgender Schwingungsamplituden konstant. Das Dekrement der Schwingung ist eine Konstante. Darunter versteht man das Verhältnis zweier aufeinanderfolgender Amplituden nach derselben Seite, also im Zeitabstand einer vollen Schwingung. Bezeichnen wir aufeinanderfolgende Umkehrpunkte von links beginnend mit $a_1 a_2 a_3$ usw. (Abb. 83) und die Ruhelage des Systems mit x, so wäre das konstante Dekrement $\lambda = \dfrac{x - a_1}{x - a_3}$. Beobachtet man die Schwingungen auch nach rechts, so ist das Verhältnis zweier aufeinanderfolgender Amplituden nach der einen und anderen Seite ebenfalls konstant, d. h. wir haben ein konstantes Dämpfungsverhältnis

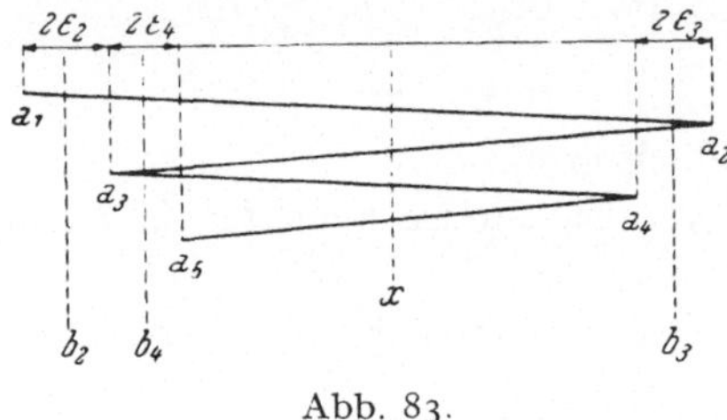

Abb. 83.

$$k = \frac{x - a_1}{a_2 - x} = \frac{a_2 - x}{x - a_3} = \frac{x - a_3}{a_4 - x} \text{ usw.} \tag{1}$$

Es ist offenbar $\lambda = k \cdot k$, oder $k = \sqrt{\lambda}$. Nach (1) ist x eindeutig bestimmt durch drei aufeinanderfolgende Ablesungen, also z. B. die ersten drei: a_1, a_2, a_3.

Aus $\dfrac{x - a_1}{a_2 - x} = \dfrac{a_2 - x}{x - a_3}$ folgt nämlich, nach x aufgelöst,

$$x = \frac{a_2{}^2 - a_1 a_3}{2 a_2 - a_1 - a_3}. \tag{2}$$

Der Ausdruck ist indessen für die Berechnung unbequem, und es frägt sich eben, ob man nicht durch ein einfaches Mittelnehmen aus den Ablesungen auch zum Ziel kommt.

Beschränkt man sich auf die ersten drei Ablesungen, so erhält man nach dem üblichen Verfahren den Mittelwert

$$x_{13} = \frac{a_2 + b_2}{2}, \text{ wobei } b_2 = \frac{a_1 + a_3}{2}. \tag{3}$$

Die Zulässigkeit dieses Verfahrens läßt sich leicht prüfen, indem man die Abweichung des x_{13} von x, d. h. die Differenz $x - x_{13}$ berechnet. Subtrahiert man einfach (3) von (2), so kommt man zweifellos, wenn auch etwas umständlich, zum Resultat. Man kann aber zuerst bedenken, daß die Abweichung um so kleiner sein wird, je schwächer die Dämpfung ist, und daß sie ohne Dämpfung sogar verschwinden würde. Sie hängt also von den Differenzen der ungeradzahligen, bzw. der geradzahligen Ablesungen ab. Diese seien mit $2\,\varepsilon_2$, $2\,\varepsilon_3$, $2\,\varepsilon_4$ bezeichnet. Wenn wir diese in (2) einführen und schreiben $a_1 = b_2 - \varepsilon_2$ und ebenso $a_3 = b_2 + \varepsilon_2$, so wird aus (2)

$$x = \frac{a_2{}^2 - (b_2 - \varepsilon_2)(b_2 + \varepsilon_2)}{2\,a_2 - (b_2 - \varepsilon_2) - (b_2 + \varepsilon_2)}$$

oder

$$x = \frac{a_2{}^2 - b_2{}^2 + \varepsilon_2{}^2}{2\,a_2 - 2\,b_2}$$

und schließlich

$$x = \frac{a_2 + b_2}{2} + \frac{\varepsilon_2{}^2}{2\,(a_2 - b_2)}. \tag{4}$$

Der Nullpunkt liegt also rechts von x_{13}, und die Korrektion beträgt $+\,\dfrac{\varepsilon_2{}^2}{2\,(a_2 - b_2)}$.

Bei den kleinen Schwingungen einer Waage ist die Genauigkeit des algebraischen Mittels nach (3) sicher hinreichend. Bei größeren Schwingungen, namentlich bei starker Dämpfung (große ε), ist eine Verbesserung des Verfahrens angezeigt. Eine Vermehrung der Beobachtungspunkte auf 5 oder 7 führt zu keiner systematischen Verbesserung. Sie wird nur infolge der Vermehrung der Beobachtungen den Einfluß der Ablesefehler herabsetzen. Es bietet sich nun aber ein einfaches Mittel, um den Fehler systematisch herabzudrücken. Man bedenke, daß x_{13} immer links von x um den obgenannten Betrag liegt. Ein Mittel x_{24} aus den Ablesungen a_2, a_3, a_4 würde aber rechts liegen, und die Abweichung wäre von derselben Größenordnung. Man wird also das Mittel aus x_{13} und x_{24} bilden und erhält den arithmetischen Mittelwert aus vier Beobachtungen:

$$x_{14} = \frac{1}{2}\left(\frac{a_2 + b_2}{2} + \frac{a_3 + b_3}{2}\right).$$

Ausgerechnet ergibt dies

$$x_{14} = \frac{1}{8}\left[a_1 + a_4 + 3\,(a_2 + a_3)\right]. \tag{5}$$

Diese Formel beweist, daß auch aus einer geraden Zahl von Beobachtungen nach einfacher Rechenregel sogar ein genauerer Wert als nach dem üblichen Verfahren gewonnen werden kann.

Man wird nun weiter fragen, kann nicht auch aus fünf Beobachtungen ein besserer Wert abgeleitet werden? Der Weg ist wieder
vorgezeichnet. Der Mittelwert x_{14} aus a_1, a_2, a_3, a_4 liegt, wie
einzusehen, auch noch links von x. Ein entsprechender Mittelwert x_{25} aus a_2, a_3, a_4, a_5 wird aber rechts davon liegen, wobei
die Größenordnung der Abweichung wieder dieselbe sein wird.
Demnach wird das Mittel $\dfrac{x_{14} + x_{25}}{2}$ zum Ziel führen, und wir
haben

$$x_{15} = \frac{1}{16}\,[a_1 + a_4 + 3\,(a_2 + a_3) + a_2 + a_5 + 3\,(a_3 + a_4)],$$

d. h.

$$x_{15} = \frac{1}{16}\,(a_1 + 4\,a_2 + 6\,a_3 + 4\,a_4 + a_5). \tag{6}$$

Man erkennt sofort, daß die Faktoren der a die Binomialkoeffizienten sind, die bei der Entwicklung des Binoms $(1 + x)^5$
auftreten, und analog stellt man fest, daß auch (5), ja auch der
Ausdruck für x_{13} und sogar für x_{12} (Mittel aus zwei Beobachtungen!)
dieselbe Gesetzmäßigkeit aufweisen, also aus den Binomialkoeffizienten von $(1 + x)^4$, $(1 + x)^3$, $(1 + x)^2$ und $(1 + x)^1$ auf-
gebaut sind. Nach dem Verfahren der logischen Induktion wird
man daher schließen, daß wahrscheinlich auch die Formel für
sechs Beobachtungswerte, ja für beliebig viele, dieselbe Struktur
haben wird, daß man somit schreiben kann

$$x_{1n} = \frac{\displaystyle\sum_{k=1}^{k=n} \binom{n-1}{k-1} a_k}{2^{n-1}}. \tag{7}$$

Da man sich mit zunehmender Zahl n von Beobachtungen
systematisch immer mehr dem exakten Werte x nähert, ist zu
vermuten, daß schließlich

$$x = \lim_{n=\infty} \frac{\displaystyle\sum_{k=1}^{k=n} \binom{n-1}{k-1} a_k}{2^{n-1}}. \tag{8}$$

Wir wollen es dem Mathematiker überlassen zu zeigen, ob
diese Schlußfolgerung richtig ist. Der Physiker kann sich un-
gescheut mit den oben abgeleiteten Formeln begnügen, die es

ihm erlauben, mit einer endlichen Zahl von Beobachtungen die Ruhelage mit jeder gewünschten Genauigkeit nach einfachem Verfahren zu finden.

In folgender Tabelle sind die Näherungswerte für x bei drei verschiedenen Dämpfungsgraden bis x_{15}, in einem Fall bis x_{16} (sechs Beobachtungen), angegeben, und es ist auch der Mittelwert, der in üblicher Weise aus fünf Beobachtungen gewonnen wird (x_5), vermerkt, um zu zeigen, daß dieser sogar noch weniger genau ist als der Dreierwert. Im übrigen bedarf die Tabelle keines weiteren Kommentars.

Umkehrpunkte		Null-Lagen berechnet	Korrektion	Dekrement λ
links	rechts			
a_1 80,0000	124,0000 a_2	$x\ \ = 103,048$	—	$1,1^2$
a_3 84,0000	120,3636 a_4	$x_{13} = 103,000$	$+0,048$	
a_5 87,3058		$x_{14} = 103,045$	0,003	
		$x_{15} = 103,048$	0,000	
		$x_5 = 102,975$	0,073	
a_1 80,0000	124,0000 a_2	$x\ \ = 104,870$	—	$1,3^2$
a_3 90,1539	116,1894 a_4	$x_{13} = 104,539$	$+0,331$	
a_5 96,1621		$x_{14} = 104,831$	0,039	
		$x_{15} = 104,865$	0,005	
		$x_5 = 104,433$	0,437	
a_1 80,0000	124,0000 a_2	$x\ \ = 106,399$	—	$1,5^2$
a_3 94,6667	114,2223 a_4	$x_{13} = 105,667$	$+0,732$	
a_5 101,1853	109,8767 a_6	$x_{14} = 106,278$	0,121	
		$x_{15} = 106,380$	0,019	
		$x_{16} = 106,397$	0,002	
		$x_5 = 105,531$	0,868	

Aufgabe: Aus den aufgestellten Formeln geht hervor, daß die mittleren Umkehrpunkte (bei 5 z. B. a_3) mit besonders großem Gewicht in die Rechnung eingehen. Läßt sich dies physikalisch einfach begründen?

§ 70. Gleichgewicht eines angelehnten Stabes.

Ein Stab, Brett od. dgl. werde an eine vertikale Wand angelehnt. Frage: wie groß muß der Anstellwinkel α (Abb. 84) mindestens gewählt werden, damit der Gegenstand nicht abgleitet?

I. Schwerpunkt in der Mitte zwischen den Auflagestellen.

Die Anordnung ist von solcher Einfachheit, daß man einer beinahe trivialen Aufgabe gegenüber zu stehen glaubt. Indessen erfordert sie, will man Trugschlüsse vermeiden, doch eine genauere Einsicht in die statischen Verhältnisse. Man wird sich sogar mit Vorteil den Fall zunächst dadurch noch vereinfachen, daß man nur Reibung an einer Fläche annimmt. Als solche kommt nur die am Boden in Frage. Denn bei alleiniger Reibung an der Wand würde der Gegenstand stets ausgleiten.

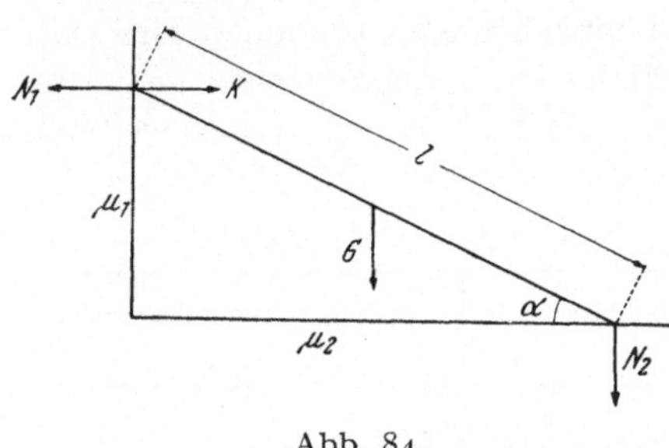

Abb. 84.

Der Fall seitlichen Ausgleitens an der Wand sei ausgenommen.

1. **Wand reibungsfrei** ($\mu_1 = 0$).

a) Man könnte etwa so vorgehen, daß man sich die Wand entfernt denkt, dafür aber den Gegendruck, den die Wand auf die Stange ausübt, ersetzt durch den Zug K einer horizontal gespannten Schnur und den Kraftmomentensatz anwendet in bezug auf den unteren Stützpunkt als Achse. Man erhält für das Gleichgewicht

$$K \, l \sin \alpha = G \cdot l/2 \cdot \cos \alpha$$

oder

$$K = G/2 \operatorname{ctg} \alpha. \tag{1}$$

Das ganze Gewicht G ruht auf dem Boden, da der Schnurzug keine vertikale Komponente besitzt. Die Bodenreibung ist also gegeben durch $G \mu_2$. Sie darf nicht kleiner sein als K, oder es muß sein

$$G \mu_2 \geqq G/2 \operatorname{ctg} \alpha,$$

d. h.

$$\operatorname{tg} \alpha \geqq \frac{1}{2 \mu_2}. \tag{2}$$

b) bei der Überlegung 1a ist die Annahme gemacht, daß der Normaldruck N_1, den die Stange auf die Wand ausübt, übereinstimmt mit der Ersatzkraft K nach Gleichung (1). Von dieser

Voraussetzung macht man sich besser frei, indem man das gesamte Kräftespiel, insbesondere auch Druck und Zug in der Stange berücksichtigt.

Das Gewicht G wirkt an den beiden Stützpunkten mit je der Hälfte (Abb. 85) nach unten. Ferner ergibt sich der Normaldruck N_1 als Resultierende aus $G/2$ und dem Stangendruck S. Somit ist

$$S = \frac{G/2}{\sin \alpha} \tag{3}$$

und der Normaldruck $\qquad N_1 = G/2 \; \mathrm{ctg}\, \alpha. \tag{4}$

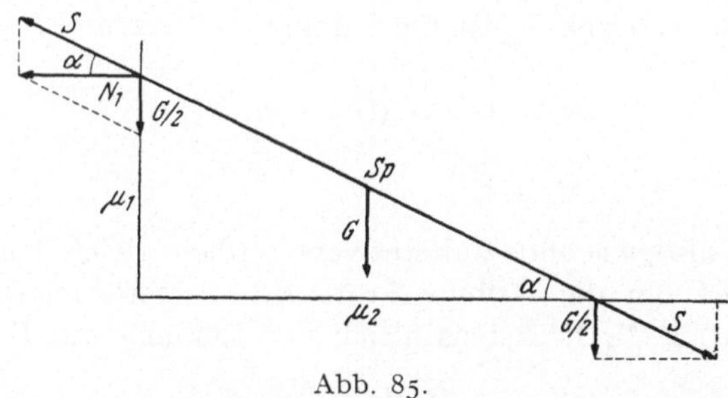

Abb. 85.

Die unter 1a gemachte Annahme, daß $N_1 = K$ sei, ist also richtig. Auf den Boden wirkt einmal $G/2$, dazu noch die Vertikalkomponente von S, also $\frac{G/2}{\sin \alpha} \cdot \sin \alpha = G/2$, insgesamt daher das ganze Gewicht G. Indem man wieder setzt: Bodenreibung $G\mu_2 \geqq N_1$, folgt wie oben die Beziehung (2).

2. Auch Reibung an der Wand ($\mu_1 \neq 0$).

Zwei Dinge werden jetzt anders. Einmal drückt der Stab nicht mehr mit dem ganzen Gewicht auf den Boden. Ein Teil desselben hängt jetzt sozusagen an der Wand. Besonders deutlich wird dies, wenn man den Stab steil an eine stark reibende Wand stellt. Dann kann die Gewichtskraft $G/2$ ganz durch die Reibung aufgehoben sein; sie wirkt also nicht mehr durch den Stab hindurch auf den Boden. Der Bodendruck kann somit alle Werte zwischen $G/2$ und G annehmen. Entsprechend ist auch N_1, wie sich nun zeigen wird, kleiner als dem Zug K entspricht.

Es ist nun leicht, die Modifikationen anzugeben, die an der in 1b durchgeführten Überlegung anzubringen sind. Am oberen

Stützpunkt wirkt jetzt der Schwerkraftskomponenten $G/2$ eine Reibungskraft $R_1 = \mu_1 N_1$ entgegen. S ist ferner die Resultante aus $G/2 - R_1$ und N_1, so daß man statt (3) und (4) erhält

$$S = \frac{G/2 - \mu_1 N_1}{\sin \alpha} \tag{5}$$

und

$$N_1 = (G/2 - \mu_1 N_1)\, \mathrm{ctg}\, \alpha, \tag{6}$$

woraus folgt

$$N_1 = \frac{G/2}{\mu_1 + \mathrm{tg}\, \alpha}. \tag{7}$$

Der Bodendruck N_2 ist die Summe von $G/2$ und $S \sin \alpha$, also nach (5)

$$N_2 = G/2 + (G/2 - \mu_1 N_1)$$

oder

$$N_2 = G - \mu_1 N_1. \tag{8}$$

N_2 ist also, wie ohne weiteres verständlich, gleich dem Gewicht vermindert um die Reibungskraft R_1. Setzen wir wieder den Normaldruck N_1 höchstens gleich der Reibung am Boden oder

$$N_2 \mu_2 \geqq N_1,$$

d. h.

$$\mu_2 (G - \mu_1 N_1) \geqq N_1 \tag{9}$$

und entnehmen N_1 aus (7), so erhalten wir das Ergebnis:

$$2\, \mathrm{tg}\, \alpha \geqq \frac{1}{\mu_2} - \mu_1. \tag{10}$$

Hieraus folgt für $\mu_1 = 0$, wie es sein muß, das frühere Resultat (2) und für $\mu_1 = \mu_2$

$$2\, \mathrm{tg}\, \alpha \geqq \frac{1 - \mu^2}{\mu}. \tag{10a}$$

II. Der angelehnte Gegenstand habe beliebige Gestalt und Gewichtsverteilung.

1. Der Schwerpunkt liege auf der Verbindungslinie der Stützpunkte. Man wird etwa den Abstand des Sp vom Bodenstützpunkt im Verhältnis zum gesamten Abstand zwischen den Stützpunkten einführen. Nennen wir dieses λ. Dann müssen offenbar die Gewichtskomponenten A und B am oberen und unteren

Stützpunkt berechnet werden. Sie folgen aus dem Momentensatz

$$A\,l = G\,\lambda\,l \quad \text{und} \quad B\,l = G\,(l - \lambda\,l)$$

bez. aus

$$A = \lambda\,G \quad \text{und} \quad B = G\,(1 - \lambda). \tag{11}$$

Es sind jetzt die entsprechenden Ausdrücke für S und N_1 aufzustellen. Sie lauten:

$$S = \frac{A - R_1}{\sin \alpha} = \frac{\lambda\,G - \mu_1\,N_1}{\sin \alpha} \tag{12}$$

und

$$N_1 = (\lambda\,G - \mu_1\,N_1)\,\mathrm{ctg}\,\alpha, \tag{13}$$

woraus folgt

$$N_1 = \frac{\lambda\,G}{\mu_1 + \mathrm{tg}\,\alpha}. \tag{14}$$

Für N_2 erhält man

$$N_2 = B + S\,\sin \alpha$$

und unter Benützung von (12)

$$N_2 = B + (\lambda\,G - \mu_1\,N_1),$$

daher

$$N_2 = G - \mu_1\,N_1, \tag{15}$$

also, wie verständlich, denselben Ausdruck wie in (8). Die Gleichgewichtsbedingung folgt wie früher aus

$$\mu_2\,N_2 \gtreqless N_1$$

oder aus

$$\mu_2\,(G - \mu_1\,N_1) \gtreqless N_1.$$

Indem man jetzt N_1 aus (13) ersetzt, findet man

$$\mathrm{tg}\,\alpha \gtreqless \frac{\lambda}{\mu_2} - \mu_1\,(1 - \lambda). \tag{16}$$

Dies geht, wie es sein muß, für $\lambda = {}^1/_2$ in den früheren Ausdruck (10) über.

2. Der $S p$ liege nicht auf der Verbindungslinie der Stützpunkte.

Dieser Fall erledigt sich unmittelbar, wenn man bedenkt, daß bei einem starren Körper der Angriffspunkt einer Kraft beliebig in ihrer Richtung verschoben werden darf. Wir bringen demgemäß eine Vertikale durch den $S p$ zum Schnitt mit der Verbindungslinie der Stützpunkte. Wir haben dann das entsprechende Streckenverhältnis λ in (16) einzusetzen. (16) ist also z. B. auch für den Fall anwendbar, daß man an einem Balken einen Gegenstand in verschiedenen Höhen anhängt oder daß man auf einer Leiter hinaufsteigt. Bei diesem Vorgang würde λ von einem kleinen Wert aus gegen 1 anwachsen. Man sieht unmittelbar aus (16), daß mit λ auch der Anstellwinkel α zunehmen muß, oder, was dasselbe bedeutet, daß die Gefahr des Ausrutschens während der Besteigung einer Leiter zunimmt. Bei $\lambda = 1$ spielt übrigens die Wandreibung (μ_1) keine Rolle mehr, und es ist tg α doppelt so groß wie im Fall eines in der Mitte gelegenen $S p$.

Demonstration. Ein Lineal od. dgl. läßt sich fast waagrecht an eine Wand anlehnen, wenn man das andere Ende nach unten drückt. Läßt man den Druck abnehmen, so fällt das Lineal in einem bestimmten Moment von der Wand ab.

Aufgabe 1. Bei welcher Schwerpunktslage, d. h. bei welchem λ kann ein Stab beinahe waagrecht an eine Wand angelehnt werden, ohne daß er abgleitet?

Aufgabe 2. Man stelle, ausgehend von (5) und (7), die Formel für S in Funktion von α auf und stelle sie graphisch dar (etwa unter Annahme von $\mu_1 = 0{,}5$ und $G/2 = 1$).

§ 71. Der Kollergang.

Der Kollergang besitzt zwei diametral angeordnete Räder (in Abb. 86 ist nur eines angedeutet), die sich gleichzeitig um ihre eigene Achse $O_1 A$ und eine vertikale $O_2 A$ mit den Winkelgeschwindigkeiten ω_1 bzw. ω_2 drehen. Jedes Rad repräsentiert einen Kreisel mit der Winkelgeschwindigkeit ω_1, dessen Drehungsachse eine Präzessionsgeschwindigkeit $\omega_2 \cdot$ besitzt. Die Öffnung des Präzessionskegels beträgt bei dem hier angenommenen einfachsten Fall $90°$. In der Ruhe drückt das Rad mit seinem Gewicht G auf den Boden. Dieser Druck erhöht sich aber, sobald der Kollergang läuft.

Frage. Wie groß ist der Mahldruck?

Es wird zweckmäßig sein, sich erst einmal das Wesentliche einer Präzessionsbewegung vor Augen zu halten. Man erinnert sich vielleicht des einfachen Demonstrationsversuches, wo eine

kleine Kreiselscheibe um einen horizontalen Stift als Achse rotiert.
Hängt man den Stift am einen Ende an einer Schnur auf, so bleibt
die Kreiselachse zwar in ihrer horizontalen Lage. Sie dreht sich
aber um das Schnurende als Mittelpunkt mit gleichförmiger Geschwindigkeit. Es ist das Kraftmoment, welches die im Schwerpunkt angreifende Schwere ausübt und das gleich dem Kreiselgewicht mal Abstand des Schwerpunktes von der Aufhängung ist,
das die Präzession bewirkt. Ebenso wie mit einem Kraftmoment
immer eine Präzession verbunden ist, so muß auch jede irgendwie
herbeigeführte Präzessionsbewegung, d. h. Drehung einer Kreisel-

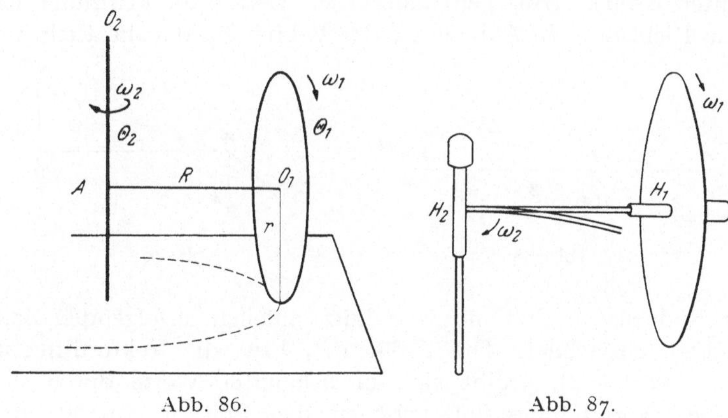

Abb. 86.

Abb. 87.

achse, ein Kraftmoment erzeugen. Das ist nun beim Kollergang
der Fall. Hier wird die Radachse während der Rotation des Rades
herumgedreht und bewirkt infolgedessen ein entsprechendes Kraftmoment, das nun die Vergrößerung des Mahldruckes herbeiführt.

Wir werden die Verhältnisse beim Kollergang, der den Fall
einer erzwungenen Präzession darstellt, am besten erfassen,
wenn wir ihn getrennt von der Schwerewirkung betrachten, also
z. B. den Versuch an einem schwerefreien Ort ausgeführt denken.
Wir schieben ein mit der Winkelgeschwindigkeit ω_1 rotierendes
Rad (Abb. 87) mit der Hülse H_1 auf eine horizontale Stange,
die ihrerseits, an der Hülse H_2 befestigt, sich um die vertikale
Achse mit der Winkelgeschwindigkeit ω_2 bewege. Richtung und
Größe der dadurch hervorgerufenen Kraft folgt aus der Grundbeziehung

Kraftmoment = Änderungsgeschwindigkeit des Dralles oder in Zeichen

$$\mathfrak{M} = \frac{d\mathfrak{B}}{dt}. \tag{1}$$

$\mathfrak{B}$ setzt sich offenbar aus zwei Teilen zusammen, aus $\mathfrak{B}_1 = \omega_1\,\Theta_1$ und $\mathfrak{B}_2 = \omega_2\,\Theta_2$, wo Θ_1 und Θ_2 die Trägheitsmomente des Rades in bezug auf die horizontale und die vertikale Achse bedeuten. Während im allgemeinen bei einer Kreiselbewegung infolge der fortwährenden Änderung der momentanen Drehachse die Trägheitsmomente mitändern, sind hier sowohl $\mathfrak{B}_1$ als $\mathfrak{B}_2$ von konstanter Größe. Hingegen ändert der Vektor $\mathfrak{B}_1$ kontinuierlich seine Richtung. In Abb. 88 sei der Vektor $\mathfrak{B}_1$, der die Richtung

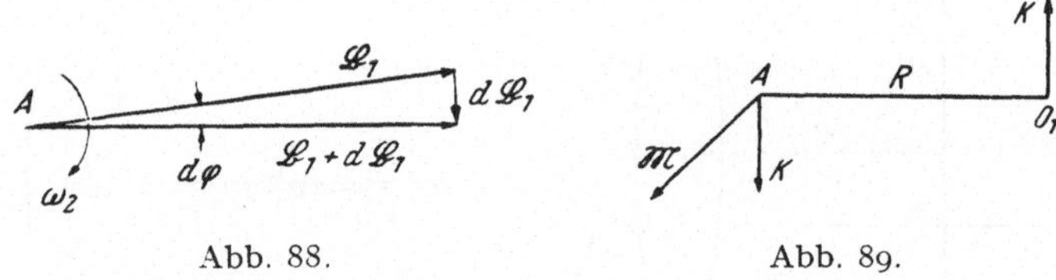

Abb. 88.Abb. 89.

der Radachse besitzt, in zwei kurz aufeinanderfolgenden Zeitpunkten gezeichnet. Die Größe $d\mathfrak{B}_1$ bzw. die Vektordifferenz $(\mathfrak{B}_1 + d\mathfrak{B}_1) - \mathfrak{B}_1$ ergibt sich in bekannter Weise durch den kleinen Verbindungspfeil zwischen den Spitzen von $\mathfrak{B}_1$ und $\mathfrak{B}_1 + d\mathfrak{B}_1$. Danach ist also $d\mathfrak{B}_1$ von hinten nach vorne gerichtet. Die Größe oder der Betrag von $d\mathfrak{B}_1$ ergibt sich ohne weiteres aus der Zeichnung zu $|d\mathfrak{B}_1| = |\mathfrak{B}_1|\,d\varphi$. Da $d\mathfrak{B}_1$ die ganze Änderung von $d\mathfrak{B}$ ausmacht, so erhält man somit als Kraftmoment gemäß (1)

$$|\mathfrak{M}| = \frac{|\mathfrak{B}_1|\,d\varphi}{dt}$$

oder, da $\dfrac{d\varphi}{dt} = \omega_2$,

$$|\mathfrak{M}| = \Theta_1\,\omega_1\,\omega_2. \tag{2}$$

Nach (1) besitzen $\mathfrak{M}$ und $d\mathfrak{B}_1$ dieselbe Richtung. Demnach ist auch $\mathfrak{M}$ von hinten nach vorne gerichtet, d. h. die Kraftverhältnisse entsprechen den in Abb. 89 eingezeichneten. Es entsteht ein Moment, das die horizontale Radachse nach oben drückt. Wie kann das bei der Anordnung der Abb. 87 geschehen?

Offenbar muß sich die Radachse elastisch nach unten ver-
biegen (gestrichelt angedeutet!), so daß das Achsenende nach
oben drückt, wobei gleichzeitig auch die Hülse H_2 mit derselben
Kraft nach oben an das Achsenende angepreßt wird. Läßt man
nun das Rad auf dem Boden laufen, so daß keine Verbiegung
nach unten stattfinden kann, muß der Boden die Rolle der elasti-
schen Kraft übernehmen. Es ergibt sich ein Mahldruck K. Da
nach Abb. 89 $|\mathfrak{M}| = K R$, so folgt aus (2)

$$K = \frac{\Theta_1 \, \omega_1 \, \omega_2}{R}. \tag{3}$$

Dieser Ausdruck ist noch nicht endgültig, da beim Kollergang
infolge der Anordnung ω_1 und ω_2 nicht unabhängig voneinander
sind. Das Rad dreht sich immer um so viel, als es Weg auf dem
Boden zurücklegt. Daher ist

$$\omega_1 \, r = \omega_2 \, R. \tag{4}$$

Wenn wir somit ω_1 durch die Präzessionsgeschwindigkeit ω_2 ersetzen, so erhalten wir als Präzessionsdruck

$$K = \frac{\Theta_1 \, \omega_2{}^2}{r} \tag{5}$$

und der gesamte Mahldruck beträgt infolgedessen

$$\overline{K} = G + \frac{\Theta_1 \, \omega_2{}^2}{r}. \tag{6}$$

Diese Formel besitzt allgemeinere Bedeutung. Denn sie gilt
für beliebige Radgestelle, die während der Fahrt herumgedreht
werden, also für alle Fahrzeuge. Auf Kurven erfahren die äußeren
Räder, wie beim Kollergang, eine Erhöhung des Bodendruckes,
was die Sicherheit gegen seitliches Ausgleiten erhöht. Die inneren
Räder aber erleiden, da sie gleichsinnig mit den äußeren rotieren,
eine Verringerung der Adhäsion am Boden.

Energieverhältnisse. Abb. 87 stellt den Idealfall dar, wo
bei Ausschluß von Reibung nach Inbetriebsetzen keine weitere
Arbeit mehr zu leisten ist. Die Bewegung und damit die kinetische
Energie, welche durch die Summe $\dfrac{\Theta_1 \, \omega_1{}^2}{2} + \dfrac{\Theta_2 \, \omega_2{}^2}{2}$ dargestellt wird,
bleibt erhalten. Und auch die Achse bleibt dauernd nach Maßgabe
der Winkelgeschwindigkeit ω_2 elastisch verbogen. Es braucht
also nur zum Antrieb einen entsprechenden Energieaufwand. Wir

haben das Analogon zu dem einfacheren Fall eines rotierenden Zylinders vor uns. Auch hier haben wir während der Rotation eine dauernde elastische Deformation, da sich das Rad zur Erzeugung der für die Kreisbewegung erforderlichen Zentripetalkraft radial ausdehnt, d. h. seinen Durchmesser entsprechend vergrößert. Ohne Reibungsverluste würde auch hier das Rad in diesem Zustand unaufhörlich weiterrotieren. Beim Kollergang muß anderseits die Präzession durch dauernde Energiezufuhr in Gang gehalten werden, da die Räder beim Rollen über den Boden Arbeit zu leisten haben.

Aufgabe. Man schätze das Verhältnis von zusätzlichem Mahldruck und Gewicht ab, indem man das Rad als Vollzylinder annimmt, und zeige, daß der Quotient 1 wird für eine Umlaufsdauer $\tau = \pi \cdot \sqrt{\dfrac{2\,r}{g}}$.

Anmerkung. Auf ähnliche Weise wie oben läßt sich auch die LARMOR-Präzession von Atomen im Magnetfeld berechnen. Ein AMPÈREscher Elementarstrom repräsentiert sowohl einen Elementarmagneten als einen Kreisel. Dessen Achse beschreibt nun einen Präzessionskegel mit der Feldrichtung als Achse. Unabhängig von der Orientierung des Kreisstroms gegenüber dem Feld ergibt sich für die Präzessionsgeschwindigkeit der Wert $\omega = \mathfrak{H} \cdot \dfrac{\mathfrak{m}}{p}$ ($\mathfrak{H}$ Magnetfeld in Oersted, $\mathfrak{m}$ magnetisches Moment, p Drall) oder da $\dfrac{\mathfrak{m}}{p} = \dfrac{1}{2}\dfrac{e}{m}$ der Wert $\omega = \dfrac{1}{2}\dfrac{e}{\mathfrak{m}}\,\mathfrak{H}$ ($\dfrac{e}{m}$ spezifische Elektronenladung).

§ 72. Radfahren auf Kurven.

Für das Fahren auf einer Kurve sind zwei Bedingungen zu stellen. Einmal soll das Rad nicht umkippen, dann soll es aber auch nicht nach außen ausrutschen. Dies wird erreicht 1. durch Schrägstellung des Rades und 2. durch Vermeidung einer zu großen Fahrgeschwindigkeit.

Es soll nun unter Annahme einer Kreisbahn der erforderliche Neigungswinkel φ und die maximal zulässige Geschwindigkeit v berechnet werden. Vereinfachend sei angenommen, daß man es nur mit einem Rad zu tun habe und daß keine Kollergangwirkung (siehe § 71) vorhanden sei.

A. Berechnung für eine horizontale Bahn.

Da es sich um die Kreisbewegung eines ausgedehnten Körpers handelt, wird man zunächst fragen, ob die Kräfte im Schwerpunkt angreifen. Für die Schwerkraft trifft dies ohne weiteres zu. Aber auch für die Fliehkraft ist dies der Fall. Es ist die Fliehkraft eines einzelnen Masseteilchens $m_1 r_1 \omega^2$ (ω = Winkelgeschwindigkeit) und somit insgesamt $\omega^2 \, \Sigma \, m_1 \, r_1$. Die Summe Σ bedeutet aber den Abstand des Schwerpunktes von der Achse r mal Gesamtmasse m. Nehmen wir nun an, der gemeinsame Schwerpunkt Sp (Abb. 90) des Rades und des Fahrers und der Berührungspunkt des Rades mit dem Boden P befinden sich mit der Achse A zusammen in einer Ebene. Dann erfährt Sp die vertikale Beschleunigung g und die horizontale $p = \dfrac{v^2}{r}$ (v = Geschwindigkeit auf der Kreisbahn). Damit kein Kippen eintritt, muß die Resultante durch P hindurchgehen, d. h. es muß sein

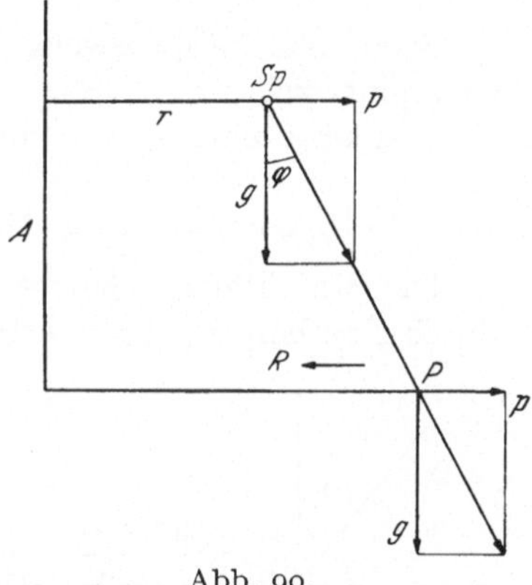

Abb. 90.

$$\operatorname{tg} \varphi = \frac{p}{g} = \frac{v^2}{g\,r}. \tag{1}$$

Die geeignete Schrägstellung des Rades bewirkt, daß der Abstand r des Sp sich nicht ändert, daß also in Sp die erforderliche (nach links gerichtete) Zentralkraft wirkt. Diese wird hervorgebracht durch den Gegendruck des Bodens auf P, der allerdings nur dann geleistet wird, wenn die an P angreifende Fliehkraft kleiner ist als die Reibungskraft R. Die Zerlegung der von Sp auf P wirkenden Kraft zeigt, daß die Fliehkraft dieselbe ist wie die an Sp angreifende. Sie entspricht also nicht etwa dem Abstand des Punktes P von der Achse A. Wir haben für das Nichtausgleiten daher die Bedingung $R > m\,p$, d. h. $R > \dfrac{m\,v^2}{r}$.

Nun ist aber, wenn man mit μ den Reibungskoeffizienten und mit N den $\perp$ auf den Boden wirkenden Druck bezeichnet: $R = \mu N$.

N ist hier durch das Gewicht $m\,g$ gegeben, so daß man hat $R=\mu\,m\,g$ und als Stabilitätsbedingung

$$\mu\,m\,g > \frac{m\,v^2}{r}.$$

Dies führt zum Resultat

$$v < \sqrt{\mu\,g\,r}. \tag{2}$$

Setzt man beispielsweise $\mu = 1$, $g = 981$ cm s^{-2}, $r = 500$ cm, so ergibt sich als zulässige Höchstgeschwindigkeit 700 cm s^{-1}, d. h. 25 km/h und ein Winkel $\varphi \approx 45^\circ$.

B. Berechnung für eine geneigte Bahn.

Die Stabilität des Kurvenfahrers wird bekanntlich verbessert durch Überhöhung der Fahrbahn. Es ist daher von Interesse, die Stabilitätsverhältnisse beim Fahren auf einer um α geneigten (konischen) Fläche zu untersuchen. Es ist zu erwarten, daß der Fall schon darum komplizierter ist, weil bei starker Neigung auch ein Ausgleiten nach innen eintreten kann. Völlig unverändert bleibt indessen das Resultat (1) für die Neigung φ des Fahrers.

Zur Berechnung der Stabilität zerlegen wir nun die in P angreifenden Kräfte in die Normal- und Tangentialkomponenten $N_1\,N_2$ bzw. $T_1\,T_2$

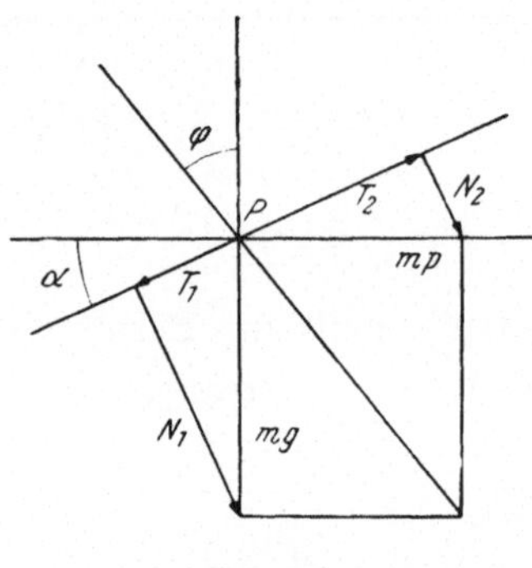

Abb. 91.

(Abb. 91). Stabilität gegen das Ausgleiten nach rechts haben wir, wenn $T_2 - T_1 < R$. Die Reibungskraft ist anderseits gegeben durch

$$R = \mu\,(N_1 + N_2).$$

Wir haben also

$$\mu\,(N_1 + N_2) > T_2 - T_1, \tag{3}$$

oder, da

$$N_1 = m\,g\cos\alpha, \qquad N_2 = m\,p\sin\alpha,$$

$$T_2 = m\,p\cos\alpha, \qquad T_1 = m\,g\sin\alpha,$$

unter Weglassung des gemeinsamen Faktors m

$$\mu\,(g\cos\alpha + p\sin\alpha) > p\cos\alpha - g\sin\alpha. \tag{3a}$$

Uns interessiert der Bereich, in welchem v bzw. p gewählt werden muß, damit Stabilität vorhanden ist. Wir fassen also die Glieder mit p zusammen und erhalten

$$\frac{p}{g}\,(1 - \mu\,\mathrm{tg}\,\alpha) < \mu + \mathrm{tg}\,\alpha.$$

Beschränken wir uns auf Werte von $\mathrm{tg}\,\alpha$, die der Bedingung $1 - \mu\,\mathrm{tg}\,\alpha > 0$ entsprechen, so können wir aussagen

$$\frac{p}{g} < \frac{\mu + \mathrm{tg}\,\alpha}{1 - \mu\,\mathrm{tg}\,\alpha}. \tag{4}$$

Mit zunehmender Neigung α sind also immer höhere Werte von p (bzw. v) zulässig, ohne daß ein Ausgleiten erfolgt und bei $\mathrm{tg}\,\alpha = \dfrac{1}{\mu}$ sind diese unbegrenzt.

Für noch größere α kann (4) nicht angewendet werden. Dies bedeutet, daß selbst bei den größten Werten von p kein Ausgleiten nach außen mehr erfolgen kann. Man macht sich leicht klar, daß bei sehr großem Winkel α N_2 rascher mit p zunimmt als T_2, und dies hat zur Folge, daß die Reibungskraft schließlich die Tangentialkomponente der Fliehkraft stets überwiegt.

Während bei großem α dem p keine obere Grenze mehr gesetzt ist, tut sich anderseits hierfür eine untere Grenze auf. Es muß nämlich bei starker Bahnneigung ein Abgleiten nach innen verhütet werden, was nur durch Anwendung einer gewissen Fliehkraft $m\,p$ bewerkstelligt werden kann. Eine solche wäre nicht notwendig, solange die Bahnneigung die Bedingung $\mathrm{tg}\,\alpha < \mu$ erfüllt, da dann überhaupt kein Körper abgleitet. Sobald aber $\mathrm{tg}\,\alpha > \mu$, muß in steigendem Maße die Fliehkraft vergrößert werden. Stabilität ist erreicht, wenn die Reibungskraft $\mu\,(N_1 + N_2)$ die in Gleitrichtung wirkende Kraft überwiegt. Letztere setzt sich aus der links wirkenden Schwerekomponenten T_1 und der rechts wirkenden Fliehkraftkomponenten T_2 zusammen. Man hat daher als Stabilitätsbedingung

$$T_1 - T_2 < \mu\,(N_1 + N_2), \tag{5}$$

eine zu (3) analoge Beziehung, nur mit dem Unterschied, daß hier $T_1 > T_2$ vorausgesetzt ist, was der Stabilität nach innen statt nach außen entspricht.

Einsetzen der Werte und Ausrechnen von $\frac{p}{g}$ liefert hier das Resultat

$$\frac{p}{g} > \frac{\operatorname{tg}\alpha - \mu}{1 + \mu \operatorname{tg}\alpha}. \tag{6}$$

Hieraus geht zunächst hervor, daß alle Werte von $\frac{p}{g}$, von 0 angefangen, zulässig sind, solange $\operatorname{tg}\alpha - \mu < 0$. Von diesem Grenzwinkel an steigt gemäß (6) die untere zulässige Grenze für $\frac{p}{g}$ mit α an und erreicht für $\alpha = 90°$ den Wert $\frac{p}{g} = \operatorname{tg}\varphi > \frac{1}{\mu}$. Man kann leicht zeigen, daß Ausdruck (4) im $+$-Bereich stets größer ist als (6). Besonders anschaulich aber treten die Verhältnisse hervor, wenn man die Ausdrücke (4) und (6) graphisch aufträgt. In Abb. 92 sind die beiden Kurven für die drei Werte gezeichnet $\mu = 1, \mu = 0,5$ und $\mu = 0$ (keine Reibung). Je größer μ, um so weiter sind obere und untere Grenze der Stabilität voneinander entfernt, um so größer ist der Stabilitätsbereich. So liegt er bei $\mu = 1$ zwischen den mit ✕✕✕, für $\mu = 0,5$ zwischen den mit ////// gekennzeichneten Kurven. Bei $\mu = 0$ schrumpft er auf eine Linie $\frac{p}{g} = \operatorname{tg}\alpha$ zusammen. Das heißt, in diesem Falle muß die Verbindungslinie Sp—P (Abb. 90) stets $\perp$ zur Bahn stehen.

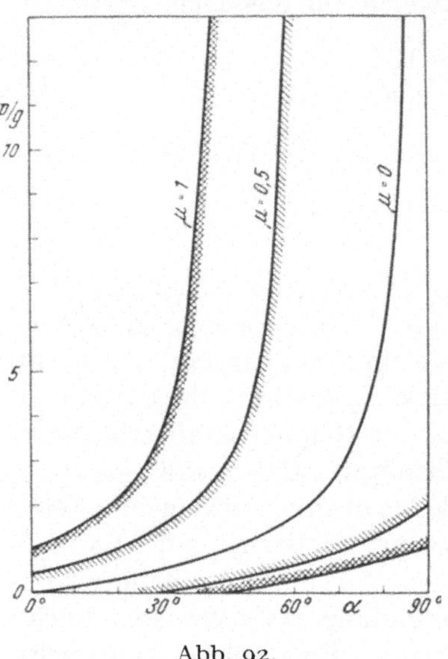

Abb. 92.

Es ist bemerkenswert, daß selbst beim Fahren an senkrechter (zylindrischer) Wand der Neigungswinkel φ bzw. die Geschwindigkeit v nicht übermäßig groß zu sein brauchen. Da für $\alpha = 90°$ $\frac{p}{g} > \frac{1}{\mu}$, so erhält man beispielsweise für $\mu = 0,5$ als Resultat $\varphi = 27°$ und $\frac{v^2}{r} > \frac{981}{0,5}$ bzw. $v > 44,3 \sqrt{r}$ cm s^{-1}. Dies entspräche bei $r = 1,5$ m einer Geschwindigkeit $v > 5,42$ m s^{-1} oder 19,5 km/h.

Aufgabe. Man zeige, daß Ausdruck (4) stets größer als (6).

§ 73. DOPPLER-Effekt bei bewegtem Schallträger.

Bewegt sich eine Schallquelle, so wird die Länge der ausgesandten Wellen verändert, bewegt sich ein Beobachter, so ändert sich die Zahl der vom Ohr aufgenommenen Wellen. In beiden Fällen entsteht bei einer Annäherung eine Frequenzerhöhung. Sie ist aber verschieden und beträgt

im ersten Falle

$$v = \frac{v_0}{1 - \dfrac{v_1}{c}}, \tag{1}$$

im zweiten

$$v = v_0 \left(1 - \frac{v_2}{c}\right). \tag{2}$$

Hierbei sei v_1 die Geschwindigkeit der sich nähernden Schallquelle und v_2 die Geschwindigkeit des sich entfernenden Beobachters. v_1 und v_2 sind also in derselben Richtung (etwa von links nach rechts) $+$ gerechnet. In diesen Beziehungen scheint gar nichts darüber ausgesagt zu sein über den Bewegungszustand des Schallträgers zwischen Sender und Empfänger. Es soll nun die Frage untersucht werden, ob die Formeln durch eine Bewegung des Mediums verändert werden und wenn ja, wie sie dann lauten.

Einmal sieht man ein, daß (1) und (2) ganz andere Werte ergeben müssen, wenn man den Bewegungszustand des Koordinatensystems, in dem die Geschwindigkeiten gemessen werden, ändert. So ändert sich z. B. infolge der Erddrehung der Bewegungszustand eines Bezugssystems fortwährend. Es müßten sich also für den DOPPLER-Effekt bei Tag und bei Nacht völlig verschiedene Werte ergeben. Denken wir uns etwa die Geschwindigkeit des Koordinatensystems in der Verbindungslinie zwischen Sender und Empfänger um den Betrag Δv verkleinert, so erhielte man statt (1) und (2) die davon verschiedenen Ausdrücke

$$v = \frac{v_0}{1 - \dfrac{v_1 + \Delta v}{c}} \quad \text{und} \quad v = v_0 \left(1 - \frac{v_2 + \Delta v}{c}\right).$$

Die DOPPLER-Formeln können daher nur für ein ganz bestimmtes Bezugssystem richtig sein und dies ist offenbar für dasjenige der Fall, das fest mit dem Schallträger (z. B. der Luft) verbunden ist. Die Luft wird also als ruhend angenommen. Ganz allgemein müssen wir somit unter v_1 und v_2 die Geschwindigkeitsdifferenz zwischen Sender und Luft bzw. Empfänger und Luft verstehen. Besitzt also die Luft etwa selbst eine (gleichförmige) Geschwindigkeit v_3 (wieder nach rechts $+$ gerichtet), so sind Formeln (1) und (2) folgendermaßen anzuschreiben

$$v = \frac{v_0}{1 - \dfrac{v_1 - v_3}{c}} \quad (3) \quad \text{bzw.} \quad v = v_0\left(1 - \frac{v_2 - v_3}{c}\right). \quad (4)$$

Und jetzt dürfen die Geschwindigkeiten auf ein beliebiges Koordinatensystem bezogen werden. Denn ändert man die Geschwindigkeit eines solchen um Δv, so behalten Differenzen wie $(v_1 + \Delta v) - (v_3 + \Delta v)$ stets denselben Wert $v_1 - v_3$. Unsere Beziehungen bleiben also bei einer Galileitransformation unverändert (invariant), wie es sein muß. Damit haben wir aber gleichzeitig die Frage beantwortet, wie der DOPPLER-Effekt bei bewegtem Schallträger ausfällt. Wir können die beiden Ausdrücke noch kombinieren, indem wir alle drei beteiligten Dinge: Sender, Schallträger und Empfänger, gleichzeitig als bewegt annehmen und erhalten schließlich das allgemeine Resultat

$$v = v_0 \frac{1 - \dfrac{v_2 - v_3}{c}}{1 - \dfrac{v_1 - v_3}{c}}. \quad (5)$$

Hatten wir schon in § 15 das Resultat gefunden, daß der DOPPLER-Effekt verschwindet, wenn bei der Bewegung der Abstand Sender—Empfänger konstant bleibt, so gilt dies nun auch bei bewegter Luft beliebiger Geschwindigkeit, indem bei $v_1 = v_2$ Zähler und Nenner stets gleich groß bleiben. Ferner ersieht man, daß, wenn $v_2 = v_3$, nur der DOPPLER-Effekt gemäß (3) und wenn $v_1 = v_3$, nur der DOPPLER-Effekt gemäß (4) vorhanden ist.

Anwendung. Ein Vergleich der Formel (1) und (2) zeigt unmittelbar, daß bei gleicher Geschwindigkeit (d. h. wenn $v_2 = - v_1$) die Frequenzänderung größer ausfällt, wenn eine Schallquelle sich einem Beobachter nähert, als wenn dieser sich auf eine solche zu bewegt. Es soll nun im folgenden noch die Frage beantwortet werden, ob man den DOPPLER-Effekt in beiden Fällen durch einen passenden Luftstrom gleichmachen kann. In der Tat, läßt man einen solchen über den Schallgeber gegen den Empfänger hin streichen, so wird die Frequenz erniedrigt, der DOPPLER-Effekt verkleinert, und umgekehrt wird durch denselben Luftstrom die Frequenz des Empfängers, wenn er sich auf die ruhende Schallquelle zu bewegt, erhöht, der Doppler-Effekt vergrößert. Es wird also ein Luftstrom einer gewissen Geschwindigkeit die Effekte egalisieren. Die beiden Formeln (3) und (4) lauten somit für den ersten und zweiten Fall ($v_1 = v$ und $v_2 = -v$)

$$\frac{v}{v_0} = \frac{1}{1 - \dfrac{v - v_3}{c}} \quad \text{und} \quad \frac{v}{v_0} = \left(1 - \frac{-v - v_3}{c}\right) = \left(1 + \frac{v + v_3}{c}\right).$$

Die beiden $\dfrac{v}{v_0}$ sollen nun gleich ausfallen. Sonach muß sein

$$\left(1 - \frac{v - v_3}{c}\right)\left(1 + \frac{v + v_3}{c}\right) = 1. \tag{6}$$

Ausmultiplizieren ergibt

$$v_3^2 + 2\,c\,v_3 - v^2 = 0.$$

Die Wurzeln dieser quadratischen Gleichung sind

$$v_3 = -c \pm \sqrt{c^2 + v^2}.$$

Da $v_3 +$ ausfallen muß, ist das obere Zeichen zutreffend, und man erhält

$$v_3 = \sqrt{c^2 + v^2} - c,$$

was auch geschrieben werden kann

$$\frac{v_3}{c} = \sqrt{1 + \left(\frac{v}{c}\right)^2} - 1. \tag{7}$$

Bemerkung. Beim Doppler-Effekt der Optik hat man es mit keinem Zwischenmedium zu tun. Da ferner nach der Relativitätstheorie aus keiner Beziehung die „absolute" Bewegung gefunden werden kann, so muß hier der Doppler-Effekt sowohl für bewegten Sender als Empfänger gleich lauten. Er ist dementsprechend auf anderer Grundlage zu berechnen. Es ist aber bemerkenswert, daß die Formel weitgehend übereinstimmt mit dem arithmetischen Mittel aus den beiden Ausdrücken (1) und (2).

Aufgabe 1. Man zeichne gemäß (7) die Kurve $\dfrac{v_3}{c} = f\left(\dfrac{v}{c}\right)$ und beweise, daß für große $\dfrac{v}{c}$ diese übergeht in eine Gerade mit dem Neigungswinkel $45°$, welche die Ordinate bei -1 schneidet.

Aufgabe 2. Man leite das (7) entsprechende Resultat für den allgemeinen Fall her, daß die Geschwindigkeiten vom Schallgeber (v_1) und Schallempfänger (v_2) verschieden sind, und zeige, daß dann

$$v_3 = \sqrt{c^2 + \left(\frac{v_1 + v_2}{2}\right)^2} + \frac{v_1 - v_2}{2} - c.$$

Aufgabe 3. Man beweise, daß auch ohne Luftströmung ($v_3 = 0$) der DOPPLER-Effekt nach (3) und (4) gleich ausfällt, wenn

$$\frac{1}{v_1} - \frac{1}{v_2} = \frac{1}{c}.$$

§ 74. Gasdichte in kommunizierenden Gefäßen.

Verbindet man zwei Gefäße mit den Volumina V_1 und V_2 (Abb. 93) durch eine Röhre, so stellt sich zwar in beiden stets derselbe Gasdruck ein, die Gasdichten ϱ_1 und ϱ_2 sind aber verschieden, wenn die Gefäße sich auf verschiedenen Temperaturen befinden. Erwärmt man z. B. V_2 von T_1 auf T_2, wobei man V_1 auf T_1 hält, so wird sich das Gas in V_2 verdünnen und in V_1 verdichten.

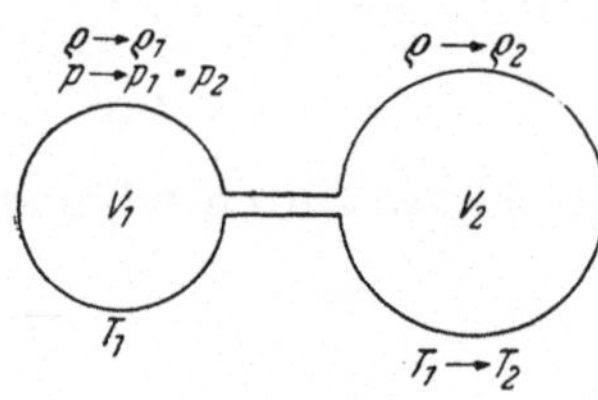

Abb. 93.

Frage. 1. Wie groß sind die Dichten ϱ_1 und ϱ_2, wenn die Dichte anfänglich ϱ war?

2. Wie groß ist der Gasdruck, wenn dieser anfänglich p war?

Zunächst wird man beachten müssen, daß beim Gasaustausch zwischen V_1 und V_2 die Gesamtmasse unverändert bleibt, daß also gilt

$$V_1 \varrho_1 + V_2 \varrho_2 = (V_1 + V_2) \varrho. \tag{1}$$

Ferner wird man versuchen, die Gasgleichung anzuwenden. Man stößt dabei zunächst auf die Schwierigkeit, daß die Formel $p V = v R T$ eine konstante Gasmasse, d. h. v Mole voraussetzt. Diese Voraussetzung trifft aber weder für den Inhalt von V_1 noch von V_2 zu. Man wird also nach einem Ausdruck suchen müssen, in dem nicht das Volumen einer bestimmten Gasmenge vorkommt. Man gewinnt einen solchen unmittelbar, wenn man bedenkt, daß gemäß der Gasgleichung $p V$ der Gasmenge proportional ist, d. h. p selber proportional der Gasdichte, so daß man schreiben kann

$$p = \lambda \varrho \, T \quad (\lambda = \text{Proportionalitätsfaktor}). \tag{2}$$

Diese Beziehung geht anschaulich auch aus der gaskinetischen Formulierung hervor

$$p = \frac{\varrho \, v^2}{3},$$

da das Quadrat der Molekulargeschwindigkeit $v^2 \sim T$.

Wir können also für unseren Fall anschreiben

$$p_1 = p_2 = \lambda \, \varrho_1 \, T_1 = \lambda \, \varrho_2 \, T_2. \tag{3}$$

Dies im Verein mit (1) liefert uns die beiden Größen

$$\left. \begin{aligned} \varrho_1 &= \varrho \, \frac{(V_1 + V_2) \, T_2}{V_1 \, T_2 + V_2 \, T_1}, \\ \varrho_2 &= \varrho \, \frac{(V_1 + V_2) \, T_1}{V_1 \, T_2 + V_2 \, T_1}. \end{aligned} \right\} \tag{4}$$

Den Gasdruck $p_1 = p_2$ finden wir durch Vergleich mit dem Anfangsdruck p. Da $p = \lambda \, \varrho \, T_1$, so folgt in Verbindung mit (3) $p_1 = p \, \frac{\varrho_1}{\varrho}$ und gemäß (4)

$$p_2 = p_1 = p \, \frac{(V_1 + V_2) \, T_2}{V_1 \, T_2 + V_2 \, T_1}. \tag{5}$$

Formeln (4) und (5) nehmen für den Fall, daß $V_1 = V_2$, die einfache Gestalt an

$$\left. \begin{aligned} \varrho_1 &= \varrho \, \frac{2 \, T_2}{T_1 + T_2}, \\ \varrho_2 &= \varrho \, \frac{2 \, T_1}{T_1 + T_2}, \end{aligned} \right\} \tag{4a}$$

$$p_2 = p_1 = p \, \frac{2 \, T_2}{T_1 + T_2}. \tag{5a}$$

Verallgemeinerung.

Den allgemeinsten Fall unseres Problems haben wir offenbar vor uns, wenn wir eine beliebige Anzahl Gefäße von beliebigem Volumen miteinander in Verbindung setzen, zunächst alle auf dieselbe Temperatur T mit dem Fülldruck p (Anfangsdichte ϱ) bringen und nun jedem Gefäß einen andern Wärmegrad erteilen. Die Berechnung der Gasdichten könnte auf Grund des Bisherigen unschwer erfolgen. Wir werden aber das Wesentliche schon bei der Beschränkung auf drei Gefäße (Abb. 94) ersehen und dabei einen geringeren Formelaufwand benötigen. Wir haben zunächst wieder die Beziehung für die Erhaltung der Masse

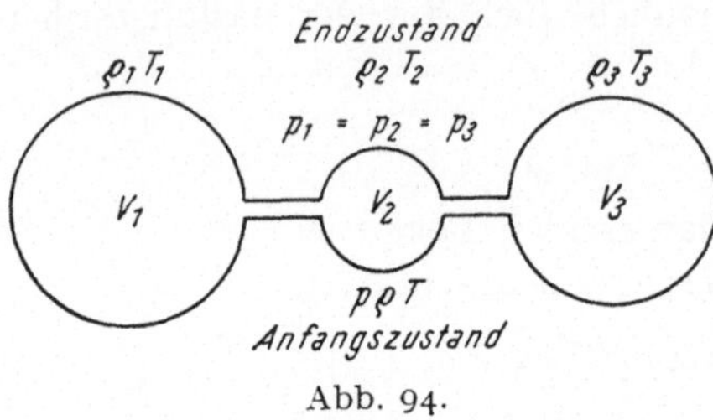

Abb. 94.

$$\varrho_1 V_1 + \varrho_2 V_2 + \varrho_3 V_3 = (V_1 + V_2 + V_3)\, \varrho, \qquad (6)$$

dann die Beziehung der Drucke, zunächst $p = \lambda \varrho\, T$, ferner

$$p_1 = p_2 = p_3 = \lambda \varrho_1 T_1 = \lambda \varrho_2 T_2 = \lambda \varrho_3 T_3. \qquad (7)$$

Aus den drei Gleichungen (6) und (7) folgen unmittelbar die gesuchten drei Größen $\varrho_1,\ \varrho_2,\ \varrho_3$

$$\varrho_1 = \varrho\, \frac{(V_1 + V_2 + V_3)\, T_2\, T_3}{V_1 T_2 T_3 + V_2 T_1 T_3 + V_3 T_2 T_1}. \qquad (8)$$

ϱ_2 und ϱ_3 erhält man durch zyklische Vertauschung der Indizes, da keines der Volumina vor den anderen ausgezeichnet ist. Aus den Gleichungen (7) gewinnt man in Verbindung mit dem Ausdruck $p = \lambda \varrho\, T$ auch den Druck

$$p_1 = p\, \frac{\varrho_1}{\varrho}\, \frac{T_1}{T}$$

bzw.

$$p_1 = \frac{p}{T}\, \frac{(V_1 + V_2 + V_3)\, T_1\, T_2\, T_3}{V_1 T_2 T_3 + V_2 T_3 T_1 + V_3 T_1 T_2}. \qquad (9)$$

Unschwer erkennt man, wie die Ausdrücke bei vier und mehr Gefäßen aussehen werden.

Wir wollen nur noch zwei Spezialfälle ins Auge fassen.

1. Gleiche Volumina. Aus (8) und (9) wird dann

$$\varrho_1 = \varrho\, \frac{3\, T_2\, T_3}{T_1 T_2 + T_2 T_3 + T_3 T_1} \qquad (8\,\text{a})$$

und

$$p_1 = \frac{p}{T}\, \frac{3\, T_1\, T_2\, T_3}{T_1 T_2 + T_2 T_3 + T_3 T_1}. \qquad (9\,\text{a})$$

2. Wir lassen V_3 auf 0 zusammenschrumpfen und erhalten dann den Fall zweier Gefäße, wobei nun im Gegensatz zu der anfangs behandelten Aufgabe beide Gefäße eine von der

Anfangstemperatur T verschiedene Temperatur besitzen: T_1 und T_2.

Wir gelangen zum Zweierfall, wenn wir V_2 und V_3 zusammen als ein Gefäß betrachten, also $T_3 = T_2$ und V_3 im Grenzfall gleich o setzen. Man erhält

$$\varrho_1 = \varrho \, \frac{(V_1 + V_2)\, T_2}{V_1\, T_2 + V_2\, T_1}, \qquad (10)$$

$$p_1 = \frac{p}{T} \, \frac{(V_1 + V_2)\, T_1\, T_2}{V_1\, T_2 + V_2\, T_1}. \qquad (11)$$

Es fällt zunächst auf, daß die Ausdrücke (4) und (10) identisch sind. Für beide gilt die Voraussetzung, daß zwei Gefäße mit einem Gas der Dichte ϱ gefüllt sind, im ersten Fall allerdings bei der Temperatur T_1 und im zweiten bei T. Nun kann man aber die beiden Gefäße von T auf T_1 und umgekehrt bringen, ohne daß die Gasdichte sich ändert, so daß beide Fälle physikalisch übereinstimmen und damit auch zum selben Resultat führen müssen. Anders beim Gasdruck, der sich bei Erwärmung oder Abkühlung verändert, wodurch (5) und (11) verschieden ausfallen.

Aufgabe 1. Von zwei kommunizierenden Gefäßen werde eines so weit erhitzt, daß die Gasdichte in diesem auf die Hälfte sinkt. Man zeige, daß die (absolute) Temperatur auf das Dreifache gesteigert werden muß und daß dabei der Druck auf das Ein-einhalbfache ansteigt.

Aufgabe 2. Wird das Gefäß V_2 erhitzt, so entweicht eine bestimmte Gasmenge in das Gefäß V_1. Um welchen Bruchteil nimmt die Gasmasse in diesem zu? Die relative Massenzunahme entspricht offenbar der relativen Dichtezunahme, also dem Ausdruck $\dfrac{\varrho_1 - \varrho}{\varrho}$, so daß Formel (4) anzuwenden ist.

§ 75. Vakuum durch Hitze.

Die Luftmenge, die sich durch Erwärmen aus einem Gefäß austreiben läßt, ist begrenzt. Sie berechnet sich gemäß der Bedingung, daß der Luftdruck innen und außen derselbe bleibt, also wie in § 74 ausgeführt, daß $\varrho_0\, T_0 = \varrho\, T$ ist, wo ϱ und ϱ_0 die Gasdichten innen und außen und T und T_0 die entsprechenden Temperaturen bedeuten. Will man zu einem kleinen Wert von $\dfrac{\varrho}{\varrho_0}$ d. h. zu einem Vakuum gelangen, wird man nach einer geeigneten

Kumulierung des Vorganges suchen. Eine solche kann durch Verwendung vieler Gefäße, etwa in folgender Weise, erzielt werden. Eine Reihe von m gleich großen Kolben (Abb. 95) sei unter sich und der Atmosphäre in Verbindung und mit Absperrhähnen H_1, H_2, ..., H_m versehen. Man öffne alle Hähne und erwärme die Kolbenreihe von T_0 auf T, sodann schließe man H_1. Jetzt kühlt man V_1 auf T_0 ab und schließt H_2. Indem man

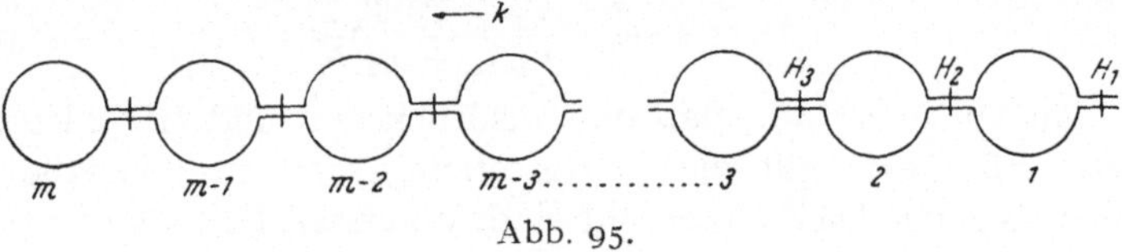

Abb. 95.

weiter V_2 abkühlt, H_3 schließt und so fortfährt, erhält man schließlich im Kolben m ein erhöhtes Vakuum.

Frage. Wie groß ist das im Kolben m erzielte Vakuum?

Es liegt nahe, die einzelnen Prozeduren der Reihe nach mathematisch zu erfassen und so zum Endergebnis vorzudringen. Nach Erwärmen der Kolbenreihe von T_0 auf T erhält man, wie oben ausgeführt, zunächst eine Gasdichte

$$\varrho_1 = \varrho_0 \frac{T_0}{T}. \tag{1}$$

Wird nun V_1 auf T_0 abgekühlt, so nimmt die Dichte in V_1 zu. Sie betrage ϱ_1', während in der restlichen Kolbenreihe eine Dichte ϱ_2 entsteht. Hierfür gelten die Bedingungen

der Erhaltung der Masse $\qquad \varrho_2\,(m-1) + \varrho_1' = m\,\varrho_1,$

der Gleichheit des Druckes $\qquad\qquad \varrho_1'\,T_0 = \varrho_2\,T. \tag{2}$

Durch Elimination von ϱ_1' folgt $\qquad \varrho_2 = \dfrac{\varrho_1\,m}{(m-1) + T/T_0} \tag{3}$

Nach Abschließen von H_2 kühlt man nun V_2 ab. ϱ_2 sinkt auf ϱ_2' und die Dichte im Kolbenrest auf ϱ_3. Hierfür hat man wieder die Gleichungen

$$\varrho_3\,(m-2) + \varrho_2' = (m-1)\,\varrho_2$$

und $\qquad\qquad\qquad\qquad \varrho_3\,T = \varrho_2'\,T_0, \tag{4}$

woraus man erhält

$$\varrho_3 = \varrho_2\,\frac{m-1}{m-2 + T/T_0} \tag{5}$$

und nach Einsetzen von ϱ_2 aus (3)

$$\varrho_3 = \varrho_1 \, \frac{m\,(m-1)}{(m-1+T/T_0)\,(m-2+T/T_0)}. \tag{5a}$$

So weiterfahrend wird man allmählich die Form der endgültigen Formel erkennen. Doch ist das Verfahren etwas langwierig.

Rascher und allgemeiner führt ein anderes Verfahren zum Ziel. Man erfaßt den Vorgang für irgendeinen Kolben k, d. h. den Zusammenhang zwischen Gasdichte vor und nach Abkühlen des k-ten Kolbens. Man erhält so eine sogenannte Rekursionsformel, die sich dann auf den gesamten kombinierten Vorgang anwenden läßt. Dabei wird einem, wie man leicht sieht, die oben zunächst primitiv geführte Behandlung als gute Vorübung zustatten kommen.

Wir betrachten jetzt den Vorgang in dem beliebigen Kolben k, der nach rechts abgeschlossen ist. Die erzielte Dichte sei ϱ_k. Nun kühlen wir V_k ab. Es entsteht darin die Dichte ϱ_k' und in der übrigen Kolbenreihe die Dichte ϱ_{k+1}. Da $m-k$ Kolben erhitzt bleiben und einer abgekühlt wurde, so haben wir

wobei
$$\left.\begin{aligned} \varrho_{k+1}\,(m-k) + \varrho_k' &= \varrho_k\,(m-k+1), \\ \varrho_{k+1}\,T &= \varrho_k'\,T_0. \end{aligned}\right\} \tag{6}$$

Durch Elimination von ϱ_k' folgt

$$\varrho_{k+1} = \varrho_k \, \frac{m-k+1}{m-k+T/T_0}. \tag{7}$$

Es wird zweckmäßig sein, in diesem Ausdruck oben und unten dieselbe Zahl $m-k+1$ zu erhalten, was man durch Einführung der relativen Temperaturzunahme $\lambda = \dfrac{T-T_0}{T_0}$ erreicht. Es schreibt sich dann

$$\varrho_{k+1} = \varrho_k \, \frac{m-k+1}{m-k+1+\lambda}. \tag{8}$$

Diese Formel gilt für alle k vom ersten bis zum letzten Kolben, d. h. bis zu $k+1 = m$.

Man hat allgemein nach (8) die Ausdrücke zu bilden für ϱ_{k+1}, ϱ_k, ϱ_{k-1}, ϱ_{k-2}, bis ϱ_1 und für k der Reihe nach zu setzen $m-1$, $m-2$, $m-3$ usw. bis herunter zu 1, sodann die linken Seiten der Gleichungen miteinander zu multiplizieren und ebenso die rechten und erhält so $\varrho = \text{Faktor} \times \varrho_1$. Es ergibt sich

$$\varrho_m = \varrho_1 \frac{2}{2+\lambda} \cdot \frac{3}{3+\lambda} \cdot \frac{4}{4+\lambda} \cdots \frac{m-1}{m-1+\lambda} \cdot \frac{m}{m+\lambda}. \tag{9}$$

Um das gegenüber dem Atmosphärendruck erzielte Vakuum zu erhalten, wird man noch ϱ_1 durch ϱ_0 ersetzen. Es ist $\varrho_1 \dfrac{T_1}{T_0} = \varrho_0$, d. h. $\varrho_1 (\lambda + 1) = \varrho_0$ und somit

$$\varrho_m = \varrho_0 \frac{1}{1+\lambda} \cdot \frac{2}{2+\lambda} \cdot \frac{3}{3+\lambda} \cdots \frac{m}{m+\lambda}. \tag{10}$$

Mit der Aufstellung dieser Formel ist offenbar unsere Frage restlos beantwortet. Vom Standpunkt der praktischen Anwendung aber erhebt sich noch die Diskussion, in welchem Grade die einzelnen Faktoren m und λ sich auf das Resultat auswirken. Aus (10) ersieht man unmittelbar nur die triviale, weil dem Verfahren immanente Tatsache, daß das Vakuum um so höher, je größer sowohl m als λ. Aber sie erlaubt nicht einen einfachen quantitativen Überblick. Man wird daher versuchen, (10) in eine hierfür geeignetere Form zu bringen. Dies kann in der Tat geschehen, wenn man für λ eine ganze Zahl wählt. Dann wird sich nämlich eine Reihe von Gliedern im Zähler und Nenner wegheben. Wir erweitern zunächst mit dem Produkt $1 \cdot 2 \cdot 3 \ldots \lambda$, so daß im Nenner entsteht $1 \cdot 2 \cdot 3 \ldots (m + \lambda)$. Ferner erweitern wir mit $(m + 1)(m + 2) \ldots (m + \lambda)$, so daß nun die Produkte $1 \cdot 2 \cdot 3 \ldots (m + \lambda)$ im Zähler und Nenner sich wegheben. Übrig bleibt dann

$$\varrho_m = \varrho_0 \frac{1 \cdot 2 \cdot 3 \ldots \lambda}{(m+1)(m+2)\ldots(m+\lambda)}. \tag{11}$$

Dieser Ausdruck erlaubt, unmittelbar den Einfluß von λ und m auf das Resultat abzuschätzen. Da λ naturgemäß eine kleine ganze Zahl sein wird, die Kolbenzahl m aber beliebig vergrößert werden kann, so ist der Nenner von (11) approximativ m^λ. Falls m sehr groß, kann daher geschrieben werden

$$\varrho_m \sim \varrho_0 \frac{\lambda!}{m^\lambda} \quad (\lambda! = \lambda \text{ Fakultät}). \tag{12}$$

Um eine Vorstellung von den erzielbaren Vakua zu geben, seien schließlich noch einige nach (11) berechnete Zahlenwerte zusammengestellt. Es ergibt sich

$\lambda = \dfrac{T - T_0}{T_0}$	2		4	
m	10	100	10	100
ϱ/ϱ_0	$1,5 \cdot 10^{-2}$	$1,9 \cdot 10^{-4}$	$1,0 \cdot 10^{-3}$	$1,8 \cdot 10^{-7}$
Torr	$1,15 \cdot 10^{1}$	$1,5 \cdot 10^{-1}$	$7,6 \cdot 10^{-1}$	$1,4 \cdot 10^{-4}$

Bemerkung. Die Ausdrücke (10), (11), (12) sind auch vom mathematischen Standpunkt aus interessant.

1. Einmal bedeutet der Bruch (11) für ganzzahlige Werte von m und λ einen reziproken Binomialkoeffizienten, so daß geschrieben werden kann

$$\varrho_m = \frac{\varrho_0}{\dbinom{m + \lambda}{\lambda}},$$

was im Zusammenhang mit (12) ergibt
für m groß:

$$\binom{m + \lambda}{\lambda} \sim \frac{m^{\lambda}}{\lambda!}.$$

2. (10) läßt sich graphisch als Funktion von m darstellen, wobei aber nur Punkte für ganzzahlige Werte von m berechnet werden können. Es läßt sich jedoch eine stetige Kurve angeben, die durch diese Punkte hindurchgeht. Man hat einfach $m!$ durch die „Gammafunktion" Γ zu ersetzen und zu schreiben $m! = = \Gamma(1 + m)$. Nimmt man erst in (10) λ auch als ganzzahlig an, so kann man mit $\lambda!$ erweitern und erhält

$$\varrho_m = \varrho_0 \frac{\lambda! \, m!}{(m + \lambda)!},$$

und indem man wieder die interpolierende Γ-Funktion einführt, erhält man den für beliebige Pluswerte von λ und m gültigen Ausdruck

$$\varrho_m = \varrho_0 \frac{\Gamma(1 + \lambda) \cdot \Gamma(1 + m)}{\Gamma(1 + m + \lambda)}.$$

Die Werte für Γ sind aus Tabellen zu entnehmen.

§ 76. Entropieänderung bei der Mischung zweier verschieden temperierter Flüssigkeiten.

Es ist häufig zweckmäßig, erst einen besonders einfachen Spezialfall zu behandeln, ehe man an die allgemeine Aufgabe herantritt. Einmal folgt man dem Wege kleinsten Widerstandes.

Dann aber überschaut man gewöhnlich das Wesentliche unmittelbarer und findet meistens mühelos den Weg zur Verallgemeinerung. Wir wenden uns daher zunächst folgender Frage zu. Wir mischen 1 g H_2O von der Temperatur T_1 und 1 g von der höheren Temperatur T_2 miteinander, so daß wir 2 g H_2O von der Mischungstemperatur $T_0 = \frac{1}{2}(T_1 + T_2)$ erhalten und fragen, um wieviel bei diesem Vorgang die Entropie zunimmt.

Allgemein ist zu beachten, daß die Entropiedifferenz zwischen zwei Zuständen nur berechnet werden kann, wenn zur Überführung des einen in den andern ein reversibler Vorgang benützt wird. Es dürfen z. B. keine Temperatur- und Druckdifferenzen vorkommen. Führt man einem Körper in dieser Art eine Wärmemenge dQ zu, so ist seine Entropievermehrung $dS = \frac{dQ}{T}$.

Wir rechnen nun die Entropiezunahme für beide Wasserportionen einzeln aus. Zunächst betten wir eine Portion P_1 mit T_1 in ein Wärmebad mit der Temperatur T_1 ein. Sodann erwärmen wir dieses unendlich langsam bis auf die Mischungstemperatur T_0. Während dieses Vorganges existiert also keine merkliche Temperaturdifferenz zwischen Wärmebad und P_1. Die Zunahme der Entropie für P_1 ist dann

$$S_0 - S_1 = \int_{T_1}^{T_0} \frac{dQ}{T}.$$

Da Masse und spezifische Wärme $= 1$ sind, so ist $dQ = dT$, und wir erhalten daher

$$S_0 - S_1 = \int_{T_1}^{T_0} \frac{dT}{T} = \ln \frac{T_0}{T_1}. \tag{1}$$

Analog würde man für eine zweite Portion P_2 bei der Erwärmung von T_0 auf T_2 als Entropiezunahme erhalten $\ln T_2/T_0$. Da wir aber von T_2 auf T_0 abkühlen, ist die Entropiezunahme

$$S_2 - S_0 = -\ln \frac{T_2}{T_0} = \ln \frac{T_0}{T_2}. \tag{1a}$$

Die gesamte Entropiezunahme für die 2 g H_2O beträgt daher

$$S_2 - S_1 = \ln \frac{T_0}{T_1} + \ln \frac{T_0}{T_2} = \ln \frac{T_0^2}{T_1 T_2} = \ln \frac{(T_1 + T_2)^2}{4 T_1 T_2}. \tag{2}$$

Für P_1 ist die Entropie größer, für P_2 kleiner geworden. Aber in Summa hat sie, wie es sein muß, zugenommen. Dies ersieht man unmittelbar aus dem Argument des ln, welches dem Verhältnis des größeren arithmetischen Mittels $\frac{1}{2}(T_1 + T_2)$ zu dem kleineren des geometrischen $\sqrt{T_1 T_2}$ entspricht und daher > 1 ist.

Daß man für die Summe $\int \frac{dQ}{T}$ ein anderes Resultat, also nicht die Entropiezunahme erhält, wenn man die Wärme irreversibel zuführt, läßt sich leicht zeigen. Es gilt allgemein der Satz, daß in diesem Falle der Ausdruck kleiner als die Entropiezunahme ist, d. h. daß

$$\int_1^2 \frac{dQ}{T} < S_2 - S_1. \tag{3}$$

Ferner gilt, daß diese Summe für einen irreversiblen Kreisprozeß negativ wird, daß somit, wenn wir die ganze Summe mit $\oint$ bezeichnen,

$$\oint \frac{dQ}{T} < 0. \tag{4}$$

Zum Beweis bringen wir die beiden Portionen P_1 und P_2 (Abb. 96) in ein Temperaturbad mit der konstant gehaltenen Temperatur T_0 hinein. Der Wärmeaustausch erfolgt jetzt nicht wie oben bei variabler Temperatur des Wärmereservoirs. Es ist für Portion P_1 die Summe

$$\int_{T_1}^{T_0} \frac{dQ}{T} \quad \text{bzw.} \quad \int_{T_1}^{T_0} \frac{dT}{T} = \frac{1}{T_0}\int_{T_1}^{T_0} dT = \frac{T_0 - T_1}{T_0}$$

und analog für die Portion P_2

$$-\int_{T_0}^{T_2} \frac{dT}{T} = -\frac{1}{T_0}\int_{T_0}^{T_2} dT = -\frac{T_2 - T_0}{T_0}.$$

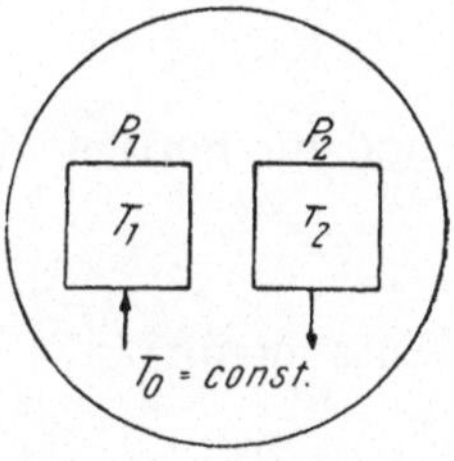

Abb. 96.

Da $T_0 - T_1 = T_2 - T_0$, so ist die Summe dieser beiden Ausdrücke $= 0$, ergibt also tatsächlich einen Wert, der kleiner ist als $S_2 - S_1$.

Wir kehren jetzt irreversibel zum Anfangszustand zurück, d. h. wir kühlen P_1 (Abb. 97) auf T_1 ab und erwärmen P_2 auf T_2. Wir wählen dabei folgendes Verfahren. Wir bringen P_1 in einen Raum der konstanten Temperatur T_1 und P_2 in einen solchen mit T_2. Die beiden Summen $\int \frac{dQ}{T}$ bzw. $\int \frac{dT}{T}$ ergeben

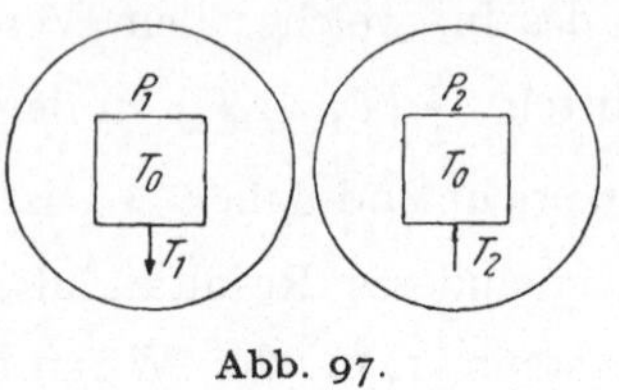

Abb. 97.

jetzt für P_1: $-\dfrac{T_0-T_1}{T_1}$ und für P_2:

$\dfrac{T_2-T_0}{T_2}$. Da wieder $T_0-T_1 = T_2-T_0$, so erhält man zusammen $(T_2-T_0)\left(\dfrac{1}{T_2}-\dfrac{1}{T_1}\right)$. Dies ist also die Summe für den Rückweg des Kreisprozesses. Da sie für den Hinweg null war, so ist dies aber auch der Betrag für den ganzen Kreisprozeß, d. h. es ist

$$\oint = (T_2 - T_0)\left(\frac{1}{T_2} - \frac{1}{T_1}\right). \tag{5}$$

Da $T_2 - T_0 > 0$ und $T_2 > T_1$, so ist dieser Ausdruck negativ, wie es Gleichung (4) verlangt.

Der Weg zur Berechnung der Entropie für den allgemeineren Fall, d. h. bei Annahme verschiedener Massen, ist nun vorgezeichnet. Wir erhalten wieder für Portion P_1 bei Erwärmung von T_1 auf die Mischungstemperatur T_0 für eine Masse m_1 ($c = 1$ gesetzt)

$$S_0 - S_1 = m_1 \ln \frac{T_0}{T_1}$$

und für Portion P_2 analog

$$S_2 - S_0 = m_2 \ln \frac{T_0}{T_2}.$$

Dies ergibt

$$S_2 - S_1 = m_1 \ln \frac{T_0}{T_1} + m_2 \ln \frac{T_0}{T_2} \tag{6}$$

oder

$$= \ln \left(\frac{T_0}{T_1}\right)^{m_1} \left(\frac{T_0}{T_2}\right)^{m_2}$$

und damit

$$= \ln \frac{T_0^{m_1 + m_2}}{T_1^{m_1} T_2^{m_2}}. \tag{6a}$$

Aus der Mischungsregel folgt die Mischungstemperatur

$$T_0 = \frac{m_1\,T_1 + m_2\,T_2}{m_1 + m_2}.\tag{7}$$

Aus dem Resultat (6) ersieht man nicht unmittelbar (wie im früheren Spezialfall), daß das Argument des ln größer als 1 ist. Man wird daher versuchen, den Ausdruck auf eine Form zu bringen, die entweder eine unmittelbare Beurteilung erlaubt oder doch die Frage leicht entscheiden läßt. Wir beachten zunächst, daß es nur auf Verhältnisse von Temperaturen und auch von Massen ankommt, setzen also beispielsweise $\frac{T_2}{T_1} = q$ und $\frac{m_1}{m_2} = p$. Man erhält dann nach (6) die Form

$$m_2\,p\,\ln\frac{T_0}{T_1} + m_2\,\ln\frac{T_0}{T_1\,q}$$

bezie hungsweise

$$m_2\,\ln\left(\frac{T_0}{T_1}\right)^p\frac{T_0}{T_1\,q} = m_2\,\ln\frac{1}{q}\left(\frac{T_0}{T_1}\right)^{p+1}.$$

Da aus (7) folgt

$$\frac{T_0}{T_1} = \frac{q+p}{1+p},$$

erhält man den Ausdruck

$$m_2\,\ln\frac{1}{q}\left(\frac{q+p}{1+p}\right)^{1+p}.$$

B enützt man die naheliegende Substitution $1 + p = n$, so vereinfacht sich dies weiter zu

$$m_2\,\ln\frac{1}{q}\left(\frac{q-1+n}{n}\right)^n.$$

Und sch ließlich wird nach der weiteren Substitution $q - 1 = x$ hieraus

$$m_2\,\ln\frac{\left(1+\dfrac{x}{n}\right)^n}{1+x}.\tag{8}$$

Hierbei ist $p > 0$ und $q > 1$ ($T_2 > T_1$!) und daher $n > 1$ und $x > 0$. Daß der Bruch unter dem ln größer als 1 ist, kann man aus folgen dem ersehen. Der Zähler $\left(1 + \dfrac{x}{n}\right)^n$ wird für den Spezial-fall $n = 1$ gleich dem Nenner: Der Quotient ist 1. Mit zunehmendem n wächst der Zähler und wird bei $n = \infty = e^x$. Nun ist aber $e^x > 1 + x$. Somit ist der Bruch für alle Werte von n zwischen 1 und ∞ und für alle Werte von x größer als 1.

§ 77. Reversible und irreversible Temperaturänderung.

1. Bringt man einen Körper in ein Temperaturbad, z. B. einen Topf Wasser, und erwärmt dieses langsam, so erwärmt sich der Körper reversibel, da zwischen ihm und der Umgebung praktisch keine Temperaturdifferenz besteht. Rechnet man für diesen Fall das Integral $\int_{T_1}^{T_2} \frac{dQ}{T}$ (T_1: Anfangs-, T_2: Endtemperatur) aus, so erhält man daher die Zunahme der Entropie.

2. Erwärmt man den Körper indessen, indem man ihn in ein Wärmebad der konstanten Endtemperatur T_2 eintaucht, so erwärmt er sich irreversibel. Man rechne für diesen Fall $\int_{T_1}^{T_2} \frac{dQ}{T}$ aus und zeige, daß diese Summe, wie es sein muß, kleiner ist als der Entropiezuwachs.

3. Schließlich überlasse man einen auf T_2 erwärmten Körper in einer Umgebung von der konstanten niedrigeren Temperatur T_1 sich selbst und berechne, um wieviel bei dieser irreversiblen Abkühlung die Entropie zunimmt.

Zu 1. Für dQ ist zu schreiben $m\,c\,dT$, wo m die Masse und c die spezifische Wärme bedeuten. Es ergibt sich unmittelbar die Entropiezunahme

$$S_{12} = m\,c \int_{T_1}^{T_2} \frac{dT}{T} = m\,c \ln \frac{T_2}{T_1}. \tag{1}$$

Zu 2. Die Wärme $m\,c\,(T_2 - T_1)$ wird bei konstanter Endtemperatur T_2 zugeführt. Es ist daher die Summe

$$\sum_{12} = \int_{T_1}^{T_2} \frac{dQ}{T} = m\,c\,\frac{T_2 - T_1}{T_2}.$$

Nun bleibt nur noch zu zeigen, daß $S_{12} > \sum_{12}$, d. h. daß

$$\ln \frac{T_2}{T_1} > \frac{T_2 - T_1}{T_2}. \tag{2}$$

Dies ist eine rein mathematische Aufgabe, die verschieden behandelt werden kann. Ein einfacher Beweis ist zu erwarten, wenn man den ln in eine Reihe entwickelt. Am besten bringt man das Argument in die Form $1 - x$, da dann die Reihe nicht alternierend wird und ein Vergleich der linken und rechten Seite der Ungleichung (2) einfacher ist. Dabei soll ferner $x < 1$ sein, damit die Reihe konvergiert. Wir erreichen dies, wenn wir (2) schreiben

$$\ln \frac{T_1}{T_2} < - \frac{T_2 - T_1}{T_2}$$

oder

$$\ln \left(1 - \frac{T_2 - T_1}{T_2}\right) < - \frac{T_2 - T_1}{T_2}. \tag{2a}$$

Wenn wir setzen $\dfrac{T_2 - T_1}{T_2} = x$, so haben wir zu zeigen, daß

$$\ln (1 - x) < - x, \quad \text{wobei} \quad 0 < x < 1.$$

Es kommt entwickelt $- \dfrac{x}{1} - \dfrac{x^2}{2} - \dfrac{x^3}{3} - \dfrac{x^4}{4} - \ldots < - x.$

Da $- x$ sich auf beiden Seiten weghebt, steht links eine negative Größe, rechts 0, so daß die Richtigkeit dieser Ungleichung unmittelbar ersichtlich ist.

Zu 3. Wenn man einen heißen Körper sich selbst überläßt, verliert er bei der Abkühlung von T_2 auf T_1 so viel Entropie, als dem Ausdruck (1) entspricht. Bei diesem irreversiblen Vorgang scheint also, entgegen der Erwartung, die Entropie abzunehmen. Allein der Satz von der Zunahme der Entropie gilt nur für ein abgeschlossenes System. Die Umgebung, welche die Wärme aufnimmt, muß also mit inbegriffen werden. Die Wärme, die der Körper an die Umgebung abgibt, hat den Wert $m\,c\,(T_2 - T_1)$. Da die Wärmekapazität der Umgebung sehr groß ist, steigt ihre Temperatur bei dieser Wärmezufuhr nur unmerklich. Wenn man ihr also eine Wärmemenge zuführt, so geschieht dies bei der konstanten Temperatur T_1, und die Entropiezunahme beträgt daher $m\,c\,\dfrac{T_2 - T_1}{T_1}$.

Wenn daher bei dem abgeschlossenen System: Heißer Körper $+$ Umgebung die Entropie zunehmen soll, so muß die Ungleichung erfüllt sein

$$m\,c\,\frac{T_2 - T_1}{T_1} - m\,c \ln \frac{T_2}{T_1} > 0$$

oder

$$\ln \frac{T_2}{T_1} < \frac{T_2 - T_1}{T_1}. \tag{3}$$

Zum Beweis können wir ähnlich vorgehen wie bei Ungleichung (2). Wir schreiben zunächst

$$\ln\left(1 + \frac{T_2 - T_1}{T_1}\right) < \frac{T_2 - T_1}{T_1}. \tag{3a}$$

$\dfrac{T_2 - T_1}{T_1}$ wieder gleich x gesetzt, schreibt sich dies

$$\ln(1 + x) < x.$$

Da hier $0 < x < \infty$, läßt sich die Reihenentwicklung nicht anwenden. Man kann es aber mit der Exponentialreihe versuchen und schreiben

$$1 + x < e^x.$$

Dies ergibt

$$1 + x < 1 + \frac{x}{1!} + \frac{x^2}{2!} + \frac{x^3}{3!} \cdots$$

oder

$$0 < \frac{x^2}{2!} + \frac{x^3}{3!} + \cdots,$$

woraus die Richtigkeit der Ungleichung ohne weiteres hervorgeht.

Abschließend sei festgestellt, daß die Entropiezunahme also durch den Ausdruck wiedergegeben wird

$$m c \left[x - \ln(1 + x)\right], \quad \text{wo} \quad x = \frac{T_2 - T_1}{T_1}. \tag{4}$$

Aufgabe. Die unter Ziffer 3 behandelte Frage und das Thema des § 76 betreffen beide die Entropieänderung bei einem Temperaturausgleich zwischen zwei Dingen. Es ist nützlich, wie in anderen ähnlichen Fällen (siehe etwa § 36) zu prüfen, wie weit sie physikalisch miteinander übereinstimmen. Kalorisch bedeutet das Mischen zweier verschieden temperierter Flüssigkeiten offenbar dasselbe wie der Temperaturausgleich zwischen irgend zwei (auch festen!) Dingen von verschiedener Temperatur. Genau dieser Fall ist aber vorhanden, wenn ein erhitzter Körper sich selbst überlassen wird. Dann stellt er sich mit der Umgebung ins Temperaturgleichgewicht. Der Unterschied besteht nur darin, daß hier die Masse der Umgebung als ungeheuer groß anzusehen ist. Daraus ist zu folgern, daß Formel (4) § 77 nur einen Spezialfall der Formel (8) § 76 darstellt! Man zeige nun, daß die erstere aus der letzteren hervorgeht, wenn man in dieser die Masse m_1 unendlich groß, d. h. $n = \infty$ ansetzt.

§ 78. Lupenvergrößerung und Augenabstand.

Gewöhnlich beschränkt man sich darauf, die Vergrößerung einer Lupe für den Fall einer dünnen Sammellinse mit anliegendem Auge zu berechnen und findet hierfür den Ausdruck $v = \dfrac{s}{\gamma}$, wo s die deutliche Sehweite, γ die Gegenstandsweite bedeutet. Für den Fall des nicht akkommodierenden Auges, für den $\gamma = f$ und der Bildabstand $\beta = \infty$, erhält man dann $v = \dfrac{s}{f}$. Wie steht es nun mit der Vergrößerung, wenn sich das Auge in einem be-

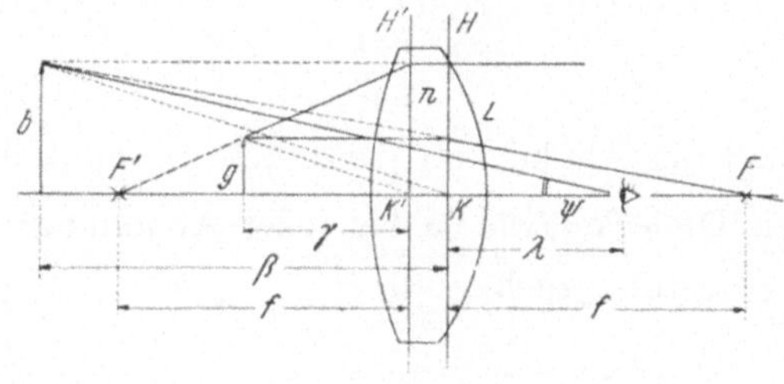

Abb. 98.

liebigen Abstand von der Lupe befindet, und zwar für den allgemeinen Fall einer beliebig dicken oder zusammengesetzten Lupe?

Das Vorgehen ist hier vorgezeichnet. Wir haben mittels der Konstruktionsstrahlen das (virtuelle) Bild b eines Gegenstandes g (Abb. 98) zu konstruieren, hier allerdings unter Benützung der Gaussschen Kardinalpunkte bzw. -ebenen: d. h. der bild- und gegenstandsseitigen Brennpunkte F und F' und der Hauptebenen H und H'. Ein von der Pfeilspitze g ausgehender Parallelstrahl wird bis H durchgeführt und zielt dann nach F. Ein von F' durch die Pfeilspitze g hindurchgeführter Strahl geht von H' aus parallel weiter. Es schneiden sich die rückwärtigen Verlängerungen in der Pfeilspitze b. Zur Konstruktion hätten auch die punktierten Parallelen zweier durch die Knotenpunkte K und K' hindurchgehenden Linien benützt werden können. K' und K liegen in den Ebenen H' und H, da das Medium links und rechts der Lupe dasselbe (Luft) ist. Das Auge befinde sich nun in dem beliebigen Abstand λ. Man rechne diesen zweckmäßig von der Hauptebene H aus, da ja auch Gegenstandsweite γ und Bildweite β von den Hauptebenen aus zu rechnen sind. Alle von der Pfeilspitze g ausgehenden Strahlen scheinen nach Passieren der Lupe von der Pfeilspitze b herzukommen. Das Auge erblickt den Pfeil b also unter dem Winkel ψ. Unter der Winkelvergrößerung versteht man das Verhältnis von ψ zu dem Winkel φ, unter dem man g ohne Lupe im Abstand s sehen würde, also $v = \dfrac{\psi}{\varphi}$, oder, wenn die Winkel klein sind, $v = \dfrac{\operatorname{tg} \psi}{\operatorname{tg} \varphi}$.

Nun ist $\operatorname{tg} \psi = \dfrac{b}{\beta + \lambda}$ und $\operatorname{tg} \varphi = \dfrac{g}{s}$, also

$$v = \frac{b\,s}{g\,(\beta + \lambda)}. \tag{1}$$

Da gemäß der Ähnlichkeit der durch die punktierten Linien erkennbaren Dreiecke (wie ja bei jeder Abbildung) $\dfrac{b}{g} = \dfrac{\beta}{\gamma}$, so ist die Vergrößerung auch

$$v = \frac{\beta\,s}{\gamma\,(\beta + \lambda)} = \frac{s}{\gamma \left(1 + \dfrac{\lambda}{\beta}\right)}. \tag{2}$$

Vermittels der für ein beliebiges System gültigen Linsengleichung (siehe § 33)

$$\frac{1}{f} = \frac{1}{\gamma} - \frac{1}{\beta} \tag{3}$$

(β ist, da nach der Gegenstandsseite gerichtet, negativ) kann entweder γ oder β eliminiert werden. Wir tun das letztere, da schon für den Fall der dünnen Linse der Ausdruck mit γ besonders einfach ist, und erhalten

$$v = \frac{s}{\gamma \left[1 + \lambda \left(\dfrac{1}{\gamma} - \dfrac{1}{f}\right)\right]} = \frac{s}{\gamma + \lambda \left(1 - \dfrac{\gamma}{f}\right)}. \tag{4}$$

Hieraus ist unmittelbar ersichtlich, daß v mit zunehmendem Augenabstand abnimmt, aber auch bei an der Lupe anliegendem Auge nie den maximalen Wert von $\dfrac{s}{\gamma}$ erreicht, da λ mindestens gleich dem Abstand der Hauptebene H von der Linsenfläche, also etwa $^1/_3$ Linsendicke (§ 36) beträgt. λ ist sowohl Funktion von γ (der Augenakkommodation) als der von f. Zur Diskussion wird man zunächst (4) auf zweckmäßige Formulierung hin ansehen.

Es erscheint dort sowohl γ, d. h. eine Länge, als $\frac{\gamma}{f}$, d. h. der Bruchteil der Brennweite. Der Ausdruck (4) hätte offenbar eine homogenere und allgemeinere Fassung, wenn alles in Bruchteilen von f, d. h. der maßgebenden optischen Strecke, ausgedrückt wäre. Man erhält den gewünschten Ausdruck ohne weiteres durch Erweiterung von (4) mit $\frac{1}{f}$ und erhält

$$v = \frac{\dfrac{s}{f}}{\dfrac{\gamma}{f} + \dfrac{\lambda}{f}\left(1 - \dfrac{\gamma}{f}\right)} \tag{5}$$

$\frac{s}{f}$ bedeutet die Normalvergrößerung v_∞ (dünne Linse, keine Akkommodation), so daß man schreiben kann

$$\frac{v}{v_\infty} = \frac{1}{\dfrac{\gamma}{f} + \dfrac{\lambda}{f}\left(1 - \dfrac{\gamma}{f}\right)}. \tag{5a}$$

Analog wird man hierzu (3) schreiben in der Fassung

$$1 = \frac{f}{\gamma} - \frac{f}{\beta},$$

wonach man erhält

$$\frac{\beta}{f} = \frac{\dfrac{\gamma}{f}}{1 - \dfrac{\gamma}{f}}. \tag{3a}$$

Anschaulich wird der Zusammenhang von $\frac{v}{v_\infty}$ mit $\frac{\gamma}{f}$ und $\frac{\lambda}{f}$ durch eine graphische Darstellung. In Abb 99 wird die Abhängigkeit vom Augenabstand für einige vorgegebenen Werte von $\frac{\gamma}{f}$ wiedergegeben. Man ersieht:

1. $\frac{v}{v_\infty}$ ist bei $\gamma = f$ unabhängig von λ stets 1.

2. $\frac{v}{v_\infty}$ ist bei beliebigem $\gamma < f$, d. h. für beliebige Akkommodation und damit für jeden Beobachter $= 1$, wenn man $\lambda = f$ wählt und damit das Auge in den Brennpunkt F bringt.

3. $\frac{v}{v_\infty}$ ist, wenn sich das Auge innerhalb der Brennweite befindet, größer als 1 und, wenn außerhalb, kleiner als 1.

4. Die Abweichung von 1 ist um so größer, je näher sich der Gegenstand an der Lupe befindet.

Resultat 2 ergibt sich natürlich auch direkt aus (5a), wenn hierbei $\lambda = f$ gesetzt wird. Die Besonderheit des Falles, daß Auge und Brennpunkt zusammenfallen, rechtfertigt es auch,

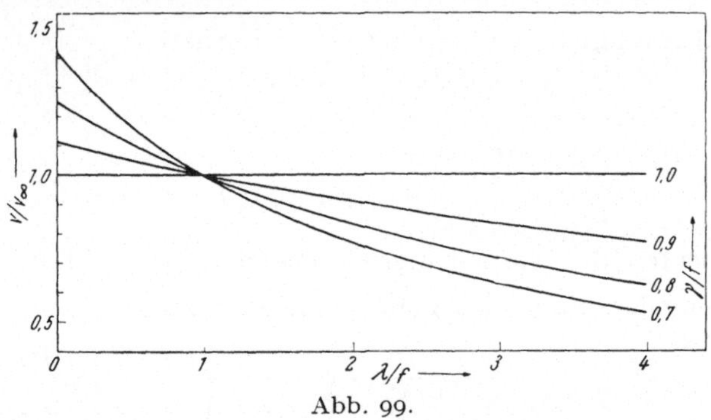

Abb. 99.

den Augenabstand von diesem Punkt aus zu rechnen und zu schreiben $\Delta = \lambda - f$. Aus der Formel (5a) wird dann

$$\frac{v}{v_\infty} = \frac{1}{1 + \dfrac{\Delta}{f}\left(1 - \dfrac{\gamma}{f}\right)}. \tag{5b}$$

Die praktische Gültigkeit von (5) wird begrenzt durch die Bedingung, daß β nicht kleiner sein darf als der Abstand des Nahepunktes (also zirka 10 cm). Da mit abnehmendem γ auch β kleiner wird, so liefert die Lupe schließlich nur noch bei größerem Augenabstand Bilder.

Aufgabe 1. Man zeichne sich zu Abb. 99 noch die entsprechende aus (3) hervorgehende, welche $\dfrac{\beta}{f}$ als Funktion von $\dfrac{\gamma}{f}$ wiedergibt.

Aufgabe 2. Man beweise, daß $\dfrac{v}{v_\infty}$ in Funktion der Bildweite β gegeben ist durch

$$\frac{v}{v_\infty} = \frac{f + \beta}{\lambda + \beta}.$$

Aufgabe 3. Für den Fall einer Kugel (z. B. aus Glas) liegen nach § 36 die beiden Hauptebenen in der Mitte und die Brechkraft beträgt $\dfrac{1}{f} = \dfrac{2\,(n-1)}{n\,r}$. Welches ist die Vergrößerung, wenn man einen Gegenstand durch eine solche aufgelegte Kugel betrachtet? Man beweise, daß dann

$$ v = \frac{s}{f + \Delta\,\dfrac{2-n}{n}}. $$

§ 79. Plankonvexe Lupe.

Zwischen dem allgemeinen Fall eines Problems und einem Spezialfall lassen sich gelegentlich noch „Zwischenfälle" angeben. Diese erlauben einesteils den Übergang vom Speziellen zum Allgemeinen besser zu erkennen, andernteils schon wesentliche Züge des allgemeinen Falles anschaulich werden zu lassen. Einen solchen Zwischenfall stellt die plankonvexe Lupe mit endlicher Dicke dar, die in Form eines mit der ebenen Fläche auf den Gegenstand aufgelegten Glasstückes praktische Bedeutung besitzt.

Es sollen nun die Verhältnisse und Beziehungen für eine solche einwölbige Lupe, insbesondere die Vergrößerung derselben untersucht werden.

Wir haben im Prinzip die gleichen Verhältnisse, wie sie in Abb. 98 dargestellt sind. Nur liegt die bildseitige Hauptebene H im Scheitel der gewölbten Fläche (Abb. 100). Denn ein Parallelstrahl von links wird beim Eintritt ins Glas nicht gebrochen und wird erst an der gewölbten Fläche nach dem Brennpunkt F abgeenkt. Es gibt aber stets der Schnittpunkt eines in Richtung nach dem Brennpunkt austretenden Strahles mit dem entsprechenden einfallenden Parallelstrahl die Lage der bildseitigen Hauptebene an.

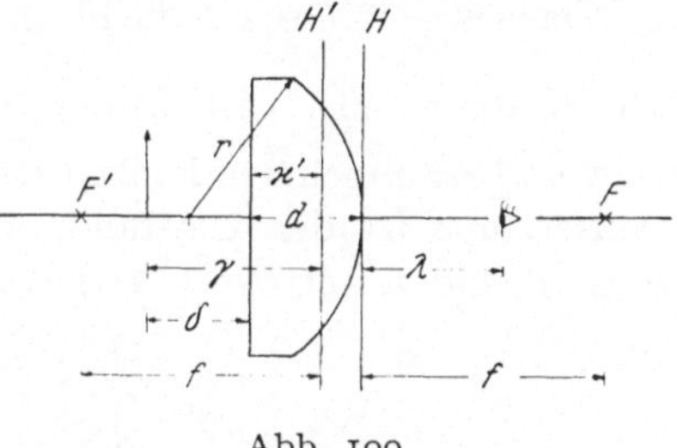

Abb. 100.

Die optischen Daten einer plankonvexen Linse lassen sich besonders einfach experimentell bestimmen. So die Brennweite. Man bilde einen fernen Gegenstand (Strahleneintritt durch die Planfläche), z. B. einen Fensterrahmen, scharf ab. Der Bildabstand vom Wölbungsscheitel gibt unmittelbar die Brennweite. Jetzt drehe man die Linse um. Das Bild entsteht jetzt in F'. Indem man von hier aus f abträgt, erhält man die Lage der gegenstandsseitigen Hauptebene H'. Wenn man aber die Dicke der Lupe d und den Abstand der Hauptebene H' von der Planfläche (x') kennt, so folgen auch die Werte für n und r. Denn es ist [siehe § 36, Formeln (13a) und (8)] $x' = \dfrac{d}{n}$ und $\dfrac{1}{f} = \dfrac{n-1}{r}$.

Vergrößerung.

Hierfür gilt die für den allgemeinen Fall gültige Formel (5) des § 78. Man wird hier nur für den Gegenstandsabstand γ einen einfachern Ausdruck angeben können. Es ist (siehe Abb. 100) $\gamma = \delta + x' = \delta + \dfrac{d}{n}$, wo δ den Gegenstandsabstand von der Planfläche bedeutet.

Besonders interessant ist der Fall, wo der Gegenstand an der Planfläche anliegt ($\delta = 0$), so daß $\gamma = \dfrac{d}{n}$. Wir haben dann eine Aufsetzlupe nach der Art der „Visolett-Lupe". Die Vergrößerungsformel lautet, indem man in (5b)§ 78 für $\gamma = \dfrac{d}{n}$ setzt

$$\frac{v}{v_\infty} = \frac{1}{1 + \dfrac{\Delta}{f}\left(1 - \dfrac{d}{nf}\right)}. \tag{1}$$

Da $\gamma = \dfrac{d}{n} \gtrless f$, so gilt die Formel für den Fall, daß $0 = \leqq \dfrac{d}{nf} \leqq 1$. Die Klammer in (1) ist also $+$, während $\dfrac{\Delta}{f}$ alle Werte zwischen -1 und ∞ annehmen kann. Charakteristisch für den Fall dieser Aufsetzlupe ist der Umstand, daß dem Abstand γ und damit auch β, ein fester Wert vorgeschrieben ist. Für β findet man, da $\gamma = \dfrac{d}{n}$ ist,

$$\beta = \frac{d}{n - \dfrac{d}{f}}. \tag{2}$$

Der Augenabstand vom Scheinbild beträgt demgemäß ...

$$\beta + \lambda = \frac{d}{n - \dfrac{d}{f}} + \lambda. \tag{3}$$

Auf diese Distanz muß das Auge somit akkommodieren. Eine Beobachtung mit unangestrengtem Auge wäre nur möglich, falls der Gegenstand sich im Brennpunkt befindet, d. h. wenn $f = \dfrac{d}{n}$ gemacht wird. Dies entspricht einem Krümmungsradius $r = d\,\dfrac{n-1}{n}$. In diesem Fall wird dann gemäß (1) bei jedem Augenabstand $\dfrac{v}{v_\infty} = 1$.

Bestimmung der Vergrößerung.

Diese kann mit Hilfe der Formel 1 geschehen, indem man noch, wie oben angegeben, erst die geometrisch-optischen Daten d, f, n feststellt. Sie kann aber auch experimentell erfolgen. Man lege sowohl unter die Lupe als daneben Millimeterpapier und beobachte z. B. bei einem Augenabstand von 25 cm die Größe der Carrés. In der bei schwacher Vergrößerung zulässigen Annahme, daß das Lupenbild sich nicht weit von der Planfläche der Lupe befinde, kann direkt durch Vergleich der Carrés in der Lupe und daneben die Vergrößerung abgelesen werden. Bei stärkerer Vergrößerung und zwecks genauerer Bestimmung muß erst β nach (2) berechnet werden. Dann wählt man z. B. den Augenabstand $\beta + \lambda = 25$ cm und vergleicht die Millimeterteilung neben der Lupe, die man in den Abstand von 25 cm vom Auge bringt. Wenn allgemein für irgendeinen Augenabstand $\sigma = \beta + \lambda$ die Vergrößerung bestimmt werden soll, so wird man auch die Millimeterteilung daneben in denselben Augenabstand bringen, muß aber dann das Resultat noch mit $\dfrac{\sigma}{25}$ multiplizieren, um den Vergleich mit der Betrachtung des Gegenstandes in 25 cm zu erhalten.

Wir geben zum Schluß noch die Meßresultate für eine Visolett-Lupe wieder.

Gemessen: $d = 2{,}57$ cm; Abstand F—Scheitel $= f = 3{,}8$ cm; Abstand F'—Planfläche $= 2{,}2$ cm.

Berechnet: $x' = \dfrac{d}{n} = 3{,}8 - 2{,}2 = 1{,}6$ cm, woraus $n = \dfrac{2{,}57}{1{,}6} = 1{,}61$.

Aus $r_2 = f\,(n-1)$ erhält man $r_2 = 3{,}8 \cdot 0{,}61 = 2{,}3$ cm.

Ferner ist $\beta = \dfrac{d}{n - \dfrac{d}{f}} = \dfrac{2{,}57}{1{,}61 - 2{,}57/3{,}8} = 2{,}8$ cm.

Das Lupenbild liegt also nur $2{,}8 - 2{,}6 = 0{,}2$ cm hinter der Planfläche der Lupe. Zur experimentellen Bestimmung der Vergrößerung dürfen wir hier die Lupe einfach auf Millimeterpapier setzen und dann die Carrés in der Lupe und daneben miteinander vergleichen. Es wurde für einen Augenabstand von 25 cm gefunden $\frac{17,5}{10} = 1{,}75$. Zum Vergleich sei die Vergrößerung auch nach Formel (1) ausgerechnet. Für Δ ist einzusetzen $\Delta = 25 - f - \beta = 25 - 3{,}8 - 2{,}8 = 18{,}4$ cm, so daß man hat

$$v = \frac{s/f}{1 + \dfrac{\Delta}{f}\left(1 - \dfrac{d}{nf}\right)} = \frac{s}{f + \Delta\left(1 - \dfrac{d}{nf}\right)}$$

$$= \frac{25}{3{,}8 + 18{,}4\left(1 - \dfrac{2{,}57}{1{,}61 \cdot 3{,}8}\right)} = 1{,}73.$$

Die Übereinstimmung mit dem experimentellen Wert ist ausgezeichnet.

Aufgabe 1. Damit ein Lupenbild entsteht, muß $\lambda + \beta \geqq \beta_n$ sein, wo β_n den Augenabstand vom Nahepunkt bedeutet (für normale Augen: β_n ungefähr 10 cm). Man zeige, daß die Lupe mindestens die Dicke

$$\frac{n\,\beta_n}{f - \beta_n}$$

haben muß, wenn bei jedem Augenabstand ein Bild entstehen soll.

Aufgabe 2. Man zeige, daß für eine halbkugelige Linse (wie sie häufig als Frontlinse beim Mikroskop benützt wird) das Scheinbild in der Planfläche liegt und berechne v. Man wird das überraschende Resultat finden, daß v ganz unabhängig von der Größe der Glashalbkugel stets den Wert besitzt $v = \dfrac{n \cdot s}{\sigma}$. v entspricht also für den Augenabstand $\sigma = s$ gerade dem Brechungsindex n.

§ 80. Auflösungsvermögen von Mikroskop und Fernrohr.

Der kleinste Abstand zweier Punkte unterm Mikroskop, der noch wahrgenommen werden kann, oder das Auflösungsvermögen, beträgt nach ABBÉ bei zentraler Beleuchtung

$$\varepsilon = \frac{\lambda}{\sin \varphi}, \tag{1}$$

$\lambda =$ Lichtwellenlänge, $\varphi =$ Aperturwinkel (Abb. 101).

Für den kleinsten Abstand zweier leuchtender Punkte (z. B. Fixsterne), der im Fernrohr noch wahrgenommen werden kann, ergibt sich eine analoge Beziehung

$$\varepsilon = 0{,}61 \, \frac{\lambda}{\sin \varphi}. \tag{2}$$

Zu der Formel (1) gelangt man, indem man die Beugung an einem Gitter, zu Formel (2), indem man diese am Fernrohrobjektiv untersucht. Es ergibt sich das zunächst auffallende Resultat, daß ε für das Fernrohr annähernd nur halb so groß ausfällt, obschon der Abbildungsvorgang im Fernrohr und im Mikroskop prinzipiell derselbe ist.

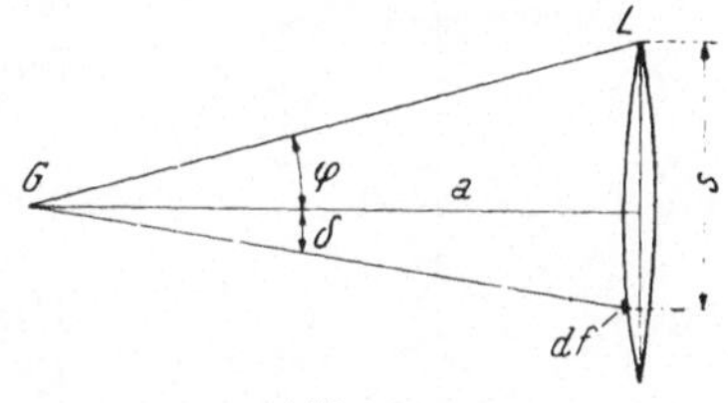

Abb. 101.

Nun weiß man zwar, daß der Zahlenfaktor in (2) nicht genau ist, sondern durch eine bei der Ableitung der Formel gemachte Annahme zustande kommt. Allein ein Erklärungsversuch auf Grund dieser Unsicherheit ist unbefriedigend. Man wird sich vielmehr fragen, ob die Verschiedenheit von (1) und (2) nicht doch durch die Unterschiedlichkeit der Verhältnisse in beiden Fällen bedingt ist. Eine solche ist nun in der Tat vorhanden. Formel (1) gilt für Bestrahlung in Richtung der optischen Achse, Formel (2) jedoch offenbar für ein konisches Strahlenbündel von der Öffnung φ. Es ist aber bekannt, daß die mikroskopische Auflösung bei schräger Beleuchtung wächst. Beleuchtet man unter dem Winkel φ, dann wird ε annähernd halb so groß, d. h. die Auflösung verdoppelt. Beleuchtet man somit mit einem konischen Strahlenbündel, dann wird man ein mittleres Auflösungsvermögen zwischen dem halben und doppelten Betrage erwarten müssen. Dieser Fall liegt aber beim Fernrohr immer vor, so daß der kleinere Zahlenfaktor der Formal (2) ohne weiteres verständlich wird.

Es soll nun unsere Aufgabe sein, das mittlere Auflösungsvermögen des Fernrohrs auf Grund der für das Mikroskop abgeleiteten Formel (1) zu berechnen.

Man wird das Resultat benützen, daß ε bei zentraler Beleuchtung $\dfrac{\lambda}{\sin \varphi}$, bei Beleuchtung unter dem Winkel φ aber praktisch

$\dfrac{\lambda}{\sin 2\,\varphi}$ beträgt. Man wird ferner die plausible Annahme machen dürfen, daß jedes Flächenelement der Objektivöffnung einen Beitrag an das Auflösungsvermögen liefert, der proportional der dort hindurchgehenden Lichtmenge, d. h. df ist. Schließlich wird man festsetzen müssen, ob man das Auflösungsvermögen nur in einer Dimension (wie im Falle eines Beugungsgitters) oder unter Berücksichtigung sämtlicher Richtungen berechnen will. Es sei hier der erste Fall behandelt.

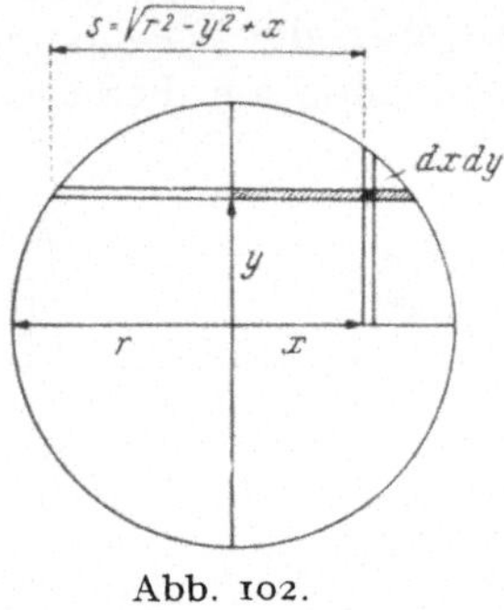

Abb. 102.

Wir werden uns die Berechnung erleichtern, wenn wir uns erst einmal das Vorgehen als solches klarmachen. Hierzu dient am besten ein Spezialfall. Es befinde sich z. B. das Flächenstückchen df (Abb. 101) auf dem vertikalen Durchmesser der Linse L. Dann ist der Beitrag zum Auflösungsvermögen in dieser Richtung proportional $\dfrac{\lambda}{\sin (\varphi + \delta)}$, und man wird schreiben

$$\varepsilon^* \, df = \frac{\lambda}{\sin (\varphi + \delta)} \, df,$$

wofür man, da die Winkel in Wirklichkeit klein sind, setzen kann

$$\varepsilon^* \, df = \frac{\lambda\,a}{s} \, df.$$

ε^* ist der mit df variable Beitragswert für das Auflösungsvermögen. Der Gesamtbetrag wäre $\int \varepsilon^* \, df$ und gleich dem mittleren Auflösungsvermögen ε mal Fläche f, über die integriert wird, so daß man erhält

$$\varepsilon = \frac{\int \varepsilon^* \, df}{f}.$$

Um nun das Auflösungsvermögen des Fernrohrs z. B. in horizontaler Richtung zu berechnen, wird man den Beitrag irgendeines Flächenstückchens $dx\,dy$ (in Abb. 102 schwarz angedeutet) feststellen. Da in diesem Falle s, das hier dem Abstand vom linken Objektivrand entspricht, gegeben ist durch $\sqrt{r^2 - y^2} + x$, hat man jetzt den Ausdruck

$$\varepsilon^* \, df = \frac{\lambda\, a}{\sqrt{r^2 - y^2} + x} \, dx\, dy.$$

Dies ist nun über die ganze Objektivöffnung zu summieren. Hierzu genügt es, z. B. über den Quadranten rechts oben zu integrieren, da alle Quadranten denselben Beitrag liefern, und mit 4 zu multiplizieren. Die Reihenfolge der Integration ist gleichgültig. Leichter und daher zweckmäßiger ist es aber, zuerst über den schraffierten horizontalen Streifen, d. h. über x bei konstantem y zu integrieren (Grenzen: $x = 0$ und $x = \sqrt{r^2 - y^2}$). Sodann ist noch zu summieren über alle horizontalen Streifen von $y = 0$ bis $y = r$. Indem man das Ganze dann noch mit 4 multipliziert, erhält man den Ausdruck

$$\int \varepsilon_{xy} \cdot df = 4\,\lambda\, a \int_0^r dy \int_0^{\sqrt{r^2 - y^2}} \frac{dx}{x + \sqrt{r^2 - y^2}}. \tag{4}$$

Dies muß gleich sein dem mittleren Auflösungsvermögen mal der Gesamtfläche des Objektivs, d. h. gleich $\pi\, r^2 \cdot \varepsilon$, so daß herauskommt

$$\varepsilon = \frac{4\,\lambda\, a}{\pi\, r^2} \int \int.$$

Da aber $\dfrac{r}{a} = \sin\varphi$, so ist auch

$$\varepsilon = \frac{4\,\lambda}{\pi\, r \sin\varphi} \int_0^r dy \int_0^{\sqrt{r^2 - y^2}} \frac{dx}{x + \sqrt{r^2 - y^2}}. \tag{5}$$

Das erste allgemeine Integral ist $\ln(x + \sqrt{r^2 - y^2})$ und liefert, die Grenzen eingesetzt, $\ln 2$. Das zweite ergibt r, so daß man als Resultat erhält

$$\varepsilon = \frac{4 \ln 2}{\pi} \cdot \frac{\lambda}{\sin\varphi}. \tag{6}$$

Der Zahlenfaktor beträgt 0,877, liegt also, wie es sein muß, zwischen 0,5 und 1.

Aufgabe. Man berechne das mittlere allseitige Auflösungsvermögen. Man zerlege den Objektivkreis in ringförmige Flächenstückchen der Dicke dx und setze den Beitrag zum Auflösungs-vermögen für einen solchen Ring $= \dfrac{\lambda\, a \cdot \Delta f}{r + x}$. Eine einfache Integration ergibt den gesuchten Zahlenfaktor $2\,(1 - \ln 2) = 0{,}613 \ldots$ Siehe auch Helv. Phys. Acta XX, 27, 1947.

§ 81. Kristallplättchen zwischen gekreuzten Nicols.

Zur Untersuchung auf Doppelbrechung bringt man eine plan-parallele Schicht des Materials zwischen gekreuzte Nicols und beobachtet die eintretende Aufhellung des Gesichtsfeldes. Für quantitative Untersuchungen, so bei der Prüfung der Spannungsverhältnisse in durchsichtigen Probekörpern (Photoelastizität) und der elektrischen Modulation von Licht (KERR-Effekt), ist es von Interesse, die durch den Analysator hindurchgehende Lichtmenge zu berechnen. Wir behandeln hier den einfachen Fall, daß ein parallel zur optischen Achse geschnittenes Kristallplättchen $\perp$ mit parallelem Licht durchstrahlt werde.

Die Schwingungsamplitude des aus dem Polarisator P (Abb. 103) austretenden Lichtes sei a und die Lichtintensität

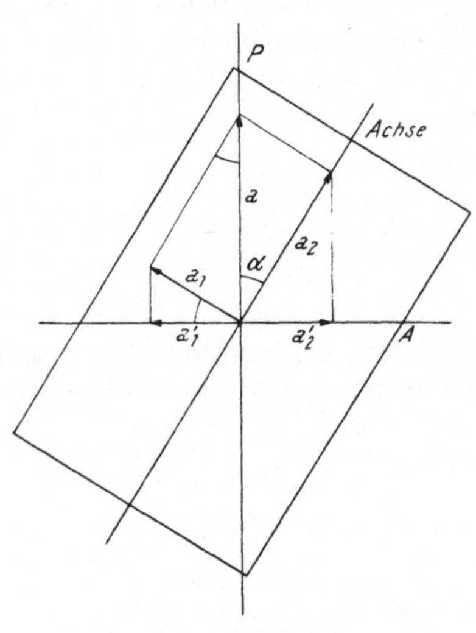

Abb. 103.

demnach $J_0 \sim a^2$. Beim Eintritt ins Plättchen wird die Amplitude a in die beiden Komponenten a_1 und a_2 ($\perp$ und $\parallel$ zur optischen Achse) zerlegt, wo $a_1 = a \sin \alpha$ und $a_2 = a \cos \alpha$. Die mit diesen Amplituden aus den Kristallplättchen austretenden Wellen können nur mit den Komponenten a_1' und a_2' durch den Analysator A hindurchgehen.

Es ist
$$a_1' = a_1 \cos \alpha = a \sin \alpha \cos \alpha$$

und
$$a_2' = a_2 \sin \alpha = a \cos \alpha \sin \alpha,$$

d. h.
$$a_1' = a_2' = \frac{a}{2} \sin 2\,\alpha. \tag{1}$$

Wenn sich die beiden Wellen im Kristall gleich schnell fortpflanzen würden, kämen sie mit gleicher Phase aus diesem heraus. Gleichzeitig würde die eine nach links, die andere nach rechts schwingen. Sie würden sich gegenseitig aufheben, und das Gesichtsfeld bliebe beim Einschieben des Plättchens dunkel. In Wirklichkeit treten aber zwei Wellen mit einer gewissen Phasendifferenz aus dem Plättchen. Die Intensität des durchgehenden Lichtes findet man nun, indem man die beiden Schwingungen zusammensetzt und das Quadrat der resultierenden Amplitude bildet.

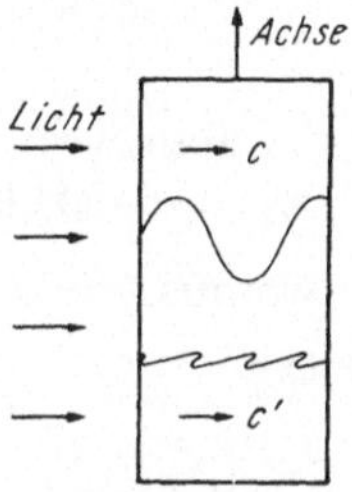

Man wird zum Beispiel annehmen, daß die in der Achsenrichtung schwingende Komponente a_2, die dem außerordentlichen Strahl entspricht, die größere Geschwindigkeit besitze, so daß $c > c'$ (Abb. 104). Dies entspricht dem Verhalten eines negativen Kristalls (Kalkspat). Für die Schwingung mit der Amplitude a_2' können wir ansetzen

Abb. 104.

$$x_2 = a_2' \sin 2\pi\nu t. \tag{2}$$

Wählen wir den Anfangspunkt der Zeit so, daß $t = 0$ beim Eintritt ins Kristallplättchen, so bedeutet t die Zeit bis zum Austritt. Der ordentliche Strahl, der die kleinere Geschwindigkeit c' hat, brauche zum Durchlaufen derselben Dicke d die um t' längere Zeit $t + t'$, so daß diese Schwingung beim Austritt gegeben ist durch

$$x_1 = a_1' \sin 2\pi\nu\,(t + t'). \tag{3}$$

Die resultierende Schwingung x setzt sich aus x_1 und x_2 zusammen. Rechnet man die x nach links $+$, so erhält man unter Berücksichtigung von (1)

$$x = x_1 - x_2 = \frac{a}{2}\sin 2\alpha\,[\sin 2\pi\nu\,(t + t') - \sin 2\pi\nu t]. \tag{4}$$

Unter Benützung der Formel $\sin\alpha - \sin\beta = 2\sin\dfrac{\alpha-\beta}{2}\cos\dfrac{\alpha+\beta}{2}$ wird aus dem Klammerausdruck

$$2\sin\pi\nu t'\cos 2\pi\nu\left(t + \frac{t'}{2}\right) \tag{5}$$

und der Ausdruck für die Schwingung lautet

$$x = a\sin 2\alpha\,\sin\pi\nu t'\cos 2\pi\nu\left(t + \frac{t'}{2}\right). \tag{6}$$

Damit haben wir die beiden Komponenten zu einer einzigen Schwingung vereinigt mit der Amplitude $a \sin 2\,\alpha \sin \pi\,\nu\,t'$. Die entsprechende Intensität ist $J \sim a^2 \sin^2 2\,\alpha \sin^2 \pi\,\nu\,t'$. Wir erhalten so unmittelbar das Resultat, daß durch den Analysator ein Bruchteil des Polarisatorlichtes hindurchgeht, der gegeben ist durch

$$\frac{J}{J_0} = \sin^2 2\,\alpha \sin^2 \pi\,\nu\,t'. \tag{7}$$

Man wird nun noch t' durch die vorliegenden Daten ersetzen. Es ist die Dicke $d = c\,t$ und $d = c'\,(t + t')$,

woraus $t' = d\left(\dfrac{1}{c'} - \dfrac{1}{c}\right)$.

Da

$$\nu\,t' = d\left(\frac{\nu}{c'} - \frac{\nu}{c}\right) = d\left(\frac{1}{\lambda'} - \frac{1}{\lambda}\right), \tag{8}$$

wo $\lambda\,\lambda'$ die Wellenlängen im Kristallplättchen bedeuten, so läßt sich (7) auch schreiben

$$\frac{J}{J_0} = \sin^2 2\,\alpha \sin^2 \pi\,d\left(\frac{1}{\lambda'} - \frac{1}{\lambda}\right). \tag{9}$$

Man erkennt, daß $\dfrac{d}{\lambda}$ bzw. $\dfrac{d}{\lambda'}$ die Zahl z bzw. z' der auf der Strecke d liegenden Wellen der einen und andern Art angibt, so daß man die anschauliche Schlußformulierung gewinnt

$$\frac{J}{J_0} = \sin^2 2\,\alpha \sin^2 \pi\,(z' - z), \tag{10}$$

eine schon 1821 von A. FRESNEL abgeleitete Beziehung.

Diskussion. Auf alle Fälle erhält man für die Orientierung $\alpha = 45°$ die maximale Aufhellung und für $\alpha = 0°$ bzw. $90°$ vollständige Dunkelheit. Die Intensität der maximalen Aufhellung hängt aber vom Gangunterschied der Wellen ab. Man erhält bei $\alpha = 45°$ $\dfrac{J}{J_0} = 1$, wenn $\pi\,(z' - z) = \dfrac{\pi}{2}\,(2\,k + 1)$, wo $k = 0, 1, 2, \ldots$ d. h. wenn der Gangunterschied ein ungeradzahliges Vielfaches der halben Welle (sowohl der kleineren als der größeren!) beträgt.

$\dfrac{J}{J_0}$ kann aber auch bei allen Lagen des Plättchens 0 sein, wenn nämlich $z' - z = k$, d. h. der Gangunterschied ein Vielfaches einer Welle ausmacht.

Aufgabe. Bei einem Gangunterschied von $\frac{1}{4}$ Welle tritt, sofern $\alpha = 45°$, zirkulares Licht aus der Kristallplatte aus. Wie groß ist dann $\frac{J}{J_0}$? Wie verhält es sich in diesem Fall mit der Helligkeit des Gesichtsfeldes beim Drehen des Analysators?

§ 82. Das magnetische Feld in der Strombahn.

Gewöhnlich interessiert nur das Feld in der Umgebung eines Stromleiters. Dies hat für den Fall eines unendlich langen geraden Stromfadens im Abstand R vom Leiter den Wert

$$H_R = \frac{J}{2\,\pi\,R}\ \text{A cm}^{-1}. \tag{1}$$

Frage: Wie groß ist das Feld für den Fall eines Stromleiters beliebiger Dicke außerhalb und innerhalb desselben?

Man kann sich zweifellos den Stromleiter, etwa den Draht, zerlegt denken in unendlich viele dünne Stromfäden und dann für jeden Stromfaden das LAPLACEsche Elementargesetz anwenden und so die Gesamtwirkung auf einen Punkt außerhalb P_a (Abb. 105) oder innerhalb P_i auszurechnen versuchen. Dies würde aber, schon im Hinblick auf die notwendige vektorielle Addition, zu einer

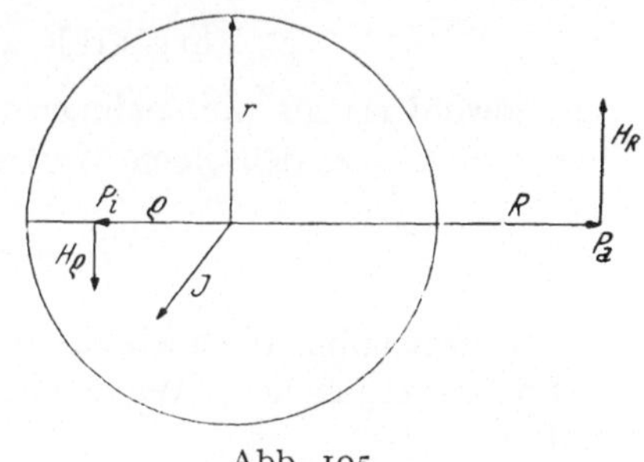

Abb. 105.

komplizierten Aufgabe werden. Sehr einfach wird aber die Sache, wenn man bedenkt,

1. daß aus Symmetriegründen die magnetischen Kraftlinien stets aus konzentrischen Kreisen bestehen müssen;

2. daß die magnetische Umlaufspannung, d. h. das Produkt $\oint H\,ds \cos(H, ds)$ für einen geschlossenen Weg um den Strom J stets den Wert J besitzt;

3. und daß im Hinblick auf 1 für alle Abstände gilt

$$\text{Umschlossener Strom} = H \times \text{Umfang}. \tag{2}$$

a) Feld außerhalb der Strombahn.

Es ist die Umlaufspannung

$$J = H_R \times 2\,\pi\,R \tag{3}$$

unabhängig davon, auf welchen Querschnitt J verteilt ist, d. h. wie dick die Strombahn ist. Also gilt stets der Ausdruck (1).

b) Feld innerhalb der Strombahn.

Für einen Punkt P_i im Abstande ϱ vom Zentrum ist die umschlossene Strommenge kleiner. Sie beträgt nur den Bruchteil $\left(\frac{\varrho}{r}\right)^2$ des Gesamtstromes. Also hat man die Beziehung

$$\text{Umschlossener Strom} \quad J\left(\frac{\varrho}{r}\right)^2 = H_\varrho \cdot 2\,\pi\,\varrho. \tag{4}$$

Hieraus folgt

$$H_\varrho = \frac{J\,\varrho}{2\,\pi\,r^2}. \tag{4a}$$

c) Vergleich von a und b.

Sowohl (1) als (4a) nehmen am Rande des Stromleiters, also für $\varrho = R = r$, denselben Wert H_r an:

$$H_r = \frac{J}{2\,\pi\,r}. \tag{5}$$

Es liegt nahe, allgemein die Ausdrücke (1) und (4a) mit diesem Wert zu vergleichen. Wir führen daher (5) in diese ein und erhalten

$$H_\varrho = H_r \cdot \frac{\varrho}{r}$$

und

$$H_R = H_r \cdot \frac{r}{R}. \tag{6}$$

Bezeichnen wir das Verhältnis der Abstände zum Drahtradius bzw. $\frac{\varrho}{r}$ und $\frac{R}{r}$ mit λ, so lauten diese Ausdrücke einfach

$$H_\varrho = \lambda \cdot H_r \quad (\lambda \leqq 1)$$

und

$$H_R = \frac{1}{\lambda} \cdot H_r \quad (\lambda \geqq 1). \tag{7}$$

Das Feld H_ϱ steigt also, mit o beginnend, linear an, und vom Rande an fällt dann H_R gemäß einer gleichseitigen Hyperbel ab.

BIOT-SAVART-Kraft.

Das durch den Stromleiter erzeugte Megnetfeld übt auf diesen selbst eine BIOT-SAVART-Kraft aus. Diese ist gegen das Zentrum gerichtet, sucht also den Leiter zusammenzudrücken. Sie ist am größten an der Peripherie und nimmt bis zur Mitte gegen o ab. Will man den durch die BIOT-SAVART-Kraft ausgeübten Druck berechnen, so wird man an die Formel anknüpfen

$$K = \Delta l \cdot J \cdot B \; 10^7 \text{ dyn,}$$

oder, wenn man die Kraft in der 10^5 mal größeren Einheit 10^5 dyn (ein Großdyn oder ein Newton) und die Länge in Metern mißt, an den Ausdruck

$$K = \Delta l \cdot J \cdot B \text{ Newton.}$$

Diese Form ist indessen unbrauchbar, da sie sich auf einen querschnittslosen Stromfaden der Länge Δl bezieht. Sie läßt sich zwar anwenden auf ausgedehnte Stromleiter, die sich in einem homogenen Magnetfeld befinden. Es spielt dann der Stromquerschnitt keine Rolle. Nur die Stromstärke ist maßgebend. Bei inhomogenem Feld muß jedoch der Strom endlichen Querschnitts in dünne Stromröhren vom Querschnitt Δq aufgelöst werden, und die BIOT-SAVART-Kraft ist zunächst für eine solche elementare Stromröhre auszudrücken. Durch diese fließt ein Stromteil $i \, \Delta q$, wo i die Stromdichte bedeutet, d. h. in unserem Fall $\dfrac{J}{\pi \, r^2}$.

Man hat also

$$K = \Delta l \cdot i \, \Delta q \cdot B$$

oder, da $\Delta l \, \Delta q$ das Volumelement $\Delta\tau$ bedeutet:

$$K = \Delta\tau \cdot i \cdot B.$$

Eine Berechnung des Druckverlaufes in der Strombahn soll hier nicht durchgeführt werden, da sie im allgemeinen nicht von praktischer Bedeutung ist. Hingegen sei erwähnt, daß diese Druckwirkung eine gewisse Rolle in der Bahn von elektrischen Entladungen, insbesondere im Lichtbogen, spielt.

§ 83. Maxwellsche Spannungen.

Nach MAXWELL befindet sich ein elektrisches bzw. magnetisches Feld in einem Spannungszustand. An jedem Punkte wirkt eine Zugspannung ZZ längs der Kraftlinien und quer dazu eine Druckspannung PP (Abb. 106). Beide sind von derselben Größe und zugleich größenmäßig gleich der Energiedichte an der betreffenden Stelle. Für das elektrische Feld, auf das wir uns zunächst beschränken wollen, gilt also $Z = P = \frac{1}{2} D E$, wo E die Feldstärke, D die Verschiebungsdichte, für welche die Beziehung

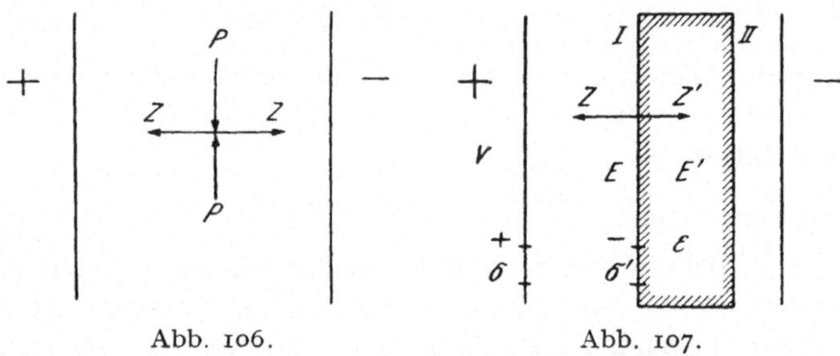

Abb. 106.   Abb. 107.

gilt $D = \varepsilon_0 \varepsilon E$, bedeuten. $\varepsilon_0 =$ Influenzkonstante, $\varepsilon =$ Dielektrizitätskonstante. Da die Spannungen sich aufheben, treten sie im leeren Raum nicht in Erscheinung. Bringt man aber in diesen z. B. ein Dielektrikum hinein, so treten mechanische Kräfte auf. Diese seien für einige wichtige Fälle berechnet. Wir beschränken uns dabei auf den Fall eines homogenen Feldes, wie es zwischen zwei Kondensatorplatten herrscht.

I. Feld ⊥ zur Oberfläche des Dielektrikums.

Der resultierende Zug ist $p = Z - Z'$ (Abb. 107), d. h.

$$p = \frac{D E}{2} - \frac{D' E'}{2}.$$

Nun ist die Verschiebungsdichte, da ⊥ Oberfläche, stetig, d. h. es ist $D' = D$, ferner $E' = \frac{E}{\varepsilon}$ so daß wir erhalten

$$\dot{p} = \frac{D}{2}(E - E') = \frac{D E}{2}\left(1 - \frac{1}{\varepsilon}\right). \tag{1}$$

Für die zweite Fläche II gilt derselbe Ausdruck, so daß die mechanischen Kräfte sich das Gleichgewicht halten. Es findet nur eine entsprechende elastische Dehnung in der Feldrichtung statt. Eine Bewegung würde indessen im inhomogenen Felde eintreten.

Bei der Berechnung von p beachte man, daß das Feld E verschieden ist vom Felde E_0, das bei gleicher Potentialdifferenz an den Kondensatorplatten ohne Einschieben eines Dielektrikums vorhanden wäre.

Zur Beziehung (1) kann man offenbar auch auf andere Weise gelangen. Ähnlich wie die Anziehungskraft zwischen zwei Kondensatorplatten läßt sich die Anziehung zwischen einer Kondensatorplatte und der gegenüberstehenden Fläche des Dielektrikums berechnen. Genau wie bei dem Ausdruck (7) § 50 hat man das Produkt zu bilden: Feld einer Platte, d. h. $\frac{1}{2} \frac{\sigma}{\varepsilon_0}$ mal Ladung der andern Platte (hier bezogen auf 1 cm²), also σ', so daß folgt

$$p = \frac{\sigma}{2\,\varepsilon_0} \cdot \sigma'. \tag{2}$$

Nun entspricht aber $\frac{\sigma}{\varepsilon_0}$ der Feldstärke E und σ' der Polarisation, d. h. $\sigma' = k \cdot E'$. Ferner gilt auch: Elektrisierungskonstante $k = \varepsilon_0 \cdot (\varepsilon - 1)$ so daß man erhält

$$p = \frac{1}{2} E \cdot \varepsilon_0 (\varepsilon - 1) E'.$$

Unter Berücksichtigung von $E' = \frac{E}{\varepsilon}$ findet man wie oben

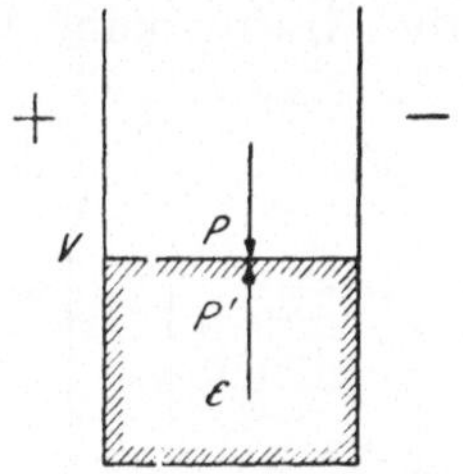

$$p = \frac{1}{2} E^2 \varepsilon_0 \frac{\varepsilon - 1}{\varepsilon},$$

d. h., da $E\varepsilon_0 = D$,

$$p = \frac{DE}{2} \left(1 - \frac{1}{\varepsilon} \right). \tag{3 = 1}$$

Abb. 108.

II. Feld ‖ zur Begrenzung der Oberfläche.

Der resultierende Querdruck ist jetzt $p = P' - P$ (Abb. 108). Einerseits hat man $P = \frac{DE}{2}$ und anderseits, da $E' = E$ und $D' = \varepsilon D$

$$P' = \frac{D'E'}{2} = \frac{DE}{2}\varepsilon,$$

so daß folgt

$$p = \frac{DE}{2}(\varepsilon - 1). \tag{4}$$

Dieser Ausdruck ist ε-mal größer als der unter (1), d. h. der Querdruck ist gleich ε mal dem Längszug.

Anwendungen.

1. Elektrostatische Steighöhenmethode.

Der Querdruck macht sich besonders bei flüssigen Dielektrika bemerkbar. Man tauche die Enden zweier Kondensatorplättchen (es genügen zwei, etwa in 1 mm Abstand angebrachte, schmale Metallstreifen) in die Flüssigkeit ein. Dann wird sie beim Anlegen einer elektrischen Spannung so hoch steigen, bis der hydrostatische Druck dem elektrischen Querdruck das Gleichgewicht hält. Die Anordnung dient mit Vorteil zur Bestimmung von Dielektrizitätskonstanten, ferner zur Messung von Spannungen (statisches Voltmeter).[1]

2. Tragkraft eines Magneten.

Die Beziehungen (1) und (4) gelten in gleicher Weise auch für die Kraftwirkung in magnetischen Feldern. Man hat nur das elektrische Feld E durch das magnetische H und die Verschiebungsdichte D durch die magnetische Induktion $B = \mu_0 \mu H$ zu ersetzen ($\mu_0 =$ Induktionskonstante, $\mu =$ Permeabilität). So gibt z. B. (1) die zwischen einem Magnetpol und einem Eisenstück herrschende Anziehungskraft wieder. Auch hier würde bei der Anordnung der Abb. 107 keine Kraftwirkung nach einer Seite resultieren. Nähert man aber beispielsweise den Polen eines Hufeisenmagneten (Abb. 109) einen Weicheisenanker A, so erfolgt der Zug an den Flächen nicht mehr in entgegengesetzter, sondern in derselben Richtung. Infolge der hohen Durchlässigkeit des Eisens für Induktionslinien verlaufen diese ganz im Material und werden um $180°$ herumgebogen. Wir dürfen

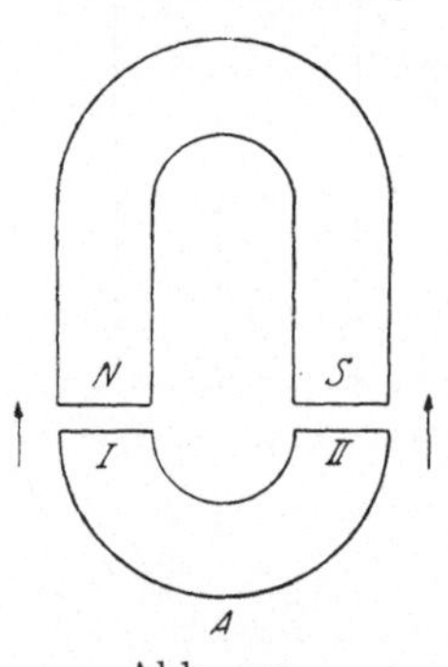

Abb. 109.

---

[1] H. P. A. XXI, 3/4, S. 261 und 273, 1948. — Bulletin SEV 40, 316, 1949.

daher (1) unmittelbar für die Anziehung jeder der beiden Flächen I und II heranziehen und ansetzen: Die Anziehungskraft pro 1 cm² Fläche beträgt

$$p = \frac{B H}{2}\left(1 - \frac{1}{\mu}\right). \tag{5}$$

Für B und H sind die Werte für den Luftzwischenraum einzusetzen. Daselbst ist $B = \mu_0 H$, so daß aus (5) wird

$$p = \frac{\mu_0 H^2}{2}\left(1 - \frac{1}{\mu}\right),$$

oder auch

$$p = \frac{B^2}{2 \mu_0}\left(1 - \frac{1}{\mu}\right). \tag{6}$$

Da aber die Induktion B beim Übergang von Luft in Eisen stetig verläuft, so bedeutet B gleichzeitig auch die Induktion im Eisen. (6) gibt uns also ohne weiteres die Tragkraft eines Magneten pro Flächeneinheit an. Da μ für Fe einige Tausend beträgt, kann der Subtrahend in (6) unbedenklich weggelassen und die Tragkraft berechnet werden aus

$$p = \frac{B^2}{2 \mu_0}. \tag{6a}$$

Aufgabe 1. Man zeige unter Anwendung der Beziehung (4), daß sich die Spannung U aus der erzielten Steighöhe h nach der Formel berechnet

$$U = 300\, l \sqrt{\frac{8\,\pi\,h\,\varrho\,g}{\varepsilon - 1}}\ ;$$

$l =$ Abstand der Plättchen, $\varrho =$ Dichte der Flüssigkeit, $g =$ Schwerebeschleunigung, $\varepsilon = D\,K$. Man gelangt zu diesem Ausdruck, indem man elektrostatisch $\varepsilon_0 = \dfrac{1}{4\,\pi}$ setzt und die Spannung mit dem Faktor 300 in Volt umrechnet.

Aufgabe 2. Warum lautet der (6a) entsprechende Ausdruck im absoluten (magnetischen) Maßsystem $p = \dfrac{\mathfrak{B}^2}{8\,\pi}$? $\mathfrak{B} =$ Induktion in Gauß $= \mu$ mal Feldstärke in Oersted.

§ 84. Feld und Polarisation in einem Dielektrikum.

Wenn man eine dielektrische Platte in einen Luftkondensator einschiebt, wird das elektrische Feld in charakteristischer Weise modifiziert. Die Änderung muß sich berechnen lassen, wenn man ε

sowie die Dicke der Platte d und den Abstand der Kondensatorplatten l kennt. Dabei ist es offenbar belanglos, an welcher Stelle die Platte eingeschoben wird, da der Luftzwischenraum immer derselbe bleibt. Sie kann also direkt an einer Elektrode anliegen.

Beträgt die Feldstärke bei gegebenem Potential V ohne Platte E_0, so verwandelt sie sich im Luftzwischenraum in E und im Dielektrikum in E', wobei $E' = \dfrac{E}{\varepsilon}$. Frage: Welches ist das Verhältnis $\dfrac{E}{E_0}$?

Es ist dieselbe Spannung einerseits

$$\left.\begin{array}{ll}\text{ursprünglich} & V = E_0\, l \\ \text{und bei eingeschobener Platte} & V = E\,(l - d) + E'\, d, \end{array}\right\} \quad (1)$$

so daß man unter Berücksichtigung von $E' = \dfrac{E}{\varepsilon}$ hat

$$E_0\, l = E\,(l - d) + \frac{E}{\varepsilon}\, d,$$

woraus sich das Gesuchte ergibt

$$\frac{E}{E_0} = \frac{1}{1 - \dfrac{d}{l}\left(1 - \dfrac{1}{\varepsilon}\right)}. \qquad (2)$$

E wächst somit mit d von E_0 bis $\varepsilon\, E_0$; d. h. eine den Zwischenraum beinahe ausfüllende Platte $(d = l)$ ergibt im Luftschlitz zwischen ihr und den Elektroden ein ε-mal größeres Feld. Durch Einschieben der Platte wird daher zwar einerseits die Durchschlagsfestigkeit des Kondensators erhöht, anderseits aber wird ein Durchschlag zwischen Belegung und Platte begünstigt.

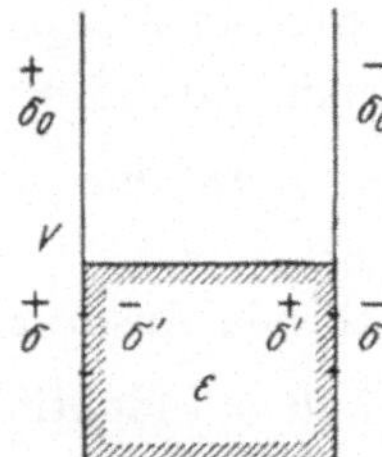

Abb. 110.

Feldverteilung bei beliebig vielen eingeschobenen Platten.

Bevor wir diesen allgemeinen Fall behandeln, ist es zweckmäßig, sich erst einmal die Beziehung zwischen Feld und Polarisation des Dielektrikums klarzumachen. Lehrreich ist die Anordnung der Abb. 110. Hier ist das Feld homogen und besitzt sowohl in der Luft als im Dielektrikum denselben Wert. Würde sich auf der unteren Hälfte der Kondensatorplatten dieselbe elektrische

Belegung bzw. Ladungsdichte σ_0 befinden, so wäre im Dielektrikum das Feld ε-mal kleiner wie oben in der Luft; denn unten wäre dieses $\sigma_0/\varepsilon_0\,\varepsilon$ und oben σ_0/ε_0. Nun befindet sich aber auf den Seitenflächen des Dielektrikums eine Polarisationsladung (Ladungsdichte σ'). Die Flächenbelegung auf den Platten ist dort also um diesen Betrag größer als oben, so daß

$$\sigma = \sigma_0 + \sigma'. \tag{3}$$

σ und σ_0 bedeuten die Verschiebungsdichte mit und ohne Dielektrikum, d. h. die Größen $D = \varepsilon_0\,\varepsilon\,E$ und $D_0 = \varepsilon_0\,E$. Die Beziehung (3) kann daher auch geschrieben werden

$$D = \varepsilon_0\,E + \sigma'. \tag{4}$$

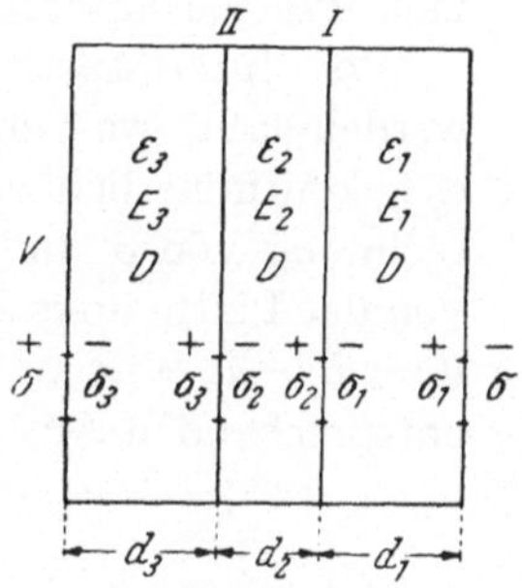

Mit diesem Rüstzeug läßt sich nun leicht die gewünschte Verallgemeinerung der Feldverteilung mit beliebig vielen eingeschobenen Platten durchführen. In Abb. 111 seien beispielsweise drei Platten gezeichnet. Gegeben sind die ε und die d. Gesucht sind die E und die σ.

Abb. 111.

Letztere Größe findet man unmittelbar aus (4), sobald D, das im ganzen Kondensatorzwischenraum konstant ist, berechnet ist. Denn es ist, da stets $\varepsilon_0\,E = \dfrac{D}{\varepsilon}$, z. B. für Platte 1

$$D = \frac{D}{\varepsilon_1} + \sigma_1,$$

d. h.

$$\sigma_1 = D\left(1 - \frac{1}{\varepsilon_1}\right). \tag{5}$$

Um D zu finden, benützen wir die Beziehung

$$V = d_1\,E_1 + d_2\,E_2 + d_3\,E_3,$$

wobei

$$d_1 + d_2 + d_3 = l$$

und schreiben

$$V = d_1\,\frac{D}{\varepsilon_0\,\varepsilon_1} + d_2\,\frac{D}{\varepsilon_0\,\varepsilon_2} + d_3\,\frac{D}{\varepsilon_0\,\varepsilon_3},$$

woraus folgt

$$D = \frac{\varepsilon_0\,V}{d_1/\varepsilon_1 + d_2/\varepsilon_2 + d_3/\varepsilon_3}. \tag{6}$$

Aus unserer Formel (5) wird somit

$$\sigma_1 = \frac{\varepsilon_0\, V\left(1 - \dfrac{1}{\varepsilon_1}\right)}{d_1/\varepsilon_1 + d_2/\varepsilon_2 + d_3/\varepsilon_3}. \tag{7}$$

Da gemäß (6) D bekannt ist, findet man nun auch die Feldstärken in den einzelnen Platten, z. B.

$$E_1 = \frac{D}{\varepsilon_1\,\varepsilon_0} = \frac{V}{\varepsilon_1\,(d_1/\varepsilon_1 + d_2/\varepsilon_2 + d_3/\varepsilon_3)}. \tag{8}$$

Es lassen sich naturgemäß sofort die Ausdrücke für beliebig viele Platten anschreiben.

Von Interesse ist noch der Fall, daß man die Zahl ∞ groß werden läßt, was einem Dielektrikum entspricht, dessen D. K. sich kontinuierlich von Elektrode zu Elektrode ändert. Zur Berechnung von σ und E muß jetzt $\varepsilon_x = f(x)$ ($x = $ Abstand z. B. von der Platte links an gerechnet) gegeben sein. Man hat offenbar $d_1 = d_2 = d_3 = \ldots = dx$ zu setzen und erhält dann die (7) und (8) entsprechenden Ausdrücke für die Flächenladung im Abstande x

$$\sigma_x = \frac{\varepsilon_0\, V\left(1 - \dfrac{1}{\varepsilon_x}\right)}{\displaystyle\int_0^l \frac{dx}{\varepsilon_x}} \tag{7a}$$

und das Feld im Abstand x

$$E_x = \frac{V}{\displaystyle\varepsilon_x \int_0^l \frac{dx}{\varepsilon_x}}. \tag{8a}$$

E_x ist, wie es sein muß, stets reziprok zu ε_x.

Bemerkenswert ist der Umstand, daß an den Berührungsflächen zwischen zwei Dielektrika Polarisationsladungen auftreten, entsprechend den **Differenzen** der dort vorhandenen Flächenbelegungen, z. B. $\sigma_2 - \sigma_1$ bzw. $\sigma_3 - \sigma_2$. Während nun bei endlicher Plattenzahl diese Ladungen diskontinuierlich auftreten, sind sie bei stetiger Änderung von ε mit x im ganzen Zwischenraum verteilt. Es befindet sich zwischen den Platten eine Raumladung. Zwischen Raumladung und elektrischem Feld besteht aber die allgemeine Beziehung $\operatorname{div} E = -\dfrac{\varrho}{\varepsilon_0}$, wo ϱ die Raumladung pro

1 cm³ bedeutet, d. h. in unserm eindimensionalen Fall $\dfrac{dE}{dx} = -\dfrac{\varrho}{\varepsilon_0}$. Man wird prüfen wollen, ob unser Resultat für E diese allgemeine Forderung erfüllt. Auf einer Strecke dx ändert sich die Flächenladung σ um $d\sigma$. Einem Volumelement $dv = dx \times 1$ cm³ entspricht also ein Ladungsüberschuß $d\sigma$, und die Ladungsdichte beträgt dementsprechend $\varrho = \dfrac{d\sigma}{dv} = \dfrac{d\sigma}{dx}$. Es müßte also sein

$$\frac{dE}{dx} = -\frac{1}{\varepsilon_0}\frac{d\sigma}{dx}.$$

Diese Beziehung ist aber erfüllt, wie ohne weiteres durch Differentiation aus (4) hervorgeht (unter Beachtung, daß D konstant).

Aufgabe. Man beweise, daß für eine lineare Zunahme von ε mit x, d. h. für $\varepsilon = a + b\,x$, herauskommt

$$D = \frac{\varepsilon_0\,b\,V}{\ln\left(1 + \dfrac{b}{a}\,l\right)}.$$

Wie groß ist in diesem Falle E_x und σ_x?

§ 85. Kondensator mit partiellem Dielektrikum.

Frage. Wie ändert sich die Kapazität eines Luftkondensators, wenn der Luftraum teilweise mit einem Dielektrikum ausgefüllt wird?

Die Kapazitätsänderung bei Einschieben eines D. (Dielektrikum) kann im Prinzip auf zweierlei Weise gefunden werden. Entweder man berechnet die Spannungsabnahme, die eintritt, wenn in einem mit konstanter Ladung versehenen Luftkondensator ein D. eingeschoben wird, oder man berechnet die zusätzliche Ladung, die es braucht, um diesen wieder auf das ursprüngliche Potential aufzuladen. Die beiden Wege stellen sich für den speziellen Fall, daß der ganze Luftzwischenraum mit D. erfüllt ist, folgendermaßen dar.

Fall 1: Konstante Ladung.

Das Feld, das eine elektrische Ladung in einem D. hervorruft, ist ε-mal kleiner als in Luft. Demgemäß sinkt auch die Anfangsspannung U_0 auf $U = \dfrac{U_0}{\varepsilon}$. Anderseits ist das Verhältnis der

Kapazitäten mit und ohne D., wenn mit Q die Ladung bezeichnet wird,

$$C/C_0 = \frac{Q}{U} : \frac{Q}{U_0} = \frac{U_0}{U} = \varepsilon.$$

Fall 2: Konstantes Potential.

Die Ladung bei Einschieben des D. ist gleich der ursprünglichen Q_0 + der auf den Begrenzungsflächen des D. gebildeten Polarisationsladung. Diese ist aber pro cm² $\sigma' = k\,E$ (k = Elektrisierungskonstante, E = Feldstärke). Unter Berücksichtigung, daß $k = \varepsilon_0\,(\varepsilon - 1)$, hat man $\sigma' = \varepsilon_0\,(\varepsilon - 1)\,E$, und die Gesamtladung nach Einbringen des D. ergibt sich zu

$$\sigma = \sigma' + \sigma_0 = \varepsilon_0\,(\varepsilon - 1)\,E + \sigma_0. \tag{1}$$

Das Verhältnis der Kapazitäten ist also

$$C/C_0 = \frac{\sigma}{\sigma_0} = \frac{\varepsilon_0\,(\varepsilon - 1)\,E}{\sigma_0} + 1. \tag{2}$$

Da σ_0 im Luftkondensator ein Feld $E_0 = \dfrac{\sigma_0}{\varepsilon_0}$ erzeugt, erhält man schließlich

$$C/C_0 = (\varepsilon - 1)\,\frac{E}{E_0} + 1. \tag{3}$$

Unter Berücksichtigung, daß das Potential und damit das Feld ungeändert bleibt ($E = E_0$), reduziert sich dies auf $\dfrac{C}{C_0} = \varepsilon.$

Wie der Vergleich von Fall 1 und 2 vermuten läßt, und wie es sich auch bestätigt, kann der allgemeinere Fall, daß der Luftzwischenraum im Kondensator nur teilweise mit D. ausgefüllt wird, viel leichter unter der Annahme konstanter Ladung behandelt werden.

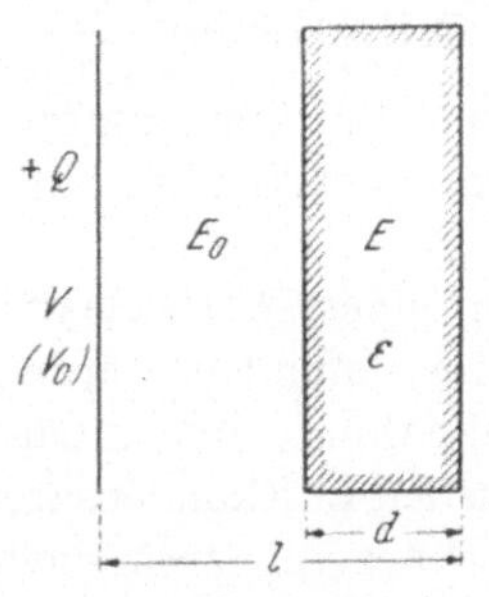

Abb. 112.

Allgemeiner Fall.

1. Nur eine Platte (Abb. 112).

Da die Ladung mit und ohne D. dieselbe ist, bleibt das Feld im Luftzwischenraum E_0 bei Einschieben der Platte ungeändert! Ferner ist $E = \dfrac{E_0}{\varepsilon}$, so daß man die Ansätze hat

$$V_0 = E_0\,l,$$

$$V = E_0\,(l - d) + \frac{E_0}{\varepsilon}\,d. \tag{4}$$

Man erhält daher das Verhältnis der Kapazitäten unmittelbar zu

$$C/C_0 = V_0/V = \frac{l}{l - d + \dfrac{d}{\varepsilon}}$$

oder

$$C/C_0 = \frac{1}{1 - \dfrac{d}{l}\left(1 - \dfrac{1}{\varepsilon}\right)}. \tag{5}$$

Dieser Ausdruck stimmt bemerkenswerterweise überein mit (2) § 84 für das Verhältnis der Feldstärken in Luft mit und ohne Einschieben einer Platte bei konstantem Potential!

2. Beliebig viele Platten.

Man hat nur den Ansatz (4) zu erweitern und erhält, wenn man den Luftzwischenraum mit d_0 bezeichnet,

$$V = E_0\, d_0 + E_1\, d_1 + E_2\, d_2 + \ldots$$

oder

$$V = E_0\, d_0 + \frac{E_0}{\varepsilon_1}\, d_1 + \frac{E_0}{\varepsilon_2}\, d_2 + \ldots$$

und damit

$$C/C_0 = V_0/V = \frac{l}{d_0 + \dfrac{d_1}{\varepsilon_1} + \dfrac{d_2}{\varepsilon_2} + \ldots}, \tag{6}$$

wobei

$$l = d_0 + d_1 + d_2 + \ldots$$

und schließlich, bei unendlich vielen Schichten, wo $d_0 = d_1 = = d_2 = \ldots = dx$ und $\varepsilon_x = f(x)$

$$C/C_0 = \frac{l}{\displaystyle\int_0^l \frac{dx}{\varepsilon_x}}. \tag{7}$$

Aufgabe 1. Man zeichne an Hand von (5) die Kurve $\dfrac{C}{C_0} = f\!\left(\dfrac{d}{l}\right)$ von $\dfrac{d}{l} = 0$ bis $\dfrac{d}{l} = 1$, etwa unter Annahme von $\varepsilon = 2$.

Aufgabe 2. Um beim Einschieben einer dielektrischen Platte das Potential auf der anfänglichen Höhe zu erhalten, muß eine gewisse Ladung $Q - Q_0$ zugeführt werden. Man berechne $\dfrac{Q - Q_0}{Q_0}$ oder, was dasselbe ist, $\dfrac{C - C_0}{C_0}$. $\left(\text{Resultat: } \dfrac{\dfrac{d}{l}\left(1 - \dfrac{1}{\varepsilon}\right)}{1 - \dfrac{d}{l}\left(1 - \dfrac{1}{\varepsilon}\right)}\right).$

Aufgabe 3. Man zeige unter Benützung von (7), daß für
$\varepsilon_x = a + b\,x$

$$C/C_0 = \frac{b\,l}{\ln\left(1 + \dfrac{b\,l}{a}\right)}.$$

Aufgabe 4. Man berechne C/C_0 für den in Abb. 110 (§ 84) gezeichneten Fall, wo eine Platte der Dicke $d = l$ nur partiell eingeschoben wird, so daß sie nicht die ganze Fläche F, sondern nur einen Teil f bedeckt [Resultat: $C/C_0 = 1 + f/F\,(\varepsilon - 1)$].

§ 86. Charakteristik eines Ohmschen Widerstandes.

Auf den ersten Blick scheint kein Problem vorzuliegen, da nach dem Ohmschen Gesetz die Charakteristik einfach eine durch den Nullpunkt gehende Gerade ist. Indessen ist dabei vorausgesetzt, daß die Stromwärme keine Rolle spielt, sei es, daß man einen temperaturunabhängigen Widerstand (z. B. Konstantan) wählt, sei es, daß man die Stromwärme vollständig ableitet. Unter gewöhnlichen Verhältnissen aber findet mit zunehmendem Strom eine steigende Erwärmung statt, und das Verhältnis Spannung zu Strom, d. h. der Widerstand R nimmt bei Metallen zu und bei Elektrolyten ab.

Frage. Wie verläuft die Strom-Spannungs-Charakteristik für einen Metalldraht?

Die Art der Kurve ist unmittelbar anzugeben. Da der Widerstand mit der Stromstärke zunimmt, wird diese allmählich langsamer anwachsen, als dem Ohmschen Gesetz entspricht. Die Widerstandsgerade (I als Ordinate aufgetragen) biegt somit nach der Horizontalen um. Der analytische Ausdruck für die Kurve ist indessen weniger leicht zu finden, da das Gesetz der Wärmeableitung vom Draht sich nur unter speziellen Bedingungen einfach ausdrücken läßt. Aber das Vorgehen läßt sich wenigstens in aller Allgemeinheit skizzieren. Einmal hat man es mit einem stationären Zustand zu tun, wo stets gleich viel Wärme durch den Strom gebildet, wie vom Draht abgeleitet wird. Für die erstere hat man die Beziehung $W = U\,I$, für letztere irgendein Gesetz $W' = \varphi(T)$. Und schließlich muß noch die Temperaturabhängigkeit des Widerstandes $R = \dfrac{U}{I} = \psi(T)$ bekannt sein. Will man nun $I = f(U)$ finden (oder umgekehrt), so hat man offenbar nur T aus den Gleichungen $W' = W$ und $R = \psi(T)$ zu eliminieren.

Fall der Wärmeableitung durch Strahlung.

Besonders durchsichtige Verhältnisse hat man offenbar, wenn man den Leiter ins Vakuum versetzt (Glühlampe). Dann können wir das STEFANsche Strahlungsgesetz anwenden:

Ausgestrahlte Wärme $\qquad W_a' = c \, f \, T^4.$ $\qquad\qquad$ (1)

c ist die Strahlungskonstante für das betreffende Material, für die zu setzen wäre $c = \varepsilon c_0$, wo c_0 die Konstante für den „schwarzen" Strahler $c_0 = 5{,}75 \cdot 10^{-12}$ Watt cm^{-2} Grad^{-4} bedeutet und ε etwa 0,9 zu setzen wäre. $f = $ Oberfläche des Drahtes. Für die Wärmeeinstrahlung aus der Umgebung in den Draht gilt analog $W_e' = c \, f T'^4$, wo T' die absolute Temperatur der Umgebung bedeutet. Man beachte, daß der Faktor von T'^4 und T^4 derselbe ist. Denn im Temperaturgleichgewicht des stromlosen Drahtes mit der Umgebung, d. h. bei $T = T'$, muß $W_a' = W_e'$ sein. Als Bilanz für die Wärmeabgabe des stromführenden Drahtes haben wir daher

$$W' = W_a' - W_e' = c \, f \, (T^4 - T'^4). \qquad (2)$$

In Voraussetzung eines linearen Verlaufes von R mit der Temperatur können wir ferner, wenn wir den Widerstand bei 0° C mit R_0 bezeichnen, schreiben

$$R = R_0 \, (1 + a\,t). \qquad (3)$$

Führt man die absolute Temperatur $T = t + 1/\alpha$ $(1/\alpha = 273{,}16^\circ)$ ein, so lautet dieser Ausdruck

$$R = R_0 \left(1 - \frac{a}{\alpha}\right) + R_0\, a\, T. \qquad (3\,\text{a})$$

Für alle elementaren Metalle ist $a \sim \alpha$, so daß man mit dem einfachen Ausdruck rechnen darf

$$R = R_0\, a\, T. \qquad (4)$$

Für den stationären Zustand haben wir nun anzusetzen

Stromleistung $\qquad U\,I = c\,f\,(T^4 - T'^4).$ $\qquad\qquad$ (5)

Und wenn man T aus (4) ersetzt, lautet dies

$$U\,I = c\,f\left(\frac{R^4}{a^4\,R_0^4} - T'^4\right). \qquad (6)$$

Man wird zweckmäßigerweise den Ausdruck (5), der in T homogen ist, auch weiterhin so erhalten und daher sowohl T als T' ersetzen wollen. Wiederum nach (4) hat man dann zu setzen $T' = \dfrac{R_0}{a\,R_0}$, so daß sich (6) nun schreibt

$$U\,I = \frac{c\,f}{a^4\,R_0{}^4}\,(R^4 - R_0{}^4). \tag{6a}$$

Die Abhängigkeit $I = f(U)$ enthält somit zwei Konstanten: R_0 und $k = \dfrac{c\,f}{a^4\,R_0{}^4}$. Um I zu berechnen, ist in (6a) R noch durch $\dfrac{U}{I}$ zu ersetzen. Man erhält, wie sofort ersichtlich, eine Gleichung, die in I vom 5., in U vom 4. Grade ist. Letztere ließe sich also, wenn auch umständlich, auflösen. Und wenn man U graphisch darstellt, so hat man damit gleichzeitig auch die Kurve $I = f(U)$.

Die Umständlichkeit reizt aber zur Frage, ob man nicht auch auf einfachere Weise zum Ziel kommen kann. In der Tat ist dies nach einem Verfahren möglich, das auch in anderen ähnlichen Fällen mit Vorteil angewendet werden kann. Nennen wir es das Verfahren der Hilfsgröße. Wir ersetzen in (6a) nicht R durch $\dfrac{U}{I}$, sondern z. B. U durch $I\,R$ und erhalten

$$I = \sqrt{k}\,\sqrt{\frac{R^4 - R_0{}^4}{R}}. \tag{7}$$

Damit hat man eine Teillösung des Problems. Man kann I als Funktion von R berechnen und graphisch darstellen. Hat man aber irgend zwei zusammengehörige Werte von I und R, dann hat man auch unmittelbar $U = I\,R$. Also läßt sich über die Hilfsgröße R $I = f(U)$ graphisch darstellen.

In Abb. 113 sind die Kurven für die Werte $k = 0{,}1$ und $R_0 = 1$ aufgetragen. I (schwach ausgezogen) gibt Gleichung (7) wieder, II (stark ausgezogen) $I = f(U)$. Letztere Kurve geht durch eine Scherung aus I hervor. Für irgendeinen Punkt P_1 liest man Abszisse und Ordinate ab. Das Produkt (U) trägt man auf einer durch diesen Punkt hindurchgehenden horizontalen Geraden ab und erhält so den Punkt P_2 der Kurve $I = f(U)$. Kurve I beginnt (wie leicht zu zeigen) unten vertikal, biegt zuerst nach rechts, dann aber nach links um. Kurve II zeigt in der ganzen Ausdehnung Rechtskrümmung. Die Anfangsneigung entspricht hier dem Werte $\left(\dfrac{U}{I}\right)_0 = R_0 = 1$.

Aufgabe 1. Man zeige, daß die Charakteristik durch $I^5 = k\,U^3$ dargestellt wird, wenn die Ausstrahlung des Drahtes gegen eine Außentemperatur von 0° abs. erfolgt und daß die Abweichung von der oben berechneten Charakteristik mit steigender Erwärmung des Drahtes bald sehr gering wird.

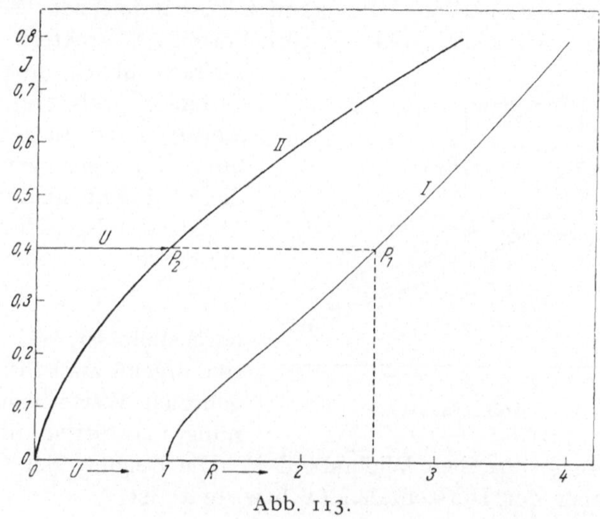

Abb. 113.

Aufgabe 2. Man berechne die Charakteristik für den Fall, daß die Stromwärme durch „äußere" Wärmeleitung fortgeführt wird und daher das Newtonsche Gesetz gilt $\Delta W = h\,f\,(t - t')\,\Delta\tau$, h = Koeffizient der äußeren Wärmeleitung, $t - t'$ = Temperaturdifferenz gegen die Umgebung, $\Delta\tau$ = Zeit. Man zeige, daß hier Sättigungsstrom eintreten kann.

§ 87. Stabilitätsbedingung für den Lichtbogen.

Ein Lichtbogen brennt nur stabil, wenn in den Stromkreis noch ein Ohmscher Widerstand eingeschaltet wird. Wohl gehört zu jeder Brennspannung U auch eine bestimmte Stromstärke I. Diese kann aber nicht einfach durch Anlegen einer Stromquelle mit der Spannung U hergestellt werden, da infolge der „fallenden Charakteristik" des Bogens der Strom unter Zusammenbruch der Spannung ins Ungemessene ansteigt.

Frage. Welche Beziehung muß zwischen der Spannung einer Stromquelle U_0, dem OHMschen Widerstand des Kreises R und der Charakteristik $U = f(I)$ bestehen, damit ein Lichtbogen stabil brennt?

Es ist zweckmäßig, sich die Verhältnisse zunächst einmal graphisch darzustellen. Dies kann z. B. auf folgende Weise geschehen. Wir zeichnen die hyperbelförmige Charakteristik, wie vielfach üblich, mit U als Ordinate (Abb. 114). Nach Abtragen der Batteriespannung U_0 legen wir durch diesen Punkt hindurch die „Widerstandsgerade" W. G., die durch

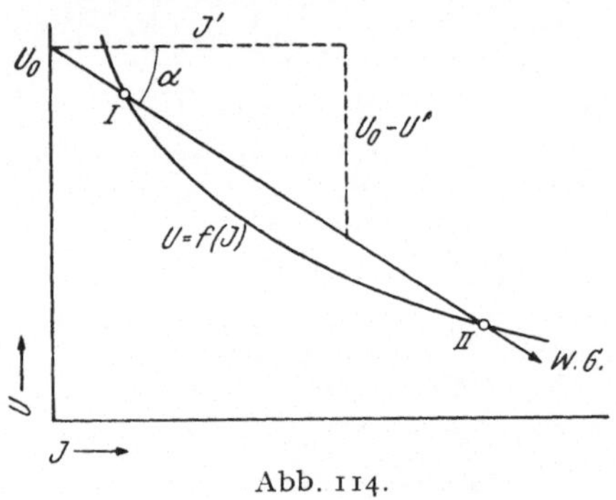

Abb. 114.

$$U_0 - U' = R\,I' \qquad (1)$$

dargestellt ist. U' und I' sind irgend zwei zusammengehörige Werte von Spannung und Strom für einen gegebenen OHMschen Widerstand R. Die Neigung der Geraden gegenüber der Horizontalen (α bzw. tg α) ist

$$\mathrm{tg}\,\alpha = \frac{U_0 - U'}{I'} = R. \qquad (2)$$

Sie bedeutet also den OHMschen Widerstand. Sind nun R und Bogen hintereinandergeschaltet, so fallen Spannung U und U' und Strom I und I' zusammen. D. h. der Schnittpunkt der W. G. mit der Charakteristik gibt die Werte U und I, die sich bei gegebenem U_0 und R am Bogen einstellen. Es sind deren aber nun zwei: I und II. Der Bogen kann daher in zwei verschiedenen Zuständen existieren, und es bleibt zu entscheiden, ob beide Brennlagen einem stabilen Zustand entsprechen oder ob die eine in die andere umspringt.

Es ist dies offenbar eine Frage des Gleichgewichtes. Wird ein solches, wenn auch nur wenig, gestört, so tendiert das System entweder wieder nach der Gleichgewichtslage zurück, oder es entfernt sich weiter von ihr. Wir denken uns also für einen Moment die Werte U und I in die wenig davon benachbarten $U + \Delta U$ und $I + \Delta I$ verändert, wobei die neuen Werte auch auf der

Charakteristik liegen. Dieser Zustand wird sich nun im einen oder anderen Sinne ändern. Da ein Kreis immer Selbstinduktion besitzt (von einer Kapazität sei hier abgesehen!), kommt also zur Batteriespannung noch die induzierte Spannung $-L\dfrac{d\,(I+\varDelta I)}{dt}$ hinzu, wofür man auch schreiben darf $-L\dfrac{d\,\varDelta I}{dt}$, da I dem stationären Zustand entspricht. Es gilt für den ungestörten Zustand

$$U_0 = R\,I + U, \tag{3}$$

für den gestörten Zustand

$$U_0 - L\,\frac{d\,\varDelta I}{dt} = R\,(I + \varDelta I) + U + \varDelta U. \tag{4}$$

Für $\varDelta U$ kann gesetzt werden $\varDelta U = \dfrac{dU}{dI}\,\varDelta I$. Indem man (3) von (4) subtrahiert, erhält man daher

$$-L\,\frac{d\,\varDelta I}{dt} = \varDelta I \left(R + \frac{dU}{dI} \right). \tag{5}$$

Rückkehr in eine stabile Brennlage erfordert nun offenbar Rückkehr zur alten Spannung U_0, d. h. Verschwinden der Zusatzspannung $-L\dfrac{d\,\varDelta I}{dt}$. Es muß daher $\dfrac{d\,\varDelta I}{dt}$ abnehmen und damit negativ ausfallen. Dies verlangt, daß $-L\dfrac{d\,\varDelta I}{dt} > 0$ und führt im Hinblick auf (5) zur Forderung, daß

$$\varDelta I \left(R + \frac{dU}{dt} \right) > 0. \tag{6}$$

Das bedeutet, da $\varDelta I > 0$, daß

$$R + \frac{dU}{dI} > 0 \tag{7}$$

sein muß. Zum selben Resultat kommt man auch, wenn man $\varDelta I$ negativ wählt. In diesem Fall muß $\dfrac{d\,(-\varDelta I)}{dt}$ zunehmen, damit $-\varDelta I$ gegen Null tendiert. Es ist also $-L\dfrac{d\,(-\varDelta I)}{dt}$ negativ. Gemäß (5) folgt daher

$$-\varDelta I \left(R + \frac{dU}{dI} \right) < 0$$

oder wieder Ausdruck (7), der auch geschrieben werden kann:

$$R > - \left(\frac{dU}{dI} \right). \tag{7a}$$

Diese Bedingung ist bei steigender Charakteristik, d. h. bei $\frac{dU}{dI} > 0$, immer erfüllt, bei fallender Charakteristik jedoch nur, wenn die W. G. stärker geneigt ist als die Charakteristik. Auf Abb. 114 angewendet heißt das nun, daß Brennlage I instabil und II stabil ist. Eine anfängliche Brennlage bei I springt daher unmittelbar (längs der W. G.) in die bei II um. Dies bedingt auch, daß der obere Teil der Charakteristik experimentell nur mit genügend hoher Spannung U_0, d. h. bei genügend stark geneigter W. G. bestimmt werden kann.

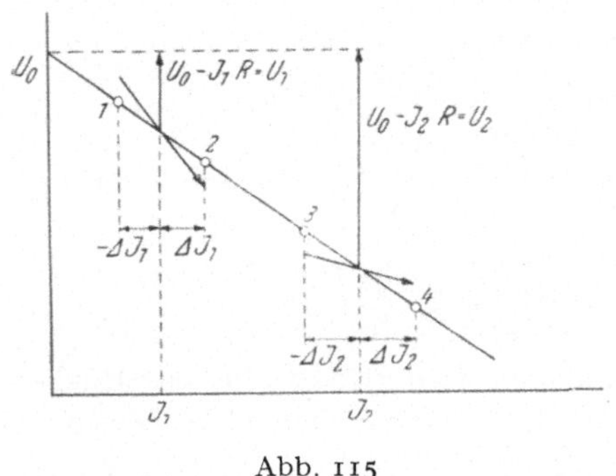

Abb. 115

Zum Resultat (7) kann man übrigens auf verschiedene Weise gelangen. Ein Beweisverfahren, das sehr anschaulich ist, sei an Hand der Abb. 115 beschrieben. Die schrägen Pfeile stellen Teile von verschieden geneigten Charakteristiken dar. Die Punkte 1, 2, 3, 4 geben die Spannungswerte auf W. G., d. h. an den Enden des Widerstandes R bei den Stromstärken $I_1 \pm \Delta I_1$ bzw. $I_2 \pm \Delta I_2$. Diese stimmen nicht mit den entsprechenden, für die Charakteristik geltenden Werten überein. Verschiebt sich also etwa die Stromstärke I_2 auf der Charakteristik (Pfeilrichtung) um ΔI_2 nach rechts, so liegt die Restspannung, die dem Bogen zur Verfügung steht und die dem Punkt 4 entspricht, zu tief. Der Bogen kehrt daher in die stabile Lage II zurück. Eine Verschiebung nach links um $-\Delta I_2$ auf der Charakteristik zeigt, daß die Spannung auf der W. G. zu hoch liegt und daß der Strom infolge dieses Überschusses wieder auf den stabilen Wert anwachsen wird. Anders verhält sich die Brennlage I. Bei Zunahme um ΔI_1 entsteht ein Spannungsüberschuß am Bogen, der zu fortwährend weiterer Stromzunahme führt, bis eine stabile Brennlage (II) erreicht wird. Eine Verschiebung um $-\Delta I_1$ läßt die verfügbare Spannung kleiner werden, so daß der Strom weiterhin abnimmt und entweder erlischt oder sich auf einen kleineren stabilen Wert (z. B. Townsendentladung) einstellt.

Abschließend stellen wir fest, daß die Voraussetzung für diese elementare Beweisführung die Annahme ist, daß bei zunehmender „verfügbarer" Spannung der Strom zunimmt und umgekehrt, was im Hinblick auf die fallende Charakteristik nicht ohne weiteres einleuchten mag.

Aufgabe 1. Welches ist die kleinstmögliche Betriebsspannung U_0 für eine Bogenentladung bei vorgegebenem Widerstande R?

Aufgabe 2. Man zeige, daß dasselbe Resultat herauskommt, wenn man eine konstante Betriebsspannung U_0 voraussetzt und nach dem größtmöglichen Widerstande R frägt. Resultat: $R + \dfrac{dU}{dI} = 0$. Was bedeutet dies?

§ 88. Kippschwingungen.

Die einfachste Ausführung einer Kippschaltung zeigt Abb. 116. Die Stromquelle mit der Spannung U_0 lädt über den Widerstand R den Kondensator C allmählich auf. Ist die Funkenspannung U_e erreicht, so erfolgt die Entladung über die Funkenstrecke F und das Spiel beginnt von neuem. Sowohl die Spannung U am Kondensator als der Strom im C-F-Kreis variiert periodisch. Wir erhalten Kippschwingungen. Welches ist ihre Frequenz und wie ist der zeitliche Verlauf der Kondensatorspannung U? Es soll angenommen werden, daß die Entladung über die Funkenstrecke jeweils momentan und vollständig erfolge.

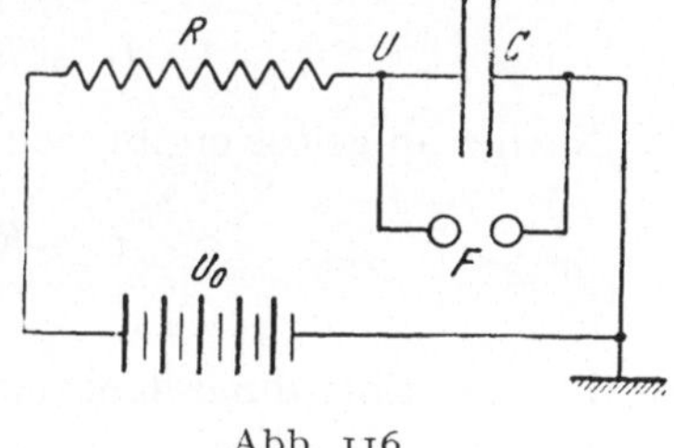

Abb. 116.

Der Strom I besorgt die Ladungszunahme dQ des Kondensators, und es ist jederzeit $I = \dfrac{dQ}{dt}$. Da aber $Q = CU$, so ist auch $I = C\dfrac{dU}{dt}$. Weiterhin folgt I dem OHMschen Gesetz: $I = \dfrac{U_0 - U}{R}$, so daß man hat

$$C\,\frac{dU}{dt} = \frac{U_0 - U}{R} \qquad \text{oder} \qquad \frac{dU}{U_0 - U} = \frac{dt}{RC}. \tag{1}$$

U in Funktion von t erhält man durch Integration:

$$-\ln(U_0 - U) = \frac{t}{RC} + \text{const.} \tag{2}$$

Die Konstante ergibt sich aus der Anfangsbedingung, daß zur Zeit $t = 0$ auch $U = 0$ ist. Setzt man also diese Werte in (2) ein, so folgt

$$- \ln U_0 = \text{const.}$$

und aus (2) wird

$$- \ln (U_0 - U) = \frac{t}{R\,C} - \ln U_0. \tag{2a}$$

Nach U aufgelöst ergibt dies

$$U = U_0 \left(1 - e^{-t/RC}\right). \tag{3}$$

Wir erhalten also einen exponentiellen Potentialanstieg, der um so rascher erfolgt, je kleiner $R\,C$ ist. Um so schneller wird aber auch das Funkenpotential U_e erreicht, d. h. um so größer wird die Frequenz der Funken bzw. der Kippschwingung. Diese findet man unmittelbar, wenn man (3) anwendet. Hat nämlich U den Wert von U_e erreicht, dann ist t die Aufladungsdauer, die wir mit τ bezeichnen wollen. Es ist also

$$U_e = U_0 \left(1 - e^{-\tau/RC}\right). \tag{4}$$

Nach τ aufgelöst ergibt sich

$$\tau = R\,C \ln \frac{1}{1 - \dfrac{U_e}{U_0}}. \tag{5}$$

Ist die Entladungsdauer zu vernachlässigen, so ergibt $\frac{1}{\tau}$ die Frequenz v. $R\,C$ bedeutet eine Zeit, wie aus den obigen Ansätzen [z. B. aus (1)] dimensionell zu ersehen ist. Man nennt dies die Zeitkonstante. Diese ist in erster Linie maßgebend für die Kippfrequenz. Letztere hängt aber auch noch vom Verhältnis U_e/U_0 ab. Würde $U_e = U_0$ gewählt, so würde die ganze Exponentialkurve (3) durchlaufen, und die Aufladedauer wäre ∞. Wählt man anderseits U_e/U_0 klein, so wird nur der erste, praktisch geradlinige Teil der Kurve (3) durchlaufen. Man erhält eine Sägezahnspannung U mit linearem Anstieg und Abfall. Will man einen linearen Verlauf auch für größere U_e-Werte erhalten, hat man einfach für spannungsunabhängigen Strom I, d. h. konstante Ladungszufuhr zum Kondensator zu sorgen. Das geschieht z. B. durch Ersatz des Ohmschen Widerstandes R durch den Sättigungsstrom einer Elektronenröhre. Ein solcher linearer Spannungsverlauf ist z. B. bei den Kippgeräten der Kathodenstrahl-Oszillographen

Voraussetzung. Kippschwingungen unterscheiden sich von den üblichen dadurch, daß sie nicht sinusförmig sind. Sie enthalten also nach FOURIER zumeist eine sehr große Zahl von Oberfrequenzen. Wir erhalten ein Schwingungsgemisch. Man hat daher alle die zahlreichen Anordnungen für Kippschwingungen als „Multivibratorschaltungen" bezeichnet. Bei all diesen Schwingkreisen wird statt einer Selbstinduktion L ein Widerstand R verwendet, und man unterscheidet daher auch LC- und RC-Schwingungsgeneratoren. Letztere besitzen den Vorteil, daß man mit geringen Mitteln auskommt. Ferner sind diese Kreise leichter zu synchronisieren. Sie spielen daher, z. B. beim Fernsehen, eine große Rolle. Allerdings ist die Verwendung einer Funkenstrecke als Schaltorgan nicht zweckmäßig. Dies kann man direkt feststellen an dem unreinen Ton, den man erhält, wenn man z. B. Hörfrequenzen herstellt! Besser verwendet man statt derselben eine gasgefüllte Elektronenröhre, d. h. ein Thyratron. Hier sind Einsatz- und Löschspannung besser definiert. Die Spannung U sinkt hier bei der Entladung nicht auf o, sondern auf irgendeinen Wert U_a, und die Formel (5) lautet dann allgemeiner

$$\tau = R\,C\,\ln\frac{\mathrm{I} - \dfrac{U_a}{U_0}}{\mathrm{I} - \dfrac{U_e}{U_0}}, \tag{6}$$

und für die Aufladung des Kondensators erhält man die Formel

$$U = U_0\,(\mathrm{I} - e^{-t/RC}) + U_a\,e^{-t/RC}. \tag{7}$$

Ähnlich verhält es sich bei allen mit Elektronenröhren ausgeführten Multivibrator-Schaltungen.

Aufgabe 1. Man beweise die Formeln (6) und (7). Bis zu welchem Punkt ist die Beweisführung genau dieselbe wie oben für (3) und (5)?

Aufgabe 2. Man zeige, daß für den Fall, daß die Aufladung U_e klein gegenüber U_0 ist, die Periodendauer den Wert besitzt

$$\tau = R\,C \cdot \frac{U_e}{U_0}.$$

Aufgabe 3. Man berechne die Kippfrequenz, wenn R durch eine im Sättigungsgebiet arbeitende Elektronenröhre ersetzt wird. Resultat: $\nu = \dfrac{I}{C\,U_e}$ ($I =$ Elektronenstrom).

§ 89. Wirkungsquerschnitt kleinster Teilchen.

Wenn man Moleküle bzw. Atome mit Elementarteilchen beschießt, können die verschiedensten Wirkungen (wie Absorption, Streuung, Ionisierung, Kernreaktionen usw.) auftreten. Um sich von der Wirksamkeit der Geschosse bzw. der Ausbeute der betreffenden Reaktion ein Bild zu machen, hat man den Begriff des Wirkungsquerschnittes eingeführt. Diesem liegt folgende Modellvorstellung zugrunde. Man stellt sich die Geschosse punktförmig vor und stilisiert die getroffenen Teilchen als Zielscheibchen von einem gewissen Querschnitt σ. Immer wenn ein Geschoß diese Fläche trifft, soll die fragliche Reaktion sicher eintreten, wenn nicht, soll es wirkungslos vorbeisausen. Diesen Querschnitt, der den Wirkbereich eines getroffenen Teilchens darstellt, setzt man proportional dem Verhältnis

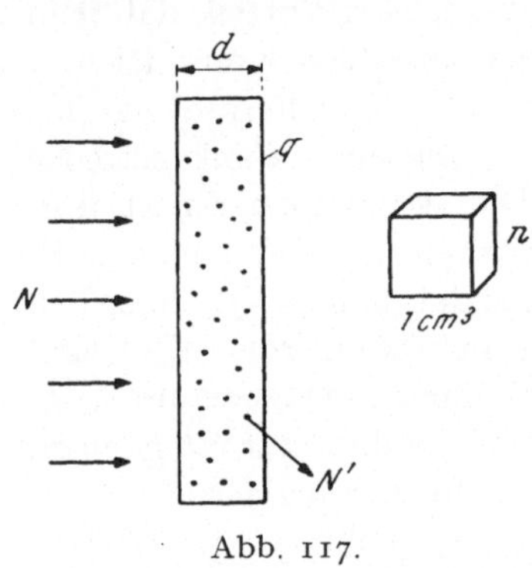

Abb. 117.

$$\frac{\text{Zahl der reagierenden Teilchen}}{\text{Zahl der auffallenden Geschosse}}.$$

Unsere Aufgabe ist es nun, den Wirkungsquerschnitt aus den Versuchsdaten zu berechnen.

1. Wenn die Zahl N' der reagierenden Teilchen gemessen wird.

Auf eine Schicht von der Dicke d (Abb. 117) und dem Querschnitt q fallen N Geschosse auf. Diese mögen z. B. N' Kernreaktionen bewirken. Die Zahl der vorhandenen Teilchen, hier Atome, ist $n\,q\,d$, wo n die Zahl pro Kubikzentimeter bedeutet. N' ist nun offenbar sowohl $n\,q\,d$ als N, als σ, proportional, so daß man zunächst hat

$$N' = k \cdot N \cdot \sigma \cdot n\,q\,d. \tag{1}$$

Diese Beziehung genügt vollauf, um z. B. nur die relative Änderung von σ als Funktion der Geschwindigkeit der Geschosse angeben zu können. Zur Berechnung des Wirkungsquerschnittes in Quadratzentimeter aber muß der Wert der Konstanten k bekannt sein. Man findet diesen aus der Erwägung heraus, daß (1) auch für irgendeinen speziellen Fall, z. B. $N' = N$ erfüllt sein muß. Zu diesem Zwecke denke man sich alle Atomkerne der Materialprobe in die Querschnittsfläche q verlegt. Wenn ihre Wirkungsquerschnitte zusammen gerade diese ausfüllen, so wird jedes Geschoß unweigerlich ein Scheibchen treffen, d. h. dann ist $N' = N$. Die Bedingung hierfür ist also

$$q = \sigma \cdot n\,q\,d.$$

Dies in (1) eingesetzt, ergibt $N = k\,N \cdot q$. Da somit $k = \dfrac{1}{q}$, erhält man aus (1)

$$\sigma = \frac{N'}{N\,n\,d}. \tag{2}$$

Bei dieser Ableitung ist die Voraussetzung gemacht, daß die Stoßteilchen während des Durchlaufens der Schicht d stets die gleiche Wirksamkeit behalten (also nicht merklich gebremst, bzw. absorbiert werden). Man wird daher die Messungen, sofern es sich um feste Stoffe handelt, auf dünne Schichten beschränken. Von diesen gibt man statt n und d besser die Masse pro Quadratzentimeter und das Atomgewicht (bzw. Atommasse) an. Man hat die Proportion

$$\frac{\text{Masse der Schicht}}{\text{Atomgewicht}} = \frac{\text{Atomzahl der Schicht}}{\text{Atomzahl pro Grammatom}},$$

oder in Zeichen

$$\frac{m}{a} = \frac{n\,q\,d}{6{,}02 \cdot 10^{23}}, \tag{3}$$

d. h.

$$\frac{m_1}{a} = \frac{n\,d}{6{,}02 \cdot 10^{23}}, \tag{3a}$$

wenn man mit $m_1 = \dfrac{m}{q}$ die Masse pro Quadratzentimeter bezeichnet. $n\,d$ aus (3a) in (2) eingesetzt, ergibt

$$\sigma = \frac{N'}{N} \cdot \frac{a}{6{,}02 \cdot 10^{23} \cdot m_1}\ \text{cm}^2. \tag{4}$$

Man gibt üblicherweise σ in Vielfachen von 10^{-24} cm^2 an und hat für diese Einheit die Bezeichnung 1 Barn vorgeschlagen.

Es ist stets anzugeben, auf welche Wirkung sich σ bezieht. Diese kann sowohl die gestoßenen als die stoßenden Teilchen betreffen. So läßt sich z. B. bei der Beschießung mit α-Teilchen der Wirkungsquerschnitt ebensogut für eine bewirkte Kernreaktion, wie für den Streuprozeß dieser Teilchen angeben. Beide

Werte hängen ihrerseits wiederum ab von der Energie der verwendeten Geschosse. Also sind noch die MeV (Millionen Elektronvolt) anzugeben. Während bei der Ausführung von Kernreaktionen der Wirkungsquerschnitt den räumlichen Querschnitt eines Kerns um viele Größenordnungen übertreffen kann, stimmt er bei der α-Teilchen-Streuung größenordnungsmäßig mit diesem überein. In diesem Fall kann der Kernradius r aus $\sigma = \pi\, r^2$ abgeschätzt werden.

2. Wenn die Absorption der Teilchen gemessen wird.

In vielen Fällen läßt sich die Wirkung durch die Schwächung, welche die Stoßteilchen beim Passieren der Schicht erleiden, ermessen. Diese Schwächung kann durch Absorption oder Streuung oder beides zugleich zustande kommen. In diesem Fall kann die Berechnung von σ mittels des Schwächungskoeffizienten μ geschehen. Für die Schwächung irgendeiner Strahlung (Intensität, bzw. Teilchenzahl) in einer Schicht $\varDelta \varkappa$ hat man den Ansatz

$$-\varDelta N = \mu\, N\, \varDelta \varkappa. \tag{5}$$

Kommt die Ausscheidung der Stoßteilchen $-\varDelta N$ für jedes von ihnen durch einen einmaligen Elementarprozeß zustande, so entspricht dem $-\varDelta N$ die Zahl N'. Da ferner $\varDelta \varkappa = d$ zu setzen ist, so wird aus (5)

$$N' = \mu\, N\, d. \tag{5a}$$

Der Vergleich mit

$$N' = N\, \sigma\, n\, d \tag{2}$$

ergibt unmittelbar

$$\sigma = \frac{\mu}{n}. \tag{6}$$

n kann unter Benützung von (3) durch leicht meßbare Größen ersetzt werden. Da $\dfrac{m}{q\,d}$ die Dichte ϱ der Probe bedeutet, so folgt aus (3)

$$n = 6,02 \cdot 10^{23}\, \frac{\varrho}{a} \tag{3b}$$

und (6) bekommt die Form

$$\sigma = \frac{\mu\, a}{6,02 \cdot 10^{23} \cdot \varrho}. \tag{6a}$$

Diese Beziehung ist schon 1918 von P. Lenard für den „absorbierenden Querschnitt" der Atome bei der Absorption der

β-Strahlen aufgestellt worden. Da es sich bei diesen Elektronenstrahlen hoher Geschwindigkeit aber um eine Vielfachstreuung handelt, kann σ hier nicht den Wirkungsquerschnitt eines einzelnen Atoms bedeuten. Mit Erfolg ist Beziehung (6) aber bei der Messung der Absorption langsamer Elektronen durch Gasmoleküle in Funktion ihrer Geschwindigkeit angewendet worden. Es hat sich ergeben, daß der Wirkungsquerschnitt mit abnehmender Geschwindigkeit erst wächst, dann aber wieder abnimmt und sogar unter den gaskinetischen Querschnitt der Moleküle heruntergeht (RAMSAUER-Effekt).

§ 90. Gruppengeschwindigkeit der Materiewellen.

Der Begriff der Gruppengeschwindigkeit ist eng mit dem der Schwebungen verknüpft. Zwei Wellenzüge mit den Frequenzen ν und ν' ergeben, wenn $\nu' - \nu = \varDelta\nu$ klein ist, Schwebungen der Frequenz $\varDelta\nu$. Bei Schallwellen entstehen so Tonstöße von eben dieser Frequenz in der mittleren Tonhöhe $\dfrac{\nu + \nu'}{2}$. Die Wellen kommen also in Gruppen, in Wellen- bzw. Energiepaketen an, und die Geschwindigkeit, mit der sich diese Gruppen ausbreiten, nennt man die Gruppengeschwindigkeit. Diese ist bei den akustischen Wellen genau gleich der Ausbreitungsgeschwindigkeit der beiden interferierenden Phasen, also gleich der Wellen- oder Phasengeschwindigkeit. Grund: Hohe und tiefe Töne pflanzen sich gleich schnell fort. Weisen aber Wellen Dispersion auf, d. h. hängt die Ausbreitungsgeschwindigkeit von der Frequenz ν ab, wie dies z. B. bei den Wasser- und Lichtwellen in der Materie der Fall ist, so sind Gruppen- und Phasengeschwindigkeit verschieden.

Auch die Materiewellen, d. h. die Wellen, die nach DE BROGLIE einem Materieteilchen zugeordnet werden können, besitzen Dispersion, und es erhebt sich nun die Frage nach ihrer Gruppengeschwindigkeit. Es soll gezeigt werden, daß diese der mechanischen Geschwindigkeit v eines Teilchens gleichzusetzen ist.

Zu diesem Zweck wird man zunächst einmal die allgemeine Formel für die Gruppengeschwindigkeit u_g als Funktion der Phasengeschwindigkeit u aufgreifen. Nach RAYLEIGH ist (siehe § 21), wenn mit λ die Wellenlänge bezeichnet wird,

$$u_g = u - \lambda\,\frac{du}{d\lambda}. \tag{1}$$

Natürlich kann u_g statt durch u und λ auch durch v und λ ausgedrückt werden. Man hat nur nach der allgemeinen Wellengleichung u durch λv und du entsprechend durch $\lambda\, dv + v\, d\lambda$ zu ersetzen und erhält so den (1) adäquaten Ausdruck

$$u_g = \frac{dv}{d(1/\lambda)}. \tag{2}$$

Es wird sich zeigen, ob für unseren Zweck die Anwendung von (1) oder (2) zweckmäßiger ist. Um dies zu entscheiden, wollen wir einmal die Beziehungen zusammenstellen, welche die Materiewellen mit den mechanischen Größen verknüpfen. Wir stellen dazu gleich die Verhältnisse bei Lichtwellen in Parallele und legen übersichtlicherweise etwa folgende Tabelle an, wobei wir alle Bezeichnungen, die sich auf Licht beziehen, mit einem ' versehen, die Lichtgeschwindigkeit jedoch, wie üblich, mit c bezeichnen.

	Lichtwellen	Materiewellen	
Masse	m' (Photon)	m (Teilchen)	
Energiequant	$h\,v' = m'\,c^2$	$h\,v = m\,c^2$	(3)
Wellengleichung	$c = \lambda'\,v'$	$u = \lambda\,v$	(4)
Impuls	$\dfrac{h\,v'}{c} = \left(\dfrac{m'\,c^2}{c}\right)$	$\dfrac{h\,v}{u} = \dfrac{m\,c^2}{u}$	(5)
dito	$m'\,c$	$m\,v$	(6)

Aus (5) und (6) folgt durch Gleichsetzen einerseits die Phasengeschwindigkeit der Materiewellen $u = c^2/v$, anderseits die Beziehung $\dfrac{h\,v}{u} = m\,v$. Da $\dfrac{v}{u} = \dfrac{1}{\lambda}$, läßt sich diese in bekannter Weise auch schreiben

$$\lambda = \frac{h}{m\,v}. \tag{7}$$

In (3) ist v und in (7) λ mit mechanischen Größen (m, v) verknüpft. Zur Berechnung der Gruppengeschwindigkeit u_g ist also offenbar (2), das v und λ enthält, geeigneter als (1). Man erhält aus (3)

$$h\,dv = c^2\,dm \tag{3a}$$

und aus (7)

$$d(1/\lambda) = \frac{1}{h}\,d(m\,v). \tag{7a}$$

Diese Ausdrücke in (2) eingesetzt, ergeben

$$u_g = \frac{c^2\,dm}{d(m\,v)}. \tag{8}$$

Damit ist man allerdings noch nicht am Ziel, da es noch $\dfrac{dm}{d(m\,v)}$ auszurechnen gilt. Das kann z. B. geschehen durch Anwendung der relativistischen Massenformel $m = \dfrac{m_0}{\sqrt{1 - (v/c)^2}}$ oder einfacher auf die in § 8 dargestellte Weise:

$\dfrac{d(m\,v)}{dt}$ bedeutet offenbar die auf das Teilchen wirkende Kraft. Läßt man diese auf einer Strecke dx einwirken, so ergibt sich die Arbeit $dx \cdot \dfrac{d(m\,v)}{dt}$ oder $v \cdot d(m\,v)$. Dies ist aber gleich der Energie-zunahme $c^2\,dm$. Es ist somit

$$c^2\,dm = v\,d(m\,v). \tag{9}$$

Das heißt, der fragliche Quotient in (8) hat den Wert $\dfrac{dm}{d(m\,v)} = \dfrac{v}{c^2}$. Dies liefert aber unmittelbar das gesuchte Resultat $u_g = v$.

Anmerkung. Bei Schallwellen ist die Zahl der Schwebungen stets gleich $\varDelta v$, unabhängig von der Tonhöhe der interferierenden Wellen. Dies ist ohne weiteres verständlich, da sich die Wellen-gruppen mit Phasengeschwindigkeit ausbreiten. Bei Wellen mit Dispersion könnte man zunächst vermuten, daß die Schwebungs-frequenz proportional mit der Gruppengeschwindigkeit zunimmt. Dies ist indessen nicht der Fall. Auch hier ist die Schwebungs-frequenz, unabhängig von der Höhe der Frequenz v, durch $\varDelta v$ gegeben, da die Länge L der Wellengruppen proportional mit der Gruppengeschwindigkeit u_g anwächst, so daß das Verhältnis $u_g/L = N =$ Schwebungsfrequenz konstant bleibt. Bei Schall-wellen ist anderseits die Länge der Wellenpakete bei jeder Ton-höhe dieselbe.

Aufgabe 1. Man zeige, daß die Formel für u_g, durch u und v ausgedrückt, lautet:

$$u_g = \frac{u}{1 - \dfrac{du/dv}{u/v}}.$$

Aufgabe 2. Man berechne den Ausdruck $\dfrac{dm}{d(m\,v)}$ der Formel (8) aus der Massenformel $m = \dfrac{m_0}{\sqrt{1 - (v/c)^2}}$.

Sachverzeichnis.

Veröffentlichungen des Verfassers, die in unmittelbarer Beziehung zu den unten aufgeführten Paragraphen stehen

Zu

§ 6. Kreisbewegung und Impulssatz. ZS. f. d. phys. u. chem. Unterr. 50, 141 (1937).

§ 7. Anwendung des Impulssatzes auf Kreis- und Wurfbewegung. Phys. ZS. 45, 83, (1944).

§ 9. Masse und Energie im Schwerefeld. Helv. Phys. Acta. 12, 394 (1939).

§ 17. Die diatonische Tonleiter als gesetzmäßiges Tonspektrum. Helv. Phys. Acta. 6, 305 (1933).

§ 26. Ein hydraulischer Demonstrationsapparat zur Bestimmung des mechanischen Wärmeäquivalents. Helv. Phys. Acta. 13, 160 (1940).

§ 29. Über reversible Kreisprozesse mit maximalem thermischem Wirkungsgrad. Helv. Phys. Acta. 17, 133, (1944).

§ 33. Spiegel- und Linsengleichung; ihre Ableitung und gegenseitige Beziehung. Optische Rundschau und Photo-Optiker 1935, Heft 13.

§ 34. Ein einfaches Verfahren zur Bestimmung der Brechkraft von Zerstreuungslinsen. Helv. Phys. Acta. 4, 428 (1931).

§ 37. Über die Beziehung zwischen Mikroskop und Fernrohr. Helv. Phys. Acta. 4, 432 (1931). Einige einfache Demonstrationsversuche. Helv. Phys. Acta. 14, 552, (1941).

§ 38. Einfache Ableitung des Kirchhoffschen Strahlungsgesetzes. ZS. f. d. phys. u. chem. Unterr. 39, 123 (1926).

§ 50. Elektrische Anziehung und elektrostatischer Druck. ZS. f. d. phys. u. chem. Unterr. 42, 67 (1929).

§ 64. Aus der Ionenlehre der Gase. Phys. ZS. 19, 188 (1918).

§ 65. Eine Methode, die Lichtgeschwindigkeit aus Ionisierungsmessungen zu bestimmen. ZS. f. Phys. 10, 63 (1922).

§ 67. Über eine Anordnung zur Bestimmung von e/m. Verhdl. d. Deutsch. Phys. Ges. 14. 856 (1912).

§ 69. Über die Bestimmung des Nullpunktes bei der Waage. ZS. f. d. phys. u. chem. Unterr. 33, 54 (1920).

§ 80. Über das Auflösungsvermögen von Mikroskop und Fernrohr. Helv. Phys. Acta. 20, 27 (1947).

§ 82. Über eine Methode zur Bestimmung der Dielektrizitätskonstanten von Flüssigkeiten. Helv. Phys. Acta. 21, 261 (1948). Über ein neues statisches Voltmeter. Helv. Phys. Acta. 21, 273 (1948). Bulletin des Schweiz. Elektrot. Vereins. 40, 316 (1949).

§ 86. Über die Messung von Widerstandsänderungen bei nicht-ohmschen Leitern. ZS. f. Instrumentenkunde. 44, 44 (1924).

Manzsche Buchdruckerei, Wien IX.

Ausgewählte Kapitel aus der Physik.

Nach Vorlesungen an der Technischen Hochschule in Graz. Von Professor Dr. **K. W. Fritz Kohlrausch**, Graz. In fünf Teilen.

I. Teil: **Mechanik.** Zweite, verbesserte Auflage. Mit 35 Textabbildungen. V, 105 Seiten. 1951.

Steif geheftet S 27.—, DM 5.40, $ 1.40, sfr. 5.60

II. Teil: **Optik.** Zweite, verbesserte Auflage. Mit 73 Textabbildungen. VI, 146 Seiten. 1951.

Steif geheftet S 32.—, DM 6.60, $ 1.60, sfr. 6.90

III. Teil: **Wärme.** Mit 35 Textabbildungen. VI, 127 Seiten. 1948.

Steif geheftet S 28.—, DM 6.—, $ 1.40, sfr. 6.—

IV. Teil: **Elektrizität.** Mit 115 Textabbildungen. VIII, 253 Seiten. 1948.

Steif geheftet S 46.—, DM 9.60, $ 2.30, sfr. 9.90

V. Teil: **Aufbau der Materie.** Mit 120 Textabbildungen. X, 306 Seiten. 1949. Steif geheftet S 52.—, DM 13.50, $ 3.30, sfr. 14.—

Grundlagen der Atomphysik.

Eine Einführung in das Studium der Wellenmechanik und Quantenstatistik. Von Dr. phil. **Hans Adolf Bauer**, Professor an der Technischen Hochschule und der Universität in Wien. Vierte, umgearbeitete und bedeutend erweiterte Auflage. Mit 244 Textabbildungen. XX, 631 Seiten. 1951.

Ganzleinen S 186.—, DM 45.—, $ 10.70, sfr. 46.—

Elektrizität.

Eine gemeinverständliche Einführung in die Elektrophysik und deren technische Anwendungen. Von Sir **W. Lawrence Bragg**, M. A., Sc. D., M. Sc., F. R. S., Nobelpreisträger, Cavendish Professor der Experimentalphysik an der Universität Cambridge. Mit 138 Abbildungen im Text und auf Tafeln. Autorisierte deutsche Ausgabe. Von *Wilhelm Gauster-Filek*. XIV, 273 Seiten. 1951.

Kartoniert S 48.—, DM 12.—, $ 3.—, sfr. 13.—

Kurze Zusammenfassung der Elektrizitätslehre.

Eine Einführung des rationalisierten Giorgischen Maßsystems. Von Dipl.-Ing. **P. Cornelius**, Mitarbeiter des Forschungslaboratoriums der N. V. Philips' Gloeilampenfabrieken, Eindhoven, Niederlande. Mit 11 Textabbildungen. VIII, 89 Seiten. 1951.

Steif geheftet S 48.—, DM 10.—, $ 2.40, sfr. 10.40

Mme. Curie: Pierre Curie.

Autorisierte deutsche Ausgabe von **Anna Kerschagl**, Wien. VII, 89 Seiten. 1950.

Steif geheftet S 18.—, DM 4.20, $ 1.—, sfr. 4.30